HEYNE FACHBUCH

Prof. Dr. E. Estel
Prof. em. Dipl.-Ing. W. Pohlenz
Prof. em. Dipl.-Ing. J. Boesler

Mechanik der Flüssigkeiten und Gase

Technische Wärmelehre
Chemische Wärmelehre

DAS GRUNDWISSEN DES INGENIEURS (3)

WILHELM HEYNE VERLAG
MÜNCHEN

HEYNE-FACHBUCH Nr. 20
im Wilhelm Heyne Verlag, München

Das Buch ist ein Auszug aus dem Werk
»Das Grundwissen des Ingenieurs«
9. Auflage 1974

Genehmigte, ungekürzte Taschenbuchausgabe

Printed in Germany 1977
Umschlaggestaltung: Atelier Heinrichs, München
Gesamtherstellung: Presse-Druck, Augsburg

ISBN 3-453-49079-7

Gesamtinhalt

7. TECHNISCHE WÄRMELEHRE

Bearbeitet von Prof. em. Dipl.-Ing. W. Pohlenz

6. Mechanik der Flüssigkeiten und Gase

Bearbeitet von Prof. Dr. Ernst Estel, Leiter des Lehrstuhls Physik des Pädagogischen Instituts Güstrow

INHALTSVERZEICHNIS

6.1. Einführung

6.1.1. Bedeutung der Strömungslehre für die Technik

Beim Ablauf zahlreicher Produktionsvorgänge in der technischen Fertigung und in vielen technischen Spezialgebieten treten Probleme auf, die mit Hilfe theoretischer und experimenteller Ergebnisse der *Aero- und Hydrodynamik* gelöst werden können. Hierher gehören u. a. Fragen nach dem Widerstand von Rohrleitungen, nach den Druckverlusten in Krümmern und Verzweigungen, nach dem Widerstand und Auftrieb von Tragflügeln, nach dem Winddruck auf Gebäude. Von besonderem Interesse für technische Konstruktionen sind z. B. die Geschwindigkeitsverteilungen über einen Rohrquerschnitt, Maßnahmen zur Verringerung des Widerstandes umströmter Körper, Einflüsse von Wandrauhigkeiten auf den Strömungswiderstand.
Die Erkenntnisse der Strömungslehre bleiben jedoch in ihrer Anwendung keineswegs auf wasserbauliche Anlagen oder Flugzeugkonstruktionen beschränkt, sondern sie spielen auch eine bedeutende Rolle bei der Konstruktion von Verbrennungsmaschinen oder bei der Entwicklung von Sichtungsverfahren. Schließlich ermöglichen sie z. B. die Ermittlung der Zähigkeit von Flüssigkeiten aus der Fallgeschwindigkeit kleiner Kugeln. Als Anwendung hierfür sei das Windsichtverfahren genannt.
Ein Teilgebiet der Mechanik der Flüssigkeiten und Gase ist die *Hydro- und Aerostatik*. Sie klärt z. B. Fragen über den Druck ruhender Flüssigkeiten und ermöglicht somit die richtige, den Festigkeitsansprüchen genügende Dimensionierung von Gefäßwandungen. Ein besonders aktuelles Thema, das in der modernen Flugzeug- und Raketentechnik in wachsendem Maße eine Rolle spielt, ist die Strömung bei Überschallgeschwindigkeit. Auf diese Fragen wird im Abschnitt 6.4. „Gasdynamik" eingegangen.

6.1.2. Stoffabgrenzung gegenüber den anderen Teilgebieten der Physik

Einige Teilgebiete der Physik haben in letzter Zeit so an Umfang und Bedeutung für die Technik gewonnen, daß es zweckmäßig ist, sie aus der Physik auszugliedern und in besonderen Kapiteln zu behandeln. Dies trifft für die Mechanik zu. Aber auch hier wurde aus

praktischen Gründen eine abermalige Unterteilung in MECHANIK STARRER KÖRPER, FESTIGKEITSLEHRE und MECHANIK DER FLÜSSIGKEITEN UND GASE vorgenommen.
Im ersten Teil des vorliegenden Kapitels, der Statik der Flüssigkeiten und Gase, werden verschiedene Stoffeigenschaften tabellarisch mitgeteilt sowie hydrostatischer Druck und Auftrieb behandelt. Die beiden folgenden Teile umfassen die Dynamik inkompressibler und kompressibler Medien. Hier wird einleitend über Grundbegriffe und Grundgleichungen berichtet, anschließend folgen Ausführungen über Strömungsvorgänge in Rohren, Widerstand von Körpern, Strömungskräfte am Tragflügel und Grundlagen der Gasdynamik.
Die strömende Bewegung von Gasen und Dämpfen ist im Kapitel 7. TECHNISCHE WÄRMELEHRE behandelt.

6.2. Statik der Flüssigkeiten und Gase

6.2.1. Die wichtigsten Formelzeichen zur Statik

$$\left(1\ \mathrm{N} \equiv 1\ \mathrm{kg\ m/s^2} = \frac{1}{9{,}806\,65}\ \mathrm{kp}\right)$$

Formelzeichen	Größe	Gebräuchliche Einheiten
b	Luftdruck (6.2.3.)	Torr
F	Kraft, Druckkraft (6.2.2.2.)	N; kp
F_A	Auftrieb (6.2.4.2.)	N; kp
F_B	Tragkraft eines Ballons (6.2.4.2.2.)	N; kp
G	Gewicht (6.2.4.1.1.)	N; kp
g	Erdbeschleunigung	$\mathrm{m/s^2}$
g_n	Normwert der Erdbeschleunigung (6.2.2.1.) $g_n = 9{,}806\,65\ \mathrm{m/s^2}$	$\mathrm{m/s^2}$
k	Kompressibilitätskoeffizient (6.2.2.3.)	1/atm
n	Exponent in Gl. (4) (Berechnung der Zähigkeit) Tabelle 5 (6.2.2.2.)	–
P	Druckfunktion (6.2.4.1.1.)	$\mathrm{m^2/s^2}$
p	Druck (6.2.4.1.1.)	$\mathrm{N/m^2}$; $\mathrm{kp/m^2}$
p_a, p_e	Anfangs- und Enddruck bei Kompression (6.2.2.3.)	atm
t	Temperatur (6.2.2.1.)	°C
V	Volumen (6.2.2.3., 6.2.4.1.1.)	$\mathrm{m^3}$
η	Dynamische Zähigkeit (6.2.2.2.)	$\mathrm{Ns/m^2}$; $\frac{\mathrm{P}}{\mathrm{kps/m^2}}$
ν	Kinematische Zähigkeit (6.2.2.2.)	$\mathrm{m^2/s}$; St
ϱ	Dichte (6.2.2.1.)	$\mathrm{kg/m^3}$
σ	Oberflächenspannung (6.2.2.4.)	dyn/cm

6.2.2. Stoffeigenschaften

6.2.2.1. Dichte und spezifisches Volumen

Die *Dichte* ϱ ist das Verhältnis von Masse und Volumen mit der Maßeinheit $\mathrm{kg/m^3}$. Den reziproken Wert $1/\varrho$ bezeichnet man als *spezifisches Volumen*.

Die Dichten ϱ verschiedener Flüssigkeiten und Gase sind aus den Tabellen 1 bis 5 zu ersehen. Die mit der Temperaturerhöhung verbundene Ausdehnung wirkt sich (s. Tab. 1 bis 4)

auf die Dichte der Flüssigkeiten und Gase aus. Die Dichtewerte der Gase sind hierbei auf Normaldruck (760 Torr = 1 atm) bezogen.
Im praktischen Gebrauch wird meist die Dichte ϱ in kg/dm^3 eingesetzt (zahlenmäßig gleichbedeutend mit g/cm^3, übernommen aus dem CGS-System). Hierbei hat Wasser von 4 °C die Dichte $\varrho = 1\ kg/dm^3$. Die Angaben in kg/m^3 sind hiervon also die 1000fachen Werte.

Tabelle 1. *Wasser:* Dichte ϱ, Zähigkeit η und kinematische Zähigkeit ν in Abhängigkeit von der Temperatur

Temperatur t in °C	0	10	20	40	60	80	100
ϱ in kg/m^3	999,84	999,70	998,20	992,21	983,21	971,80	958,35
$10^6\eta$ in Ns/m^2	1788,7	1306,1	1004,6	653,3	470,1	355,6	282,1
$10^6\eta$ in P	17887	13061	10046	6533	4701	3556	2821
$10^6\eta$ in kps/m^2	182,40	133,19	102,44	66,62	47,94	36,36	28,77
$10^6\nu$ in m^2/s; ν in cSt	1,7890	1,3065	1,0064	0,6584	0,4781	0,3659	0,2944

Tabelle 2. *Luft:* Dichte ϱ, Zähigkeit η und kinematische Zähigkeit ν bei Normaldruck (760 Torr) in Abhängigkeit von der Temperatur

Temperatur t in °C	−20	0	20	40	60	80	100	200	500
ϱ in kg/m^3	1,40	1,29	1.20	1,12	1,06	1,00	0,95	0,75	0,39
$10^6\eta$ in Ns/m^2	16,2	17,2	18,1	19,1	20,0	20,9	21,8	26,0	37,9
$10^6\eta$ in P	162	172	181	191	200	209	218	260	379
$10^6\eta$ in kps/m^2	1,65	1,75	1,85	1,95	2,04	2,13	2,22	2,66	3,87
$10^6\nu$ in m^2/s; ν in cSt	11,6	13,3	15,1	16,9	18,9	20,9	23,1	35,0	97

Tabelle 3. *Wasserdampf:* Dichte ϱ, Zähigkeit η und kinematische Zähigkeit ν bei Normaldruck (760 Torr) in Abhängigkeit von der Temperatur

Temperatur t in °C	100	150	200	250	300	350	400	450	500
ϱ in kg/m^3	0,598	0,524	0,467	0,421	0,384	0,353	0,326	0,304	0,284
$10^6\eta$ in Ns/m^2	12,7	14,6	16,5	18,4	20,3	22,2	24,2	26,2	28,2
$10^6\eta$ in P	127	146	165	184	203	222	242	262	282
$10^6\eta$ in kps/m^2	1,30	1,49	1,68	1,88	2,07	2,27	2,47	2,67	2,87
$10^6\nu$ in m^2/s; ν in cSt	21,3	27,9	35,3	43,6	52,8	63,0	74,2	86,1	99,1

Tabelle 4. *Quecksilber:* Dichte ϱ in Abhängigkeit von der Temperatur

Temperatur t in °C	0	10	20	40	60	80	100	200	300
ϱ in kg/m^3	13595	13570	13546	13497	13448	13400	13351	13113	12876

6.2.2.2. Zähigkeit

Flüssigkeiten und Gase haben die Eigenschaft, keinen Widerstand gegen Formänderungen zu zeigen, wenn diese genügend langsam vor sich gehen. Dagegen ist für rasche Formänderungen eine Kraft erforderlich. Der hier auftretende *Widerstand gegen Formänderung* hat seine Ursache in einer Stoffeigenschaft, die man „Zähigkeit" nennt. Sie beruht auf der inneren Reibung der Flüssigkeitsteilchen. Flüssigkeiten ohne Reibungswiderstand bezeichnet man als *reibungslose* oder *ideale Flüssigkeiten*. Diese stellen eine Abstraktion dar, die für die Aufstellung fundamentaler Gesetze der Flüssigkeitsströmung von größtem Nutzen sind.

Soll z. B. ein Flüssigkeitsquader von der Grundfläche A und der Höhe h in ein Parallelepiped verwandelt werden, indem die Deckfläche mit der konstanten Geschwindigkeit v bewegt wird, so ist an der Grund- und Deckfläche je eine Kraft

$$F = \frac{\eta A v}{h} \quad \text{z. B.} \quad \left|\frac{F}{\mathrm{N}}\right|\frac{\eta}{\mathrm{Ns/m^2}}\left|\frac{A}{\mathrm{m^2}}\right|\frac{v}{\mathrm{m/s}}\left|\frac{h}{\mathrm{m}}\right| \tag{1}$$

erforderlich. Hierbei ist η die (*dynamische*) *Zähigkeit*. Wird 1 kp als Einheit für F gewählt, so ist 1 kps/m² die Einheit für η. Für (1) kann in allgemeiner Formulierung auch

$$F = \eta A \,\mathrm{d}u/\mathrm{d}y \tag{2}$$

geschrieben werden, wobei $u = vy/h$ die im Abstand y von der Grundfläche vorhandene Geschwindigkeit der Flüssigkeit ist. – Das Verhältnis

$$\frac{\eta}{\varrho} = \nu \quad \text{z. B.} \quad \left|\frac{\eta}{\mathrm{Ns/m^2}}\right|\frac{\varrho}{\mathrm{kg/m^3}}\left|\frac{\nu}{\mathrm{m^2/s}}\right| \tag{3}$$

heißt *kinematische Zähigkeit*.

Neben der Einheit Ns/m^2 (≡ kg/ms) existieren als nicht kohärent gebildete Einheiten der dynamischen Zähigkeit η noch das kps/m² und das *Poise* (P). 1 P = 100 cP = 1000 mP usw. Es bestehen folgende Zusammenhänge:

$$1\ \mathrm{kps/m^2} = 9{,}81\ \mathrm{Ns/m^2} = 98{,}1\ \mathrm{P} = 9810\ \mathrm{cP\ usw.;}$$
$$1\ \mathrm{Ns/m^2} = 0{,}1020\ \mathrm{kps/m^2} = 10\ \mathrm{P} = 1000\ \mathrm{cP\ usw.;}$$
$$1\ \mathrm{P} = 0{,}01020\ \mathrm{kps/m^2} = 0{,}1\ \mathrm{Ns/m^2} = 100\ \mathrm{cP\ usw.}$$

Nicht kohärent gebildete Einheit der kinematischen Zähigkeit ν ist das *Stokes* (St). 1 St = 100 cSt usw. Zusammenhänge:

$$1\ \mathrm{m^2/s} = 10^4\ \mathrm{St} \quad \text{und} \quad 1\ \mathrm{St} \doteq 10^{-4}\ \mathrm{m^2/s}.$$

Die Einheiten Poise und Stokes sind aus dem CGS-System übernommen worden:

$$1\ \mathrm{P} \equiv 1\ \mathrm{dyn\ s/cm^2} \equiv 1\ \mathrm{g/cm\ s} \quad \text{und} \quad 1\ \mathrm{St} \equiv 1\ \mathrm{cm^2/s}.$$

Die Tabellen 1, 2 und 3 enthalten Zähigkeitswerte η und ν für Wasser, Luft und Wasserdampf in Abhängigkeit von der Temperatur, die Tabellen 5 und 6 für Gase bei 0 °C bzw. Flüssigkeiten bei 20 °C. Die Zähigkeit η von Gasen bei Normaldruck (760 Torr) erhält man im Temperaturbereich von $t = -20$ bis 500 °C mit Tabelle 5 nach der Beziehung

$$\eta = \eta_0 \left(\frac{t + 273\ \mathrm{°K}}{273\ \mathrm{°K}}\right)^n. \tag{4}$$

Mit dieser Formel sind die η-Werte der Tabellen 2 und 3 berechnet.

Für ideale Gase gilt: ϱ ändert sich proportional, ν umgekehrt proportional dem Druck, während η (= $\nu\varrho$) von ihm unabhängig ist. Berechnet werden die Werte ϱ und ν für *beliebigen* Druck aus den für Normaldruck geltenden Werten der Tabellen 2 (für Luft) und 3 (für Wasserdampf).

Tabelle 5. Dichte ϱ_0, Zähigkeit η_0 und kinematische Zähigkeit ν_0 bei $t = 0$ °C und $b = 760$ Torr für verschiedene Gase sowie Exponent n in Gl. (4)

Gas		Luft	Kohlendioxid	Sauerstoff	Stickstoff	Wasserstoff	Wasserdampf
ϱ_0 in kg/m³		1,293	1,977	1,429	1,251	0,08987	0,804
$10^6\eta_0$	in Ns/m²	17,2	13,8	19,2	16,5	8,3	9,0
	in P	172	138	192	165	83	90
	in kps/m²	1,75	1,41	1,96	1,68	0,85	0,92
$10^6\nu_0$ in m²/s; ν_0 in cSt		13,3	6,98	13,4	13,2	92,5	11,7
n –		0,76	0,87	0,70	0,69	0,67	1,09

Tabelle 6. Kinematische Zähigkeit ν_{20} verschiedener Flüssigkeiten bei 20 °C

Flüssigkeit	Alkohol	Äther	Benzol	Glyzerin	Quecksilber
ν_{20} in m²/s	$1{,}52 \cdot 10^{-6}$	$0{,}32 \cdot 10^{-6}$	$0{,}74 \cdot 10^{-6}$	$9{,}71 \cdot 10^{-4}$	$0{,}12 \cdot 10^{-6}$

6.2.2.3. Kompressibilität

Für ideale Gase gilt das Boyle-Mariottesche Gesetz, nach dem zwischen Druck und Volumen eine indirekte Proportionalität besteht. Flüssigkeiten dagegen sind kaum zusammendrückbar. In mit mäßiger Geschwindigkeit strömenden Gasen sind die Volumenänderungen meist so gering, daß sie ebenfalls vernachlässigt werden können. Bei einer Geschwindigkeit des Gases bis zu etwa 50 m/s bleiben die Volumenänderungen noch unter 1 %. Für Strömungsvorgänge in Gasen und Flüssigkeiten gelten dann dieselben Gesetze. Nicht mehr vernachlässigbare Abweichungen treten in Gasen bei Strömungsgeschwindigkeiten von der Größenordnung der Schallgeschwindigkeit (in Luft ≈ 330 m/s bei 20 °C) auf, während noch bei einer Geschwindigkeit von 150 m/s die Volumenänderung nur etwa 10% beträgt. Die Kompressibilität von Flüssigkeiten macht sich erst bei hohen Drücken bemerkbar, z. B. in Einspritzleitungen von Dieselmotoren. Gase und Flüssigkeiten werden als *unelastische* oder *inkompressible Flüssigkeiten* bezeichnet, wenn durch Druckänderungen hervorgerufene Volumenänderungen vernachlässigbar klein sind.

Unter dem *Kompressibilitätskoeffizienten* k versteht man das Verhältnis der relativen Volumenverminderung dV/V zur Druckerhöhung dp. Das Minuszeichen wird in der Definitionsgleichung

$$k = -\frac{1}{V} \cdot \frac{dV}{dp} \quad \text{z. B.} \quad \left|\frac{k}{1/\text{atm}}\right|\frac{V}{\text{m}^3}\left|\frac{p}{\text{atm}}\right| \tag{5}$$

Tabelle 7. Kompressibilitätskoeffizient $10^6 k$ in 1/atm des Quecksilbers bei verschiedenen Temperaturen und Drücken (p_a Anfangsdruck, p_e Enddruck)

Druck in atm		Temperatur t in °C					
p_a	- p_e	20	50	80	110	150	190
1	500	3,8	3,9	4,0	4,1	4,4	4,6
500	1000	3,8	3,9	4,0	4,0	4,4	4,6
1000	1500	3,7	3,9	4,0	4,0	4,4	4,5
1500	2000	3,6	3,8	3,9	3,9	4,3	4,4
2000	2500	3,5	3,8	3,8	3,8	4,3	4,4
2500	3000	3,4	3,8	3,7	3,7	4,3	4,3

geschrieben, damit k positiv wird. Der Kompressibilitätskoeffizient ist abhängig von der Temperatur und vom Druck; er nimmt im allgemeinen mit steigendem Druck ab, mit steigender Temperatur zu (Tab. 7, Quecksilber). Bei Wasser erfolgt allerdings eine Abnahme von k bis zu einem Minimum bei etwa 55 °C, dann erst Zunahme (Tab. 8). Die Kompressibilitätskoeffizienten einiger organischer Flüssigkeiten s. Tabelle 9.

Tabelle 8. Kompressibilitätskoeffizient $10^6 k$ in 1/atm des Wassers in Abhängigkeit von Druck und Temperatur (p_a Anfangsdruck, p_e Enddruck)

Druck in atm		Temperatur t in °C												
p_a	p_e	0	5	10	15	20	30	40	50	60	70	80	90	100
1	100	51,1	49,3	48,3	47,3	46,8	46,0	44,9	44,9	45,5	46,2	46,9	47,8	–
100	200	49,2	47,5	46,1	45,1	44,2	43,6	42,9	42,5	42,7	43,9	45,1	46,8	80,7
200	300	48,0	46,2	45,3	44,3	43,4	42,2	41,4	41,3	41,5	42,5	43,6	45,9	76,9
300	400	46,6	44,9	44,1	43,3	42,4	41,3	40,7	40,2	40,6	41,1	42,2	44,6	73,1
400	500	45,5	44,4	43,0	42,2	41,5	40,6	40,4	39,9	39,4	39,8	40,8	43,4	68,2
500	600	43,8	43,0	41,8	41,1	40,4	39,2	39,0	39,0	38,8	39,1	39,9	41,6	66,0
600	700	42,9	40,9	40,5	39,8	39,4	38,7	38,2	37,7	38,3	38,0	38,7	40,7	62,7

Tabelle 9. Kompressibilitätskoeffizient $10^6 k$ organischer Flüssigkeiten bei 18 °C

Stoff	$10^6 k$ in 1/atm	Stoff	$10^6 k$ in 1/atm	Stoff	$10^6 k$ in 1/atm
Äthylalkohol	114	Bromoform	41	Methylalkohol	120
Äthylbenzol	83	Butylalkohol	92	Nitrobenzol	47
Äthylbromid	122	i-Butylalkohol	100	n-Oktan	102
Äthylenbromid	59	Chlorbenzol	75	Pentan	242
Amylalkohol	90	Chloroform	100	Propylalkohol	100
Anilin	36	Diäthyläther	183	i-Propylalkohol	100
Azeton	126	Essigsäureäthylester	104	Terpentinöl	79
Benzol	95	Glyzerin	22	Tetrachlorkohlenstoff	111
Benzolsäureamylester	61	Heptan	120	Toluol	87
Brombenzol	95	Hexan	150	Zyklohexan	118

6.2.2.4. Oberflächenspannung und Kapillarität

Zwischen den Molekülen einer Flüssigkeit wirken *Kohäsionskräfte*, die einen begrenzten Wirkungsbereich haben. Im Innern der Flüssigkeit heben sich die auf ein Molekül wirkenden Kräfte gegenseitig auf, weil das Molekül allseitig von gleichartigen Molekülen umgeben ist. An der Oberfläche dagegen fehlt eine nach oben gerichtete Anziehungskraft, so daß nur Molekularkräfte wirken, die ins Innere der Flüssigkeit gerichtet sind. In einer dünnen Oberflächenschicht, deren Dicke gleich dem Wirkungsradius der Flüssigkeitsmoleküle ist, wird auf diese ein Druck, der *Kohäsionsdruck*, nach dem Flüssigkeitsinnern hin ausgeübt. Wenn aus tiefer liegenden Gebieten ein Flüssigkeitsteilchen in die Oberflächenschicht dringen will, so muß es den Kohäsionsdruck überwinden; dabei ist eine Arbeit erforderlich, während beim umgekehrten Vorgang Energie frei wird. Die Moleküle einer Flüssigkeitsoberfläche haben daher potentielle Energie (Oberflächenenergie). Durch den Transport von Flüssigkeitsteilchen aus dem Innern an die Oberfläche würden sich diese sowie die Oberflächenenergie vergrößern. Ein stabiles Gleichgewicht ist jedoch mit einem Minimum an potentieller Energie verbunden, so daß sich die Oberfläche einer Flüssigkeit stets so einstellt, daß sie möglichst klein ist (Minimalflächen, z. B. Kugelgestalt von Tropfen).

Unter dem Einfluß der *Kohäsionskräfte* wirkt auf die Oberfläche einer Flüssigkeit ein Zug nach ihrem Innern, der als *Oberflächenspannung* σ bezeichnet wird. Grenzt eine Flüssigkeitsoberfläche an eine andere Flüssigkeit, so erfährt ein in der Trennungsfläche befindliches Molekül Kräfte von beiden Flüssigkeiten. Je nachdem, ob die Flüssigkeit an Luft, an eine andere Flüssigkeit oder an eine feste Wand grenzt, ist σ verschieden (Tab. 10).

Tabelle 10. Oberflächenspannung einiger Flüssigkeiten bei 20 °C; Flüssigkeiten von Luft, Wasser oder Quecksilber umgeben

Flüssigkeit	Oberflächenspannung in dyn/cm		
	gegen Luft	gegen Wasser	gegen Quecksilber
Äthyläther	17		379
Äthylalkohol	22		364
Azeton	24		
Benzol	29	35	
Glyzerin	66		
Olivenöl	32	18	335
Petroleum	26	48	
Quecksilber	500		–
Terpentinöl	27		
Wasser	73	–	375

Bringt man auf eine Flüssigkeit I einen Tropfen einer Flüssigkeit II, so greifen in der Berührungslinie drei verschiedene Oberflächenspannungen an, nämlich die Oberflächenspannungen Flüssigkeit I – Luft, Flüssigkeit II – Luft und Flüssigkeit I – Flüssigkeit II. Soll der Tropfen der Flüssigkeit II in Ruhe bleiben, so müssen sich die drei Oberflächenspannungen das Gleichgewicht halten. Ein solcher Gleichgewichtszustand ist nur möglich, wenn jede Oberflächenspannung entgegengesetzt gleich der Vektorsumme der beiden anderen Oberflächenspannungen ist. Bei Öl und Wasser z. B. ist dieser Gleichgewichtszustand nicht möglich. Infolgedessen breitet sich ein Öltröpfchen auf Wasser bis zu einer monomolekularen Schicht aus.

Grenzt die Flüssigkeit an eine feste Wand, so wird sie unter dem Einfluß von Adhäsionskräften, die zwischen den Molekülen der Wand und den Molekülen der Flüssigkeit wirken, an ihr hochgezogen, wenn sie die Wand benetzt. In einem in eine benetzende Flüssigkeit (z. B. Wasser) getauchten Kapillarrohr beobachtet man als Folge der Oberflächenspannung *Kapillaraszension* mit konkavem Flüssigkeitsmeniskus. Taucht man dagegen das Rohr in eine nicht benetzende Flüssigkeit (z. B. Quecksilber), so wird die Flüssigkeit unter das äußere Niveau herabgedrückt. Nichtbenetzende Flüssigkeiten zeigen *Kapillardepression*. Der Flüssigkeitsmeniskus ist konvex.

Ist d der Durchmesser der Kapillare, ϱ die Dichte der Flüssigkeit, $g = 981\ \text{cm/s}^2$ die Erdbeschleunigung und h die kapillare Steighöhe, so ist die Oberflächenspannung σ durch die Gleichung

$$\sigma = \frac{dh\varrho g}{4} \quad \text{z. B.} \quad \left| \frac{\sigma}{\text{dyn/cm}} \middle| \frac{d, h}{\text{cm}} \middle| \frac{\varrho}{\text{g/cm}^3} \middle| \frac{g}{\text{cm/s}^2} \right| \qquad (6)$$

definiert. Zwischen Kapillarendurchmesser d bzw. Abstand a zweier Platten und kapillarer Steighöhe h bestehen die folgenden Abhängigkeiten (Ungefährwerte), wobei h, d und a in mm gelten:

$$*h = \frac{30}{d} = \frac{15}{a}; \quad \text{Wasser} \qquad *h = \frac{13}{d} = \frac{6{,}5}{a}; \quad \text{Toluol}$$

$$*h = \frac{10}{d} = \frac{5}{a}; \quad \text{Alkohol} \qquad *h = -\frac{200}{d} = -\frac{100}{a} \quad \text{Quecksilber}$$

$$\left| \frac{h}{\text{mm}} \right| \frac{d}{\text{mm}} \left| \frac{a}{\text{mm}} \right|.$$

6.2.3. Eigenschaften der Atmosphäre

6.2.3.1. Normaldruck

Als *Normaldruck* (*physikalische Atmosphäre*, 1 atm) ist international der Druck b derjenigen Luftsäule festgelegt, die einer Quecksilbersäule von 76 cm Länge bei 0 °C das Gleichgewicht hält. Es ist $b = 1$ atm $= 760$ Torr $= 1033{,}2$ p/cm² $= 10\,332$ kp/m². In der Meteorologie wird als Druckeinheit das *Millibar* (mbar) verwendet:

$$10^6\ \text{dyn/cm}^2 = 1\ \text{bar} = 1000\ \text{mbar} = 760\ \text{Torr};\ 1\ \text{atm} = 1013{,}25\ \text{mbar}.$$

6.2.3.2. Barometrische Höhenformel

Zur Bestimmung des Höhenunterschiedes $h_2 - h_1$ zweier Orte dient die barometrische Höhenformel:

$$*h_2 - h_1 = (18{,}4 + 0{,}067\, t_m) \lg (b_1/b_2) \qquad \left| \frac{h}{\text{km}} \right| \frac{t}{°\text{C}} \left| \frac{b}{\text{Torr}} \right|. \tag{7}$$

b_1 und b_2 Luftdrücke an den beiden Orten; t_m mittlere Temperatur.

Die Bestimmung der Höhe h eines Punktes über der Erdoberfläche erfolgt mit der Formel

$$*h = (18{,}4 + 0{,}067\, t_m) \lg (b_0/b). \tag{7a}$$

b_0 Druck an der Erdoberfläche; b Druck in der Höhe h, Einheiten wie bei (7).

6.2.3.3. Luftfeuchtigkeit

Den Gehalt der Luft an Wasserdampf bezeichnet man als Luftfeuchtigkeit. Unter der *absoluten Feuchtigkeit* versteht man die in Gramm gemessene Menge Wasser, die in Dampfform in 1 m³ Luft enthalten ist. Die Menge Wasserdampf, die 1 m³ Luft maximal aufnehmen kann, heißt die *maximale Feuchtigkeit* oder Sättigungsmenge. Sie ist, wie aus Tabelle 11 hervorgeht, stark temperaturabhängig. Das Verhältnis der absoluten Feuchtigkeit zur maximalen Feuchtigkeit heißt *relative Feuchtigkeit*. Sie wird in Prozenten angegeben:

$$\text{Relative Feuchtigkeit} = 100\% \cdot \frac{\text{absolute Feuchtigkeit}}{\text{maximale Feuchtigkeit}}.$$

Da mit abnehmender Temperatur die Luft immer weniger Feuchtigkeit aufnehmen kann, wird bei einer bestimmten Temperatur die in einer abgeschlossenen Luftmasse enthaltene Feuchtigkeit gerade zur Sättigung ausreichen. Diejenige Temperatur, für die in einem vorgegebenen Luftkörper gerade Sättigung eintritt, wird als *Taupunkt* bezeichnet.

Tabelle 11. Abhängigkeit der maximalen Feuchtigkeit q_{max} von der Temperatur t

t °C	q_{max} g/m³	t °C	q_{max} g/m³	t °C	q_{max} g/m³	t °C	q_{max} g/m³	t °C	q_{max} g/m³	t °C	q_{max} g/m³
0	4,8	6	7,3	12	10,7	18	15,4	24	21,8	30	30,3
1	5,2	7	7,8	13	11,4	19	16,3	25	23,0	31	31,9
2	5,6	8	8,3	14	12,1	20	17,3	26	24,4	32	33,6
3	6,0	9	8,8	15	12,8	21	18,3	27	25,8	33	35,3
4	6,4	10	9,4	16	13,6	22	19,4	28	27,2	34	37,1
5	6,8	11	10,0	17	14,5	23	20,6	29	28,7	35	39,0

6.2.3.4. Luftzusammensetzung

Die Luft ist ein Gemisch von hauptsächlich neun verschiedenen Gasen, deren Anteile bis etwa 20 km Höhe konstant sind. In Tabelle 12 sind die einzelnen Gase in Volumenprozenten angegeben.

Tabelle 12. Zusammensetzung der Luft

Bestandteil	Stickstoff	Sauerstoff	Argon	Kohlendioxid	Wasserstoff	Neon	Helium	Krypton	Xenon
Vol.-%	78,10	20,93	0,9226	0,03	0,015	0,0018	0,000491	0,0001	0,000009

6.2.4. Grundgesetze ruhender Flüssigkeiten und Gase

6.2.4.1. Hydrostatischer Druck

Die Grundaufgabe der Hydrostatik als der Lehre vom Gleichgewicht schwerer Flüssigkeiten ist die Bestimmung der Druckverteilung (des Druckfeldes) in einer der Schwerkraft unterworfenen Flüssigkeit.

6.2.4.1.1. Druckanstieg mit zunehmender Tiefe in einer homogenen Flüssigkeit

Als homogen bezeichnet man eine Flüssigkeit, deren Dichte konstant ist oder nur vom Druck abhängt, für die also eine Druckfunktion

$$F = \int \frac{\mathrm{d}p}{\varrho} \quad \text{z. B.} \quad \left| \frac{F}{\mathrm{m^2/s^2}} \right| \frac{p}{\mathrm{N/m^2} \equiv \mathrm{kg/ms^2}} \left| \frac{\varrho}{\mathrm{kg/m^3}} \right|$$

existiert.

Betrachtet man einen prismatischen flüssigen Körper mit *horizontaler* Achse, so hat das Gewicht des Prismas keine Komponente in der Achsenrichtung. Daraus folgt Druckgleichheit an den Stirnflächen und durch Aneinanderreihen beliebig vieler Prismen Druckkonstanz in einer waagerechten Ebene.

Betrachtet man das Gleichgewicht eines flüssigen Körpers (Prismas oder Zylinders) mit *vertikaler* Achse (Grundfläche A und Höhe h) gegen Verschieben in senkrechter Richtung, so ist das Gewicht des Körpers von Einfluß auf den Gleichgewichtszustand. Nach unten wirken das Gewicht des Körpers, $G = \varrho g V = \varrho g A h$, und die Druckkraft (Gewicht) der Flüssigkeit auf die obere Stirnfläche, $F_1 = p_1 A$, nach oben die Druckkraft auf die untere Stirnfläche, $F_2 = p_2 A$. Die Gleichgewichtsbedingung lautet dann

$$\varrho g A h + p_1 A = p_2 A$$

oder

$$p_2 - p_1 = h\varrho g \quad \text{z. B.} \quad \left| \frac{p_1, p_2}{\text{N/m}^2} \middle| \frac{h}{\text{m}} \middle| \frac{\varrho}{\text{kg/m}^3} \middle| \frac{g}{\text{m/s}^2} \right|. \tag{8}$$

Der Druck nimmt also nach unten stetig ab, und zwar steigt er bei einer Tiefenänderung Δh um $\varrho g\ \Delta h$ an.

6.2.4.1.2. Gleichgewichtszustand in einer inhomogenen Flüssigkeit

Betrachtet man zunächst einen flüssigen Körper mit horizontaler Achse, so erfordert der Gleichgewichtszustand gleichen Druck auf die Stirnflächen, d. h., der Druck in jeder waagerechten Ebene ist konstant.
Für zwei flüssige Körper I und II mit vertikaler Achse, der Höhe h und der mittleren Dichte $\varrho_{\rm I}$ bzw. $\varrho_{\rm II}$ lauten die Gleichgewichtsbedingungen

$$p_2 - p_1 = h\varrho_{\rm I} g \quad \text{und} \quad p_2 - p_1 = h\varrho_{\rm II} g, \quad \text{also} \quad \varrho_{\rm I} = \varrho_{\rm II}.$$

In einer inhomogenen schweren Flüssigkeit ist Gleichgewicht nur dann möglich, wenn in jeder waagerechten Schicht die Dichte konstant ist. Hieraus folgt, daß die Trennungsfläche zweier nicht mischbarer Flüssigkeiten von verschiedener Dichte stets eine horizontale Fläche ist.

6.2.4.1.3. Pascalsches Gesetz

Wirkt auf eine Flüssigkeit in irgendeiner Richtung ein äußerer Druck, so breitet sich dieser in der Flüssigkeit allseitig in gleicher Stärke aus. Der auf die seitlichen Begrenzungsflächen eines mit Flüssigkeit gefüllten Gefäßes wirkende Druck hat in der von der Flüssigkeitsoberfläche aus gemessenen Tiefe h die Größe $p = \varrho g h$.

6.2.4.2. Auftrieb

6.2.4.2.1. Archimedisches Prinzip

Nach dem *Archimedischen Prinzip* ist der Auftrieb $F_{\rm A}$ eines Körpers vom Volumen V gleich dem Gewicht G der von ihm verdrängten Flüssigkeitsmenge. Der Auftrieb ist eine senkrecht nach oben wirkende Kraft, die im Schwerpunkt der verdrängten Flüssigkeitsmenge angreift:

$$F_{\rm A} = V\varrho_{\rm fl} g \quad \text{z. B.} \quad \left| \frac{F_{\rm A}}{N \equiv \text{kgm/s}^2} \middle| \frac{V}{\text{m}^3} \middle| \frac{\varrho_{\rm fl}}{\text{kg/m}^3} \middle| \frac{g}{\text{m/s}^2} \right|. \tag{9}$$

6.2.4.2.2. Tragkraft eines Ballons

Die Tragkraft eines Ballons ergibt sich als Differenz aus dem Gewicht der verdrängten Luft und dem Gewicht des Füllgases:

$$F_{\rm B} = V(\varrho_{\rm L} - \varrho_{\rm G})\, g \quad \left| \frac{F_{\rm B}}{\text{N}} \middle| \frac{V}{\text{m}^3} \middle| \frac{\varrho}{\text{kg/m}^3} \middle| \frac{g}{\text{m/s}^2} \right|. \tag{10}$$

Die Dichten einiger Ballongase sind aus Tabelle 13 zu ersehen.
Unter der *Gleichgewichtshöhe* eines Ballons versteht man die Höhe, in der der Auftrieb gleich dem Gesamtgewicht (einschließlich des Füllgases) geworden ist. Eine Verminderung der Lufttemperatur um 1 grd vergrößert die Gleichgewichtshöhe um etwa 30 m. Kühlt sich das Füllgas um 1 grd ab, so erniedrigt sich die Gleichgewichtshöhe bei Leuchtgas um etwa 20 m und bei Wasserstoff um etwa 3 m.

Tabelle 13. Dichte von Ballongasen bei 760 Torr und 0 °C

Gas	Leuchtgas	Wasserstoff (rein)	Wasserstoff (normalrein)	Helium
Dichte ϱ in kg/m³	0,45 ··· 0,67	0,089	0,15	0,18

6.2.4.2.3. Schwimmen

Das Verhalten eines in eine Flüssigkeit eingetauchten Körpers richtet sich nach der Größe des Auftriebs, den er in ihr erfährt. Ist der Auftrieb kleiner als sein Eigengewicht, so geht er unter, ist der Auftrieb größer, so *schwimmt* er. Ist der Auftrieb des völlig eingetauchten Körpers gleich seinem Eigengewicht, so verbleibt er an jeder beliebigen Stelle der Flüssigkeit, er *schwebt*.

Man unterscheidet bei schwimmenden Körpern stabile und labile Gleichgewichtslagen.

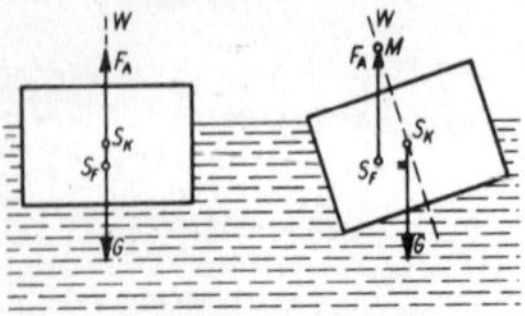

Bild 1. Stabile Schwimmlage

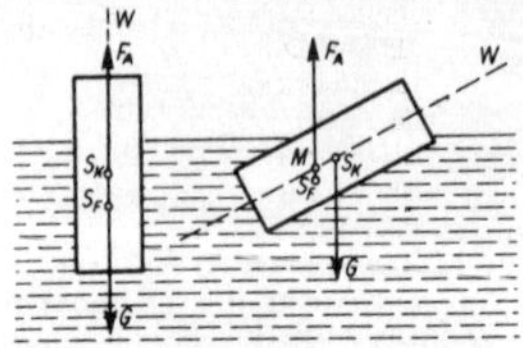

Bild 2. Labile Schwimmlage

Bild 1 stellt den Fall der *stabilen Schwimmlage* dar. Ein in eine Flüssigkeit eingetauchter Körper erfährt zwei Kraftwirkungen. Im Punkte S_K, dem Schwerpunkt des Körpers, greift eine senkrecht nach unten gerichtete Kraft, sein Gewicht G, an. Im Punkte S_F, dem Schwerpunkt der verdrängten Flüssigkeit, d. h. dem Schwerpunkt des in die Flüssigkeit tauchenden Körperstücks, greift eine nach oben gerichtete Kraft, sein Auftrieb F_A, an. Wenn der Körper in Gleichgewichtslage schwimmt, sind beide Kräfte gleich groß und wirken längs der gemeinsamen Wirkungslinie W in entgegengesetzter Richtung. Entscheidend für das Verhalten des Körpers bei einer Störung des Gleichgewichts ist die Lage des *Metazentrums M*. Eine Drehung des Körpers in der Zeichenebene bringt S_F an eine andere Stelle des Körpers. Die Auftriebskraft schneidet in dieser Lage die mit dem Körper starr verbundene Linie W oberhalb oder unterhalb von S_K im Metazentrum M. Liegt M über S_K, so ist die Schwimmlage stabil, das Drehmoment von Auftriebskraft und Gewicht wirkt der Drehung entgegen. (Im rechten Teil des Bildes 1 liegt der Schwerpunkt S_F der Flüssigkeit in Wirklichkeit bei X; aus Gründen der Übersichtlichkeit der Konstruktion wurde er etwas nach links verlegt.)

Bild 2 zeigt das Beispiel einer *labilen Schwimmlage*. Sie ist dadurch gekennzeichnet, daß das Metazentrum unterhalb des Körperschwerpunktes liegt. Der gedrehte Körper kehrt nicht in seine ursprüngliche Lage zurück, sondern dreht sich weiter, bis er die in Bild 1 gezeichnete stabile Lage erreicht hat. Das Kippen wird in diesem Falle durch ein rechtsdrehendes Kräftepaar erzeugt, das ihn aus der labilen in die stabile Lage überführt.

6.3. Dynamik der inkompressiblen Flüssigkeiten

6.3.1. Die wichtigsten Formelzeichen zur Dynamik

$$\left(1\ \text{N} = 1\ \text{kg m/s}^2 = \frac{1}{9{,}80665}\ \text{kp}\right)$$

Formelzeichen	Größe	Verwendete Einheiten
A	Rohrquerschnitt (6.3.4.3.)	m^2
A_0	von Linie s_0 umschlossene Fläche (6.3.2.4.)	m^2
A_t	Tragflügelfläche (6.3.6.1.)	m^2
a	Abstand von Rohrmitte (6.3.4.4.1.)	m
b_t	Tragflügelspannweite (6.3.6.1.)	m
c	Widerstandsbeiwert des Formwiderstandes; $c = 2F_W/A\varrho v^2$ (6.3.5.1.2.)	–

Formelzeichen	Größe	Verwendete Einheiten
c_a	Auftriebszahl; $c_a = 2F_A B/A\varrho v^2$ (6.3.6.1.)	–
c_f	Widerstandsbeiwert des Flächenwiderstandes; $c_f = 2F_W/A\varrho v^2$ (6.3.5.1.1.)	–
c_m	Momentenzahl; $c_m = 2MB/eA\varrho v^2$ (6.3.6.1.)	–
c_n	Normalkraftbeiwert (6.3.6.1.)	–
c_w	Widerstandszahl; $c_w = 2F_W B/A\varrho v^2$ (6.3.6.1.)	–
D	hydraulischer Durchmesser; $D = 4A/U$ (6.3.4.3.)	m
d	Rohrdurchmesser (6.3.4.2.)	m
F	Kraft (6.3.3.3.)	N; kp
F_A	Auftrieb (6.3.6.1.)	N
F_A'	Auftrieb je Längeneinheit (6.3.6.2.1.)	N/m; kp/m
F_N	Normalkraft (6.3.6.1.)	N; kp
F_R	resultierende Luftkraft (6.3.6.1.)	N; kp
F_r	Tangentialkraft (6.3.6.1.)	N; kp
F_W	Strömungswiderstand (6.3.5.1., 6.3.6.1.)	N; kp
	$F_W = \tan \varepsilon$ Gleitzahl (6.3.6.1.)	
F_{Wi}	induzierter Widerstand (6.3.6.6.)	N; kp
F_{W0}	Profilwiderstand (6.3.6.6.)	N; kp
g	Erdbeschleunigung $g_n = 9{,}80665$ m/s² (6.3.3.2.)	m/s²
h	Lagenhöhe, Ortshöhe (6.3.3.2.)	m
$h\varrho g$	Schweredruck (6.3.3.2.)	N/m²
I	Impuls; $I = mv$ (6.3.3.3.)	kgm/s
k	Korngröße von Rauhigkeiten (6.3.4.2.); k/d relative Rauhigkeit	m
M	Moment (6.3.6.1.)	Nmkpm
m	Masse (6.3.3.3.)	kg
P	Leistung (6.3.5.2.); Pumpleistung der Luftschraube (6.3.6.9.)	Nm/s
p	Druck in Rohren (6.3.4.1.)	N/m²; kp/m²
p	äußerer (statischer) Druck (6.3.3.2.)	N/m²; kp/m²
$p/\varrho g$	Druckhöhe (6.3.3.2.)	m
Δp	Stoßverlust bei Querschnittsverengung (6.3.4.6.3.)	kp/m²
Q	Flüssigkeitsmenge (6.3.4.5.2.)	m³
Re	Reynoldssche Zahl; $Re = vd/\nu$ (6.3.3.5.)	–
S	Schraubenschub beim Propeller (6.3.6.9.)	N; kp
r	Rohrradius; $r = d/2$ (6.3.4.4.1.)	m
r_0	Radius einer starr gedachten Flüssigkeitssäule (6.3.2.4.)	m
s	Länge einer geschlossenen Linie in der Flüssigkeit (6.3.2.4.)	m
t	Zeit (6.3.3.2.)	s
t_t	Tragflügeltiefe (6.3.6.1.)	m
U	von Flüssigkeit benetzter Umfang der Rohrleitung (6.3.4.3.)	m
V_s	sekundliches Volumen (6.3.3.3.)	m³/s
v	Strömungsgeschwindigkeit (6.3.2.4., 6.3.3.2.); Ausströmungsgeschwindigkeit (6.3.6.2.1.)	m/s
$v^2/2g$	Geschwindigkeitshöhe (6.3.3.2.)	m
w	Winddruck (6.3.5.3.)	N/m²; kp/m²
x	Entfernung von der Düse (6.3.4.7.)	m
x, y, z	räumliche Koordinaten (6.3.2.5., 6.3.3.1.)	m
α	Anströmungswinkel (6.3.3.3.); Anstellwinkel (6.3.6.1.)	o
α_k	Kontraktionszahl (6.3.4.6.3.)	–
Γ	Zirkulation (6.3.2.4., 6.3.6.2.)	m²/s
ε	Gleitwinkel (6.3.6.1.)	°
δ	Winkel bei Krümmern und Rohrverzweigungen (6.3.4.5.)	°
δ'	Winkel der Rohrerweiterung (6.3.4.6.1.)	°
ζ	Widerstandsbeiwert von Krümmern (6.3.4.5.1.)	–
ζ_a	Verlustzahl für den Abzweigstrom bei Verzweigungen (6.3.4.5.2.)	–
ξ_g	Verlustzahl für den Geradeausstrom bei Verzweigungen (6.3.4.5.2.)	–

Formelzeichen	Größe	Verwendete Einheiten
ξ'	Verlustzahl bei Querschnittserweiterung (6.3.4.6.1.)	–
ξ''	Verlustzahl bei unstetiger Querschnittsverengung (Beiwert des Stoßverlustes (6.3.4.6.3.)	–
η	dynamische Zähigkeit; $\eta = \nu\varrho$ (6.3.2.7.)	Ns/m^2; kps/m^2
η_{12}	Wirkungsgrad bei unstetiger Querschnittserweiterung (6.3.4.6.2.)	–
η_s	Wirkungsgrad der Luftschraube (6.3.6.9.)	–
ν	kinematische Zähigkeit; $= \eta/\varrho$ (6.3.3.5.)	m^2/s
ϱ	Dichte (6.3.3.1.)	kg/m^3
$\varrho v^2/2$	Staudruck (6.3.3.2.)	N/m^2
τ	Schubspannung (6.3.2.7.)	N/m^2; kp/m^2
φ	Steigungswinkel (bzw. Gleitflugwinkel) eines Flugzeugs (6.3.6.7.)	°
Φ	Geschwindigkeitspotential (6.3.2.5.)	m^2/s
ψ	Widerstandsbeiwert (6.3.4.1., 6.3.4.6.)	–
ω	Winkelgeschwindigkeit (6.3.2.4.)	1/s

6.3.2. Grundbegriffe

6.3.2.1. Stationäre und nichtstationäre Strömung und ihre Darstellung

Zeitlich gleichbleibende Strömungen werden als *stationäre Strömungen* (*Bewegungen*) bezeichnet. Ändert sich an einer Stelle der Strömung die Geschwindigkeit im Laufe der Zeit, so spricht man von *nichtstationären* (*instationären*) *Strömungen* (*Bewegungen*). Strömungen werden durch Stromlinien beschrieben, ähnlich wie elektrische oder magnetische Felder durch Feldlinien. Als *Stromlinien* bezeichnet man Linien, die in jedem Punkte einer Strömung durch Anlegen der Tangente die Richtung der dort bestehenden Momentangeschwindigkeit angeben. Bei instationären Strömungen verändern die Stromlinien im Laufe der Zeit ihre Gestalt. Von ihnen zu unterscheiden sind die *Bahnlinien*, die von den einzelnen Flüssigkeitsteilchen während ihrer Bewegung beschrieben werden. Im Falle stationärer Strömungen sind die Stromlinien zeitlich unveränderlich und fallen mit den Bahnlinien zusammen.

Sichtbarmachen der Bahn- bzw. Stromlinien. Ein in die bewegte Flüssigkeit gebrachtes Schwebeteilchen, z. B. Aluminiumflitter oder Korkpulver, wird von ihr mitgenommen und beschreibt eine Bahnlinie. Diese Bahn zeigt auch die Bahn der umgebenden Flüssigkeit an. Ist die Strömung stationär, so sind die Bahnlinien gleich den Stromlinien.

Zeichnet man durch die senkrecht zu den Stromlinien gelegte Flächeneinheit so viele Stromlinien, wie die Maßzahl der Geschwindigkeit beträgt, so gibt die entstehende *Stromliniendichte* ein anschauliches Bild von der Geschwindigkeitsverteilung. Je enger sich die Stromlinien an einer Stelle zusammendrängen, um so größer ist dort die Geschwindigkeit. Zeichnet man durch die Umrandung einer durchströmten Fläche alle Stromlinien, so entsteht eine *Stromröhre*; ihr flüssiger Inhalt heißt *Stromfaden*. Eine stationäre Strömung liegt z. B. vor, wenn eine Flüssigkeit unter konstantem Druckgefälle durch ein Rohr strömt. Wird ein Körper mit konstanter Geschwindigkeit durch eine ruhende Flüssigkeit bewegt, so ist für einen ruhenden Beobachter die Bewegung nicht stationär, weil der Körper mit dem von ihm erzeugten Strömungsbild am Beobachter vorüberwandert. In einem Koordinatensystem, in dem der Beobachter sich mit dem Körper bewegt, wird die Bewegung zu einer stationären. Dagegen läßt sich die Bewegung zweier Körper in einer ruhenden Flüssigkeit nicht stationär machen, wenn ihre Geschwindigkeiten verschieden sind. Im allgemeinen handelt es sich jedoch im folgenden um stationäre Strömungen oder solche, die durch geeignete Wahl des Koordinatensystems stationär gemacht werden können.

6.3.2.2. Ein-, zwei- und dreidimensionale Strömungen

Ändert sich der Strömungszustand im wesentlichen nur längs einer Linie, während er senkrecht zu ihr praktisch unverändert bleibt, so spricht man von einer *linearen* oder *eindimensionalen Strömung*. Ein Beispiel hierfür ist die Rohrströmung. Die Behandlung eindimensionaler Strömungsvorgänge ist Gegenstand der *Hydraulik*. – Beim Umströmen eines unendlich langen Zylinders oder Prismas (bzw. eines seitlich von Ebenen begrenzten Zylinders oder Prismas) findet in zur Zylinder- oder Prismaachse senkrechten Ebenen zur gleichen Zeit der gleiche Bewegungsvorgang statt. Es liegt dann eine ebene oder *zweidimensionale Strömung* vor. – Die Strömung um Widerstandskörper, wie Kraftwagen, Flugzeuge, Raketen, ist eine *räumliche* oder *dreidimensionale Strömung*.

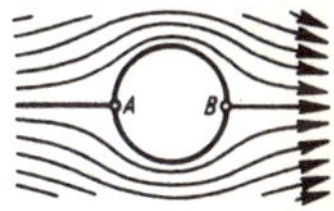

Bild 3. Umströmung eines Körpers
A vorderer, *B* hinterer Staupunkt

6.3.2.3. Staupunkt

Wird ein Körper in eine Strömung gebracht, so staut sich das strömende Mittel vor ihm an. Die Strömung zerteilt sich nach allen Seiten, der Körper wird umströmt. Im Mittelpunkt dieses Staugebietes liegt der Staupunkt, in dem die Strömungsgeschwindigkeit Null ist. Analog zum vorderen Staupunkt *A*, in dem sich die ankommende Stromlinie teilt, existiert der hintere Staupunkt *B*, in dem sich die Stromlinie wieder schließt. Bild 3 zeigt diese Verhältnisse an einer Kugel für eine Potentialströmung (s. 6.3.2.5.). Im Gegensatz zu Strömungen idealer (reibungsloser) Medien sehen wirkliche Strömungen infolge der Reibungseinflüsse anders aus (vgl. Abschn. 6.3.5.).

6.3.2.4. Wirbelbewegung

In einem bewegten starren Körper kann man die Momentangeschwindigkeit irgendeines Punktes des Körpers als Vektorsumme der Translationsgeschwindigkeit eines willkürlich gewählten Bezugspunktes im Innern des Körpers und der Drehgeschwindigkeit um eine durch den Bezugspunkt gehende Drehachse ansehen. Betrachtet man ein hinreichend kleines Flüssigkeitselement einer strömenden Flüssigkeit und einen Punkt im Innern des Elements, so setzt sich dessen momentane Geschwindigkeit $\mathfrak{v}$ vektoriell aus einer Translations- und einer Drehgeschwindigkeit um eine Momentanachse (z. B. durch den Mittelpunkt des Elements) und einer Formänderungs- oder Deformationsgeschwindigkeit zusammen.

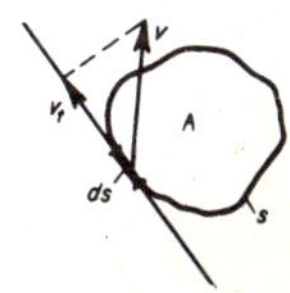

Bild 4. Zur Definition der Zirkulation

Die Drehbewegung, bei der sich das ganze Flüssigkeitselement wie ein starrer Körper verhält, bezeichnet man als *Wirbelbewegung*. Ist $\vec{\omega}$ der Vektor der Winkelgeschwindigkeit der momentanen Drehung (*Wirbelvektor*), so nennt man die Größe rot $\mathfrak{v} = 2\vec{\omega}$ die *Rotation der Geschwindigkeit* $\mathfrak{v}$ von der durch den Ort des Elements bestimmten Stelle. Gilt in allen Punkten der Strömung oder eines betrachteten Bereichs rot $\mathfrak{v} = 0$, so heißt die Strömung in diesem Bereich *drehungsfrei* (*wirbelfrei*).

Innerhalb der Flüssigkeit möge eine geschlossene Linie s gedacht werden, die die Fläche A umschließt. In einem Punkte von s sei die Tangente gezogen und die dort vorliegende Strömungsgeschwindigkeit v auf diese projiziert (Bild 4). Integriert man das Produkt aus dieser Geschwindigkeitskomponente v_t und dem Linienelement ds des Randes über die ganze geschlossene Linie s, so erhält man die *Zirkulation* Γ längs s:

$$\Gamma = \oint \mathfrak{v}\, d\mathfrak{s} = \oint v_t\, ds. \tag{11}$$

Zwischen der Zirkulation und der Rotation besteht der Zusammenhang

$$\Gamma = \int \operatorname{rot} \mathfrak{v} \, d\mathfrak{A} = \int \operatorname{rot} \mathfrak{v}_n \, dA. \tag{12}$$

$\mathfrak{v}_n$ Normalkomponente der Geschwindigkeit.

Ist auf der ganzen Fläche die Rotation konstant, so ist

$$\Gamma = \mathfrak{A} \operatorname{rot} \mathfrak{v}.$$

Unter rot $\mathfrak{v}$ hat man also einen Vektor in Richtung der Drehachse zu verstehen, unter der Zirkulation das geschlossene Linienintegral über das skalare Produkt der Vektoren $\mathfrak{v}$ und $d\mathfrak{s}$.

Bei starrer Drehung einer Flüssigkeit mit der Winkelgeschwindigkeit ω ist längs eines Kreises mit dem Radius r_0 um die Drehachse

$$\Gamma = 2\pi r_0^2 \omega \quad \text{und} \quad |\operatorname{rot} \mathfrak{v}| = \frac{\Gamma}{F_0} = \frac{2\pi r_0^2 \omega}{\pi r_0^2} = 2\omega. \tag{13}$$

Betrachtet man in einer sich drehenden Flüssigkeit die Drehachsen der rotierenden Teilchen als Tangenten von Kurven, so stellen diese *Wirbellinien* dar. Sämtliche durch eine Fläche hindurchgehenden Wirbellinien bilden einen *Wirbelfaden*. Die in einer sonst drehungsfreien Flüssigkeit befindlichen drehenden Gebiete (Wirbelfäden) bezeichnet man auch als *Wirbelkerne*, die um die Wirbelkerne befindliche drehungsfreie Strömung als *Wirbelfeld*. Der Begriff „*Wirbel*" kann sich auf Wirbellinie, Wirbelkern oder Wirbelfeld beziehen. Die *Wirbelstärke* ist die Zirkulation um einen Wirbelfaden.

Läßt man zwei Flüssigkeitsströme mit verschiedenen Geschwindigkeiten (wobei auch für die eine Strömung die Geschwindigkeit Null möglich ist) aneinander vorbeigleiten, so bildet sich eine Trennungsfläche oder Unstetigkeitsfläche oder *Diskontinuitätsfläche*, in der die Geschwindigkeiten sich sprunghaft ändern. Der Wirbelkern ist hierbei zu einer Fläche, der Diskontinuitätsfläche, zusammengeschrumpft.

Trennungsflächen zwischen zwei Flüssigkeitsströmen sind labil, d. h., sie bleiben nicht lange in ihrer ursprünglichen Form bestehen. Irgendwelche zufälligen Ausbuchtungen wachsen schnell an, so daß sich die Geschwindigkeitsunterschiede an einigen Stellen verstärken, an anderen vermindern. Dadurch erhält die Trennungsfläche leichte Wellungen (Bild 5a). Im weiteren Verlauf kippen die immer mehr anwachsenden Ausbuchtungen in den beiden Strömungsrichtungen um, und es rollen sich, laufend unterstützt durch die unterschiedlichen Geschwindigkeiten in den beiden Strömungen, Wirbel ein (Bild 5b), die bei ihrer Entstehung eine kräftige Rotation erhalten und sich als selbständige Gebilde, als „diskrete" Wirbel, in Richtung der größeren Strömungsgeschwindigkeit bewegen. Einrollungen dieser Art entstehen z. B. beim Zusammenfließen zweier Flüssigkeitsströme oder beim Ablösen einer Strömung von einer Fläche, so an der Rückseite umströmter Körper von bestimmten Reynoldsschen Zahlen an, vgl. 6.3.3.5.

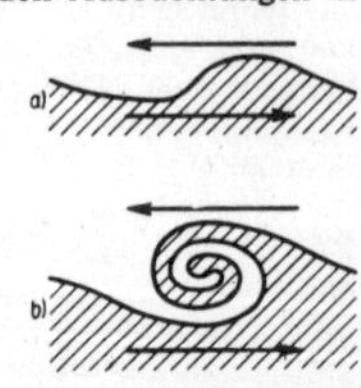

Bild 5. Einrollung einer Diskontinuitätsfläche

a) Beginn: leichte Wellung; b) vollendete Einrollung: diskreter Wirbel

6.3.2.5. Potentialströmung

Für eine drehungsfreie Flüssigkeit existiert eine Funktion $\Phi(x, y, z)$ [bei nicht stationärer Strömung $\Phi(x, y, z, t)$], deren partielle Ableitungen an einer Stelle x, y, z die Geschwindigkeitskomponenten in den drei Achsenrichtungen eines rechtwinkligen (kartesischen) Koordinatensystems ergeben:

$$v_x = \frac{\partial \Phi}{\partial x}; \quad v_y = \frac{\partial \Phi}{\partial y}; \quad v_z = \frac{\partial \Phi}{\partial z}. \tag{14}$$

Man bezeichnet Φ (Einheit m^2/s) als *Geschwindigkeitspotential* oder kurz als *Potential*. Drehungsfreie Strömungen, für die also die Geschwindigkeit ein Potential besitzt, heißen *Potentialströmungen*.
In einer idealen Flüssigkeit ist die Drehung aller Teilchen konstant; ist sie Null, so können in der idealen Flüssigkeit nur Potentialströmungen stattfinden.
Bei einer Potentialströmung ist die Geschwindigkeit in einem Punkte P (x, y, z) der Größe und Richtung nach gleich dem größten Anstieg des Potentials in diesem Punkte, was durch eine die Gln. (14) zusammenfassende Vektorgleichung

$$\mathfrak{v} = \text{grad}\,\Phi \tag{15}$$

ausgedrückt wird.

6.3.2.6. Laminare und turbulente Strömung

In einer *laminaren Strömung* gleiten Flüssigkeitsschichten mit verschiedenen Geschwindigkeiten übereinander hinweg, ohne sich zu durchmischen. Die Flüssigkeitsteilchen bewegen sich nur in Strömungsrichtung, haben also keine Geschwindigkeitskomponente quer zur Strömungsrichtung.
Man kann sich das Übereinanderhinweggleiten von Flüssigkeitsschichten durch die Bewegung einer Platte in einer ruhenden, zähen Flüssigkeit entstanden denken. Wird die Platte in einer zum Gefäßboden parallelen Ebene bewegt, so haftet infolge der Reibung die Flüssigkeit an ihr und wird dadurch in Bewegung versetzt. In unmittelbarer Nähe der Platte bewegt sich die Flüssigkeit mit der Geschwindigkeit der Platte. Am Gefäßboden haftet die Flüssigkeit ebenfalls und bleibt daher in Ruhe, während zwischen Boden und bewegter Platte die Flüssigkeitsschichten mit Geschwindigkeiten übereinander hinweggleiten, die dem Abstand vom Boden proportional sind:

$$(u = vy/h).$$

In einer *turbulenten Strömung* dagegen sind der Hauptbewegung ungeordnete Mischbewegungen überlagert. Auf diese Weise gelangen Teilchen mit großer Geschwindigkeit in Gebiete mit kleiner Geschwindigkeit und umgekehrt. Die Folge dieser Durchmischung ist ein weitestgehender Geschwindigkeitsausgleich. So kann man z. B. in einer turbulenten Rohrströmung bis nahe an die Rohrwand praktisch konstante Geschwindigkeit finden.
Der Umschlag der laminaren Strömungsform in die turbulente erfolgt bei der kritischen Reynoldsschen Zahl (s. 6.3.3.5.), die für jede Strömungs- oder Umströmungsart charakteristisch ist.

6.3.2.7. Grenzschicht

An der Oberfläche eines umströmten Körpers ist die Strömungsgeschwindigkeit Null, d. h., die Flüssigkeit haftet am Körper. Der Übergang zur Geschwindigkeit der ungestörten Strömung erfolgt in einer meist sehr dünnen Flüssigkeitsschicht, der *Grenzschicht*. In ihr hat der Geschwindigkeitsgradient im allgemeinen sehr große Werte, besonders dann, wenn die Zähigkeit der Flüssigkeit klein ist und die Strömung in der Grenzschicht turbulent erfolgt. In der Grenzschicht macht sich die Zähigkeit η auf jeden Fall, auch wenn sie klein ist, geltend, weil die Schubspannungen

$$\tau = \eta\,\text{grad}\,\mathfrak{v} \qquad \text{z. B.} \quad \left|\frac{\tau}{\text{kp/m}^2}\right|\frac{\eta}{\text{kps/m}^2}\left|\frac{\text{grad}\,\mathfrak{v}}{\text{(m/s)/m}}\right| \tag{16}$$

in diesem Gebiete wegen des großen Geschwindigkeitsgradienten grad $\mathfrak{v}$ ebenfalls beträchtlich groß werden können. Außerhalb der Grenzschicht hat die Zähigkeit keinen Einfluß mehr, weil der Geschwindigkeitsgradient dort sehr klein ist.

Da sich theoretisch der Geschwindigkeitsanstieg von Null auf den Betrag der ungestörten Strömung asymptotisch vollzieht, ist die Grenzschichtdicke δ nicht ohne Willkür definierbar. Aus einer Reihe verschiedener Definitionen sei hier nur die aus Bild 6 ersichtliche wiedergegeben. In einer laminaren Grenzschicht nimmt die Geschwindigkeit linear mit dem Wandabstand y zu, in einer turbulenten Grenzschicht proportional $y^{1/7}$.

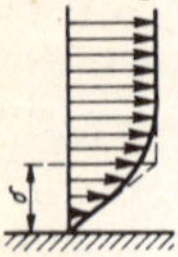

Bild 6. Geschwindigkeitsverteilung in Wandnähe (nach Prandtl 1)

Die Reibungskräfte in der Grenzschicht sind auch bei Flüssigkeiten mit stark zurücktretendem Reibungseinfluß groß, und zwar von der Größenordnung der Trägheitskräfte. Für eine längs einer ebenen Platte von der Länge l laminar strömende Flüssigkeit ist die dimensionslose Grenzschichtdicke δ/l proportional $1/\sqrt{Re}$.

6.3.3. Grundgleichungen und grundlegende Sätze

6.3.3.1. Kontinuitätsgleichung

Die Kontinuitätsgleichung einer Flüssigkeit ist der mathematische Ausdruck dafür, daß durch die Begrenzungsflächen eines bestimmten Raumelements im Innern der Flüssigkeit zu jeder Zeit nicht mehr Flüssigkeit ein- als ausströmen kann. Unter der Voraussetzung räumlich und zeitlich konstanter Flüssigkeitsdichte hat sie bei einer *quellen- und senkenfreien Strömung*, bei der Flüssigkeit weder hinzukommt noch verschwindet, die Gestalt

$$\frac{\partial v_x}{\partial x} + \frac{\partial v_y}{\partial y} + \frac{\partial v_z}{\partial z} = 0 \quad \text{oder} \quad \operatorname{div} \mathfrak{v} = 0. \tag{17}$$

v_x, v_y, v_z Komponenten der Strömungsgeschwindigkeit $\mathfrak{v}$ in den drei räumlichen Richtungen x, y, z.

Sie charakterisiert somit die Raumbeständigkeit der Flüssigkeit und wird auch *Inkompressibilitätsbedingung* genannt. Flüssigkeiten, die dieser Gleichung gehorchen, heißen *inkompressibel* oder *nicht zusammendrückbar*.
Für Potentialströmungen geht (17) unter Berücksichtigung von (14) in die Laplacesche Differentialgleichung über:

$$\Delta\Phi = \frac{\partial^2 \Phi}{\partial x^2} + \frac{\partial^2 \Phi}{\partial y^2} + \frac{\partial^2 \Phi}{\partial z^2} = 0. \tag{18}$$

In jedem Querschnitt (A_1, A_2 usw.) eines Stromfadens einer inkompressiblen Flüssigkeit gilt die *Kontinuitätsgleichung* in der einfachen Form

$$A_1 v_1 = A_2 v_2 = \text{konst}, \tag{19}$$

die die Konstanz der sekundlichen Durchflußmenge (Durchflußvolumen) ausdrückt, d. h., die Geschwindigkeit ist dem Querschnitt des Stromfadens umgekehrt proportional. Für kompressible Medien (Gase), in denen zeitliche Schwankungen der Dichte ϱ auftreten, z. B. ϱ_1 und ϱ_2, ist die sekundlich durch einen Strömungsquerschnitt beförderte Masse konstant:

$$A_1 v_1 \varrho_1 = A_2 v_2 \varrho_2 = \text{konst}. \tag{20}$$

6.3.3.2. Bernoullische Gleichung

Von fundamentaler Bedeutung für die Hydrodynamik, insbesondere für eindimensionale Strömungsvorgänge, ist die Bernoullische Gleichung, die auch als „Druckgleichung“ bezeichnet wird. Sie gilt für reibungslose, drehungsfreie Bewegungen und stellt (längs einer

Stromlinie) eine Beziehung zwischen dem Staudruck oder dynamischen Druck $^1/_2\, \varrho v^2$, dem Schweredruck $h\varrho g$ und dem äußeren (statischen) Druck p dar. Sie lautet für die nichtstationäre Bewegung einer inkompressiblen Flüssigkeit[1])

$$\frac{1}{2}\varrho v^2 + h\varrho g + p + \varrho \frac{\partial \Phi}{\partial t} = \text{konst} \qquad (21)$$

z. B.[2])

ϱ	v	h	g	p	Φ	t
$\frac{\text{kg}}{\text{m}^3}$	$\frac{\text{m}}{\text{s}}$	m	$\frac{\text{m}}{\text{s}^2}$	$\frac{\text{N}}{\text{m}^2}$	$\frac{\text{m}^2}{\text{s}}$	s

Sie vereinfacht sich für stationäre Bewegungen durch Wegfall des letzten Gliedes:

$$\frac{1}{2}\varrho v^2 + h\varrho g + p = \text{konst.} \qquad (22)$$

Da man einen Druck auch als Energie je Volumeneinheit deuten kann, enthält die Bernoullische Gleichung eine Aussage über die Konstanz der Energie, und zwar der kinematischen Energie, der potentiellen Energie und der Druckarbeit. Dividiert man die Druckgleichung durch ϱg, so ergibt sich

$$v^2/2g + h + p/\varrho g = \text{konst.} \qquad (23)$$

Die Glieder dieser Gleichung stellen Höhen dar, und zwar die Geschwindigkeitshöhe, die Lagehöhe oder Ortshöhe und die Druckhöhe. Nach der Bernoullischen Gleichung ist die Summe dieser drei Höhen konstant.
Dividiert man die Gleichung (22) durch ϱ

$$v^2/2 + hg + p/\varrho = \text{konst},$$

so erhält man eine Aussage über die Konstanz der Energie je Masseneinheit.
Für Potentialströmungen ist die Bernoullische Gleichung für alle Stromlinien des Bewegungsvorgangs konstant. Liegt nicht Drehungsfreiheit, also keine Potentialströmung vor, so ändert sich der Wert der Konstante von Stromlinie zu Stromlinie.
Sind P_1 und P_2 zwei Punkte einer Stromlinie, so lautet die Druckgleichung

$$\frac{1}{2}\varrho v_1^2 + h_1\varrho g + p_1 = \frac{1}{2}\varrho v_2^2 + h_2\varrho g + p_2$$

bzw.

$$v_1^2/2g + h_1 + p_1/\varrho g = v_2^2/2g + h_2 + p_2/\varrho g.$$

Anwendungen. – *1.* Berechnung der Ausflußgeschwindigkeit. Der Querschnitt der Öffnung eines Gefäßes, die um h unter dem Flüssigkeitsspiegel liegt, soll im Vergleich zum Querschnitt des Gefäßes sehr klein sein. Beziehen wir den Index 1 in obiger Gleichung auf die Gefäßöffnung, den Index 2 auf den Flüssigkeitsspiegel, so ist wegen der gestellten Querschnittsbedingung v_2 so klein, daß sein Quadrat vernachlässigt werden kann. p_1 und p_2 sind die Drücke, unter denen die Flüssigkeitsteilchen an den Stellen P_1 und P_2 stehen. Bei nicht zu großer Höhe des Gefäßes sind p_1 und p_2 gleich groß, und zwar gleich dem Atmosphärendruck p_0. Berücksichtigen wir noch, daß $h_2 - h_1 = h$ ist, so gilt

$$v_1^2/2g + h_1 + p_0/\varrho g = 0 + h_2 + p_0/\varrho g; \quad v_1^2 = 2g(h_2 - h_1); \quad v_1 = \sqrt{2gh}.$$

Die erhaltene Formel für die Ausflußgeschwindigkeit bezeichnet man als *Torricellische Ausflußformel*. Die Flüssigkeitsteilchen erhalten hiernach die gleiche Geschwindigkeit wie nach Durchfallen der Höhe h. In Wirklichkeit treten Abweichungen von diesem Ergebnis auf, die durch die hier vernachlässigte Reibung hervorgerufen werden.

---

[1]) Bernoullische Gleichung für kompressible Medien s. S. 56

[2]) Da im allgemeinen Drücke in technischen Atmosphären (1 at = 1 kp/cm²) gemessen werden, ist beim Einsetzen in die Gleichungen (21), (22), (23) und (24) zu beachten, daß 1 kp/cm² = 9,80655 · 10^4 N/m² ist

2. Es soll die Geschwindigkeit berechnet werden, mit der ein Gas aus einem Gefäß unter dem Druck p_1 in den freien Raum (Atmosphärendruck p_0) ausströmt. Das Gas soll sich im Innern des Gefäßes in Ruhe befinden. Für eine horizontal verlaufende Stromlinie ist $h_1 = h_2$, also

$$v_1^2/2g + p_0/\varrho g = p_1/\varrho g \quad \text{oder} \quad v_1 = \sqrt{2(p_1 - p_0)/\varrho}.$$

Diese Formel (das *Bunsensche Ausströmungsgesetz*), auf der eine einfache Methode zur Messung von Gasdichten beruht, gilt für Geschwindigkeiten bis zu etwa 50 m/s bzw. Druckunterschiede bis zu etwa 100 Torr (= 1360 kp/m²).

Für Strömungsvorgänge, bei denen keine freien Oberflächen vorkommen, also z. B. Rohrströmungen, vereinfacht sich die Bernoullische Gleichung:

$$v^2/2g + p/\varrho g = \text{konst.} \tag{24}$$

Hierbei bedeutet p nicht den Absolutdruck, sondern den Druckunterschied zwischen einem in Ruhe befindlichen und einem bewegten Punkt einer Stromlinie.

6.3.3.3. Impulssatz

Der Impuls ist das Produkt aus Masse m und Geschwindigkeit v eines bewegten Körpers. Die zeitliche Änderung des Impulses ist gleich der an dem Körper angreifenden Kraft. Der Impuls $I = mv$ ist, wie auch die Kraft, ein Vektor. Für den Impuls gilt ein Erhaltungssatz:

> Der Impuls eines abgeschlossenen Systems ist konstant und kann nur durch von außen erfolgende Einwirkungen geändert werden:

$$m_1 v_1 + m_2 v_2 + \cdots = \text{konst.} \tag{25}$$

Anwendungen des Impulssatzes. – 1. Ein mit Wasser gefülltes Gefäß befindet sich auf einem Schienenwagen. Im Ruhezustand ist der Impuls dieses Systems Null. Wird ein am Gefäß in Richtung der Schienen angebrachter Hahn geöffnet, so teilt sich das System in zwei Komponenten: a) Das ausströmende Wasser erhält einen Impuls $I_1 = m_1 v_1$. b) Einen nach dem Impulssatz gleich großen, entgegengesetzt gerichteten Impuls $I_2 = -I_1$ (Rückstoß) bekommt die Systemkomponente Gefäß–Wasser–Wagen mit der Masse m_2. Der Wagen fährt infolge dieses Impulses entgegengesetzt zur Strahlrichtung mit der negativ einzusetzenden Geschwindigkeit v_2. Somit ist der Impuls dieses Systems $I_2 = m_2 v_2$. Dann lautet die Impulsgleichung $m_1 v_1 + m_2 v_2 = 0$. Wenn man hinsichtlich m_2 den Verlust durch das ausströmende Wasser vernachlässigt, kann man bei bekannter Ausströmungsgeschwindigkeit v_1 die Geschwindigkeit v_2 des Systems Gefäß–Wasser–Wagen aus der letzten Gleichung berechnen.

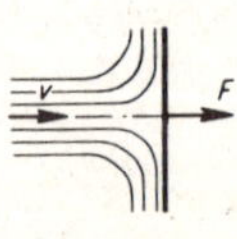

Bild 7. Senkrechte Anströmung einer Platte

Bild 8. Schräge Anströmung einer Platte

2. Eine ruhende ebene Platte wird von einem Flüssigkeitsstrahl senkrecht ($\alpha = 90°$, Bild 7) oder schräg ($\alpha < 90°$, Bild 8) getroffen; sekundlich aufprallendes Flüssigkeitsvolumen V_s in m³/s, Strömungsgeschwindigkeit v in m/s. Für die zeitliche Änderung des Impulses, also die Kraft, ergibt sich beim senkrechten Auftreffen des Strahles $F = V_s v \varrho$ und beim schrägen Auftreffen $F = (V_s v \sin\alpha)\,\varrho$.

6.3.3.4. Wirbelsätze

Voraussetzungen: Die folgenden Wirbelsätze gelten für reibungsfreie Flüssigkeiten, falls die äußeren Massenkräfte ein eindeutiges Potential haben und die Dichte nur vom Druck abhängt[1]) bzw. konstant ist.

1. Die Zirkulation eines Wirbelfadens (einer Wirbelröhre) hat auf der ganzen Länge des Fadens (der Röhre) und zu allen Zeiten den gleichen Wert. Wirbel können also weder entstehen noch vergehen.

---

[1]) Wie z. B. bei adiabatischen und isothermen Vorgängen; es existiert dann eine Druckfunktion $p = \int \mathrm{d}p/\varrho$, s. 6.2.4.1.1.

2. Ein Wirbelfaden kann im Innern der Flüssigkeit nirgends enden. Es bilden sich entweder in der Flüssigkeit Ringwirbel, oder der Wirbelfaden endet an den Flüssigkeitsgrenzen (Wand, Oberfläche).
3. Ein Wirbelfaden besteht stets, auch wenn er sich fortbewegt, aus denselben Flüssigkeitsteilchen.

6.3.3.5. Reynoldssches Ähnlichkeitsgesetz

Damit die an Modellen im Experiment erhaltenen Ergebnisse auf technische Großausführungen übertragen werden können, müssen bestimmte Übertragungsregeln, die aus der Ähnlichkeitstheorie folgen, erfüllt sein. Sollen die Vorgänge am Modell und an der Großausführung einander ähnlich sein, dann muß, und das ist die erste *Ähnlichkeitsbedingung*,

das Modell der Großausführung *geometrisch ähnlich* sein.

Hieraus folgt als erste Übertragungsregel, daß alle einander entsprechenden linearen Größen sich um den gleichen konstanten Faktor unterscheiden. Diese Bedingung gilt auch für die Oberflächenbeschaffenheit (vgl. 6.3.4.2.). Die *zweite Ähnlichkeitsbedingung* fordert

dynamische Ähnlichkeit, d. h., zwischen allen entsprechenden Kräften sowie allen entsprechenden Zeiten müssen konstante Verhältnisse bestehen.

Bei thermodynamischen Problemen kommt zu der geometrischen und dynamischen Ähnlichkeit noch hinzu die

thermische Ähnlichkeit, d. h., alle entsprechenden Temperaturen stehen in einem konstanten Zahlenverhältnis.

Je nach Art des vorliegenden Naturvorgangs gibt es verschiedene Modellgesetze, die durch bestimmte dimensionslose Ausdrücke charakterisiert sind. Für Strömungsvorgänge, die maßgeblich unter dem Einfluß von Trägheits- und Reibungskräften erfolgen, gilt das Reynoldssche Ähnlichkeitsgesetz. Nach diesem ist die für diese Strömungsvorgänge charakteristische *Reynoldssche Zahl Re* das Verhältnis von Trägheitskraft und Reibungskraft. Es ist

$$Re = \frac{vd}{\nu} \quad \text{z. B.} \quad \left| \frac{Re}{-} \middle| \frac{v}{\mathrm{m/s}} \middle| \frac{d}{\mathrm{m}} \middle| \frac{\nu}{\mathrm{m^2/s}} \right|. \tag{26}$$

v mittlere Strömungsgeschwindigkeit; d charakteristische Längenabmessung, z. B. bei Rohren der Durchmesser; ν kinematische Zähigkeit.

Bei der Strömung in Rohren von kreisförmigem Querschnitt ist von vornherein die Bedingung der geometrischen Ähnlichkeit erfüllt. Haben zwei Rohrströmungen die gleiche Reynoldssche Zahl, so sind sie auch dynamisch ähnlich. Beide Strömungen sind dann miteinander vergleichbar, und bei der einen Strömung gefundene Ergebnisse finden sich bei der zweiten wieder bzw. lassen sich auf sie übertragen.

Beispiele. – *1*. Der Widerstand eines Kraftwagens bei einer Geschwindigkeit von 30 m/s soll bestimmt werden. Für Versuche im Windkanal wird ein geometrisch ähnliches Modell angefertigt. Der Durchmesser der maximalen Querschnittsfläche ist beim Modell $d_M = 1{,}0$ m, beim Kraftwagen $d_K = 1{,}5$ m. Die Strömungsgeschwindigkeit v_M im Windkanal wird folgendermaßen errechnet: Es ist $Re_K = 38\ \mathrm{m/s} \cdot 1{,}5\ \mathrm{m}/\nu$ und $Re_M = v_M \cdot 1{,}0\ \mathrm{m}/\nu$; mit $Re_K = Re_M$ wird $v_M = 45$ m/s.
2. Der Widerstand einer Rohrleitung (Dmr. d), in der Benzol von 20 °C mit einer Geschwindigkeit von 15 m/s strömen soll, ist durch Versuche mit Wasser bei 10 °C zu bestimmen. Mit welcher Geschwindigkeit muß das Wasser strömen? Es ist (vgl. Tab. 1 und 6) $Re_B = 15\ \mathrm{m/s} \cdot d/(0{,}74 \cdot 10^{-6})\ \mathrm{m^2/s}$ und $Re_W = vd/(1{,}31 \cdot 10^{-6})\ \mathrm{m^2/s}$ mit $Re_B = Re_W$ wird $v = 26{,}6$ m/s.

6.3.4. Widerstand in Rohren

Im folgenden ergeben sich die Drücke aus den Größengleichungen in N/m². Sollen sie der allgemeinen Gepflogenheit der technischen Praxis entsprechend in kp/m² dargestellt werden, so ist die Beziehung 1 kp = 9,80665 N zu berücksichtigen. Werden die Drücke in technischen Atmosphären (1 at = 1 kp/cm²) gemessen, so sind sie mit $\frac{9{,}80665 \cdot 10^4\ \mathrm{N\,cm^2}}{\mathrm{kp\,m^2}}$ zu multiplizieren und in die Formeln für p einzusetzen.

6.3.4.1. Glattes Rohr

6.3.4.1.1. Widerstandsbeiwert

Bei einer Rohrströmung besteht am Einlauf des Rohres ein Überdruck, der die Flüssigkeit durch das Rohr treibt. Dieser verringert sich längs des Rohres bis auf einen am Rohrende vorliegenden konstanten Wert. Der Druckabfall ist, wenn man von Gebieten in der Nähe des Einlaufs absieht, fast linear. Ist in einem Rohr vom Durchmesser d längs der Meßstrecke l der Druckabfall Δp, so gilt sowohl für laminare als auch für turbulente Strömungen

$$\Delta p = \psi \frac{l}{d} \cdot \frac{\varrho}{2} v^2 \quad \text{z. B.} \quad \left|\frac{\Delta p}{\mathrm{N/m^2}}\right|\frac{\psi}{-}\left|\frac{l, d}{\mathrm{m}}\right|\frac{\varrho}{\mathrm{kg/m^3}}\left|\frac{v}{\mathrm{m/s}}\right|, \tag{27}$$

wobei der dimensionslose Faktor ψ der *Widerstandsbeiwert* ist. Er ist für glatte Rohre ausschließlich eine Funktion der Reynoldsschen Zahl (Kurvenzug *1 2 3 4* in Bild 9, vgl. 6.3.4.1.2.), für rauhe Rohre hängt er noch von der Größe der Rauhigkeitselemente (gekennzeichnet durch die relative Rauhigkeit) ab, was sich aber erst bei genügend großen Reynoldsschen Zahlen auswirkt (Kurven *a* und *b* in Bild 9, vgl. 6.3.4.2.[1])).

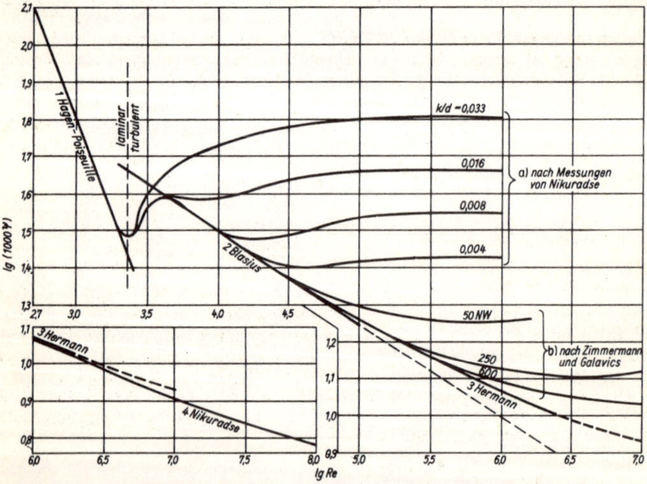

Bild 9. Widerstandsbeiwert ψ für Rohrströmung in Abhängigkeit von der Reynoldsschen Zahl *Re*. Darstellung der Widerstandsgesetze (*1* bis *4*) und experimenteller Untersuchungen (*a* und *b*)

a Einfluß der Wandrauhigkeit, Messungen in Übereinstimmung mit Formel (32); *b* Widerstand von (rauhen) Stahlrohren, errechnet nach der experimentell gewonnenen Formel (33)

[1]) Wird Δp in technischen Atmosphären gemessen, so gilt $1\ \mathrm{at} = \frac{9{,}80665 \cdot 10^4\ \mathrm{N\,cm^2}}{\mathrm{kp\,m^2}}$

6.3.4.1.2. Widerstandsgesetze

In einem geraden Rohr mit glatten Wänden verläuft bis $Re = 2320$ die Strömung laminar. Für das *laminare Gebiet* gilt das *Hagen-Poiseuillesche Gesetz* (Gerade *1* in Bild 9):

$$\psi = 64/Re. \tag{28}$$

Soll in einem Rohr mit vorgegebenen Abmessungen eine Flüssigkeit mit bestimmter Geschwindigkeit laminar strömen, ist also das sekundliche Fördervolumen vorgeschrieben, so ist der erforderliche Druckunterschied zwischen Rohranfang und Rohrende

$$\Delta p = \frac{32 l \varrho v \nu}{d^2}.$$

Hieraus erhält man für vorgegebene Bedingungen den Rohrdurchmesser

$$d = \sqrt{32 l \varrho v \nu / \Delta p}$$

oder die Rohrlänge

$$l = \Delta p d^2 / 32 \varrho v \nu.$$

Treten bei Reynoldsschen Zahlen kleiner als 2320 in einer Rohrströmung Störungen auf, so klingen sie von selbst wieder ab. Treten sie dagegen bei Reynoldsschen Zahlen größer als 2320 auf, so führen sie zu Turbulenz. Man bezeichnet die Reynoldssche Zahl, bei der der Umschlag von laminarer in turbulente Strömung erfolgt, als kritische Reynoldssche Zahl.

Das Widerstandsgesetz für *turbulente Strömung* kann nicht wie bei laminarer Strömung rein theoretisch aufgestellt werden. Man war vielmehr auf Experimente angewiesen. Es wurden folgende für verschiedene Meßbereiche gültige Formeln [vgl. 2] gefunden (Kurvenzug *2 3 4* in Bild 9):

für $3 \cdot 10^3 < Re < 10^5$ das *Potenzgesetz von* Blasius:

$$\psi = 0{,}316\ \mathrm{Re}^{-0{,}25}, \tag{29}$$

für $2 \cdot 10^4 < Re < 1{,}9 \cdot 10^6$ das *Gesetz von* Hermann:

$$\psi = 0{,}0054 + 0{,}396\ \mathrm{Re}^{-0{,}3}, \tag{30}$$

für $10^5 < Re < 3{,}23 \cdot 10^6$ die *Formel von* Nikuradse:

$$\psi = 0{,}0032 + 0{,}221\ \mathrm{Re}^{-0{,}237} \tag{31}$$

6.3.4.2. Rauhes Rohr

Für den Rauhigkeitsgrad ist nicht die absolute Korngröße k, sondern die *relative Rauhigkeit* k/d maßgeblich. Die bei rauhen Rohren zusätzlich auftretende geometrische Ähnlichkeitsbedingung bezieht sich auf die Oberflächenbeschaffenheit und ist für gleiche relative Rauhigkeiten erfüllt. Im Gebiet hoher Reynoldsscher Zahlen hat das quadratische Widerstandsgesetz Gültigkeit, d. h., der Widerstandsbeiwert ist von der Reynoldsschen Zahl unabhängig, vgl. Bild 9, Kurven *a*. In diesem Gebiet gilt bei körniger Rauhigkeit für den Widerstandsbeiwert nach Prandtl-Nikuradse

$$\psi = \frac{1}{[2 \lg (d/k) + 1{,}138]^2}. \tag{32}$$

Die den einzelnen Kurven *a* zugrunde gelegten Werte sind bei verschiedenen relativen Rauhigkeiten k/d gemessen worden.[1]) Die Abweichung vom für glatte Rohre gültigen

[1]) *Nikuradse, J.:* Strömungsgesetze in rauhen Rohren. VDI-Forschungsheft 361. 22 S. Berlin: VDI-Verlag 1933 – oder *Zimmermann, E.:* Druckabfallmessung an Dampfleitungen. Arch. Wärmewirtsch. u. Dampfkesselwes. Bd. 17 (1936) Nr. 4, S. 101 bis 104

Gesetz erfolgt bei um so kleineren Reynoldsschen Zahlen, je größer die relative Rauhigkeit ist. Auf das Widerstandsgesetz ist nicht nur die relative Größe der Rauhigkeitselemente, sondern auch ihre Form von Einfluß. Man unterscheidet zwei verschiedene Rauhigkeitstypen. Zur ersten Gruppe, die man als „Wandrauhigkeit" bezeichnet, gehören z. B. Wände aus Grauguß oder verrostetem Stahl, Waffelblech oder Zement. Die Rauhigkeitserhebungen sind scharfkantig und kurzwellig, d. h. liegen eng beieinander. Bei der zweiten Gruppe spricht man von „Wandwelligkeit". Beispiele hierfür sind Wände aus Holz, asphaltiertem Stahlblech. Das Charakteristische dieser Rauhigkeiten sind langwellige, flache Erhebungen. Für die erste Gruppe ergibt sich ein von Re unabhängiges Widerstandsgesetz (*a* in Bild 9), während für die zweite Gruppe die ψ, *Re*-Kurve zu der des glatten Rohres parallel nach oben verschoben ist.
Für Stahlrohrleitungen ist nach Versuchen[1]) die Formel

$$^*\psi = \psi_{\text{glatt}} + \frac{0{,}86 \cdot 10^{-3}}{d^{0,28}} \left(\lg \frac{Re}{(10^5 d)^{1,1}} \right)^{7/4} \qquad \left| \frac{\psi}{-} \right| \frac{Re}{-} \left| \frac{d}{\text{m}} \right| \tag{33}$$

aufgestellt worden. Hierbei ist ψ_{glatt} nach (29), (30) oder (31) zu bestimmen. In Bild 9 sind für einige Rohrdurchmesser die hiernach berechneten Widerstandskurven *b* eingezeichnet.

Anm. zu (33): Gültig für $Re/d^{1,1} = 10^{5,5} \cdots 10^{7,6}$. Dabei ist *d* in m einzusetzen.

Beispiel. Durch eine Stahlrohrleitung von $d = 125$ NW ($\triangleq$ 122,7 cm² Querschnitt) und $l = 160$ m Länge soll bei 20 °C eine Wassermenge von $V_h = 300$ m³/h gedrückt werden. Wie groß ist der erforderliche Druckunterschied Δp?

$$v = \frac{300 \cdot 10^4 \text{ m}^3}{3600 \text{ s} \cdot 122{,}7 \text{ m}^2} = 6{,}79 \text{ m/s}; \quad Re = \frac{6{,}79 \text{ m/s} \cdot 0{,}125 \text{ m}}{1{,}0 \cdot 10^{-6} \text{ m}^2/\text{s}}$$

$$= 848\,750; \quad \lg Re = 5{,}9288.$$

Aus Bild 9 bzw. Gl. (33) ergibt sich $\psi = 0{,}0148$. Dann ist nach (27) der Druckunterschied

$$\Delta p = \psi \frac{l}{d} \cdot \frac{\varrho}{2} v^2 = 436\,741{,}2 \text{ N/m}^2.$$

6.3.4.3. Rohre verschiedener Querschnittsformen

6.3.4.3.1. Hydraulischer Durchmesser

Für Rohre mit nicht kreisförmigem Querschnitt setzt man in die Reynoldssche Zahl und den Widerstandsbeiwert als charakteristische Länge den hydraulischen Durchmesser *D* ein und definiert ihn

$$D = \frac{4 \cdot \text{Querschnittsfläche } F}{\text{benetzter Umfang } U}. \tag{34}$$

Anm. zu (34): Der hydraulische Durchmesser ist bei kreisförmigen Rohrquerschnitten (die den geringsten Umfang bei gegebener Querschnittsfläche haben) mit dem Rohrdurchmesser identisch. Bei Vergrößerung des Umfangs (Verflachung des Querschnitts) wird nach (34) der hydraulische Durchmesser kleiner. Das entspricht der Tatsache, daß bei gleichbleibender Querschnittsfläche mit wachsendem Umfang auch die Größe der Wandreibung und damit des Widerstands steigt. Es wird dann ein Widerstand erreicht, der dem eines Kreisrohrs von kleinerem Durchmesser gleichkommt.

---

[1]) *Galavics, F.:* Die Methode der Rauhigkeits-Charakteristik zur Ermittlung der Rohrreibung in geraden Stahlrohr-Fernleitungen. Schweizer Archiv für angewandte Wissenschaft und Technik Bd. 5 (1939) Nr. 12, S. 337 bis 354

6.3.4.3.2. Rohre mit quadratischem und rechteckigem Querschnitt

Für Rohre mit quadratischem Querschnitt ergibt sich nach BOUSSINESQ (1868) als Widerstandsgesetz für *laminare Strömung* unter Verwendung des hydraulischen Durchmessers

$$\psi Re = 56{,}9. \tag{35}$$

Für Rohre von rechteckigem Querschnitt ist das Widerstandsgesetz für laminare Strömung vom Seitenverhältnis abhängig. In Bild 10 ist ψ Re, also die Konstante des Widerstandsgesetzes, als Funktion des Seitenverhältnisses a/b aufgetragen. Nach diesen experimentellen Werten von LEA und TADROS[1]) läßt sich nach MÖLLER[2]) folgendes Widerstandsgesetz aufstellen:

$$\psi Re = 56{,}9 + 39{,}1\,(1 - a/b)^3. \tag{36}$$

Für Rohre mit quadratischem und rechteckigem Querschnitt wurde als Widerstandsgesetz für *turbulente Strömung* das Blasiussche Gesetz als experimentell gültig nachgewiesen, wenn wieder als charakteristische Längenabmessung der hydraulische Durchmesser gewählt wird.

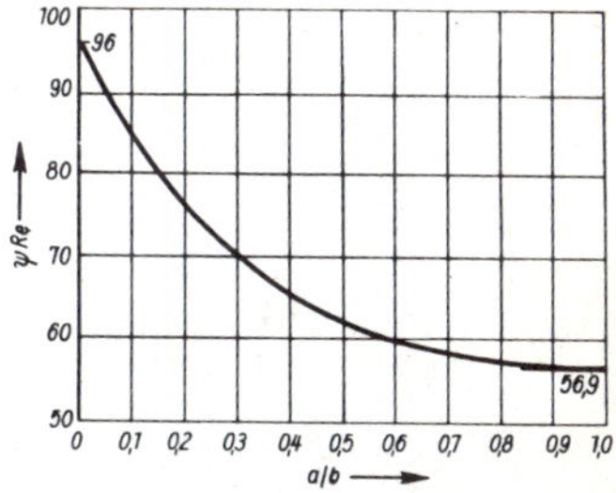

Bild 10. Widerstandsgesetz gemäß Formel (36) für laminare Strömung im rechteckigen Rohr mit Seitenverhältnis a/b (nach Versuchen von Lea und Tadros, s. Fußnote)

6.3.4.3.3. Rohre mit dreieckigem und trapezförmigem Querschnitt, Nutenrohre

Für Rohre mit dreieckiger Berandung, und zwar mit Querschnitten von gleichseitigen, gleichschenkligen und rechtwinkligen Dreiecken, wurden sowohl bei laminarer als auch bei turbulenter Strömung die Widerstandsgesetze für Rohre mit kreisförmigem Querschnitt experimentell bestätigt, wobei wiederum der hydraulische Durchmesser einzusetzen ist. Die kritische Reynoldssche Zahl liegt bei etwa 2400.

Für Rohre mit trapezförmiger Begrenzung sowie für Kreisquerschnitte mit ein oder zwei Längsnuten lieferte das Experiment bei Verwendung des hydraulischen Durchmessers ebenfalls das Hagen-Poiseuillesche oder das Blasiussche Widerstandsgesetz.

6.3.4.3.4. Rohre mit ringförmigem Querschnitt

In die Formeln für Re und ψ geht wieder als charakteristische Längenabmessung der hydraulische Durchmesser D ein. Unter der Querschnittsfläche [Gleichung (34)] ist der von Flüssigkeit erfüllte Querschnitt zu verstehen.

Für konzentrische Ringspaltrohre gilt nach WINKEL[3])

$$2{,}5 \cdot 10^3 \leq Re \leq 10^4 \quad \lg(1000\psi) = 2{,}492 - 0{,}25 \lg Re^{4)}.$$

Bei exzentrischer Anordnung verringern sich die ψ-Werte, und zwar bei völliger Exzentrizität um etwa 30W[5]).

---

[1]) *Lea, F. C.*, und *Tadros, A. G.*: Flow of water through a circular tube with a central core and rectangular tubes Phil. Mag. (7) 11 (1931) S. 1235 bis 1247. Vgl. auch [35] S. 147

[2]) *Möller, W.* (bisher an anderer Stelle noch nicht veröffentlicht)

[3]) *Winkel, R.*: Z. angew. Math. mech. 3 (1923) 251

[4]) Nach *E. Estel*

[5]) *Cornish, R. J.*: Phil. Mag. (7) 16 (1933) 897

6.3.4.4. Geschwindigkeitsverteilung in Rohren

Bei einem trompetenförmig abgerundeten Einlauf kann im gesamten Eintrittsquerschnitt konstante Geschwindigkeit angenommen werden. Reibungseinflüsse verringern von der Rohrwand her die Strömungsgeschwindigkeit der benachbarten Flüssigkeitsschichten, während das Druckgefälle den mittleren Teil der Strömung beschleunigt. In genügender Entfernung vom Einlauf, die man als Anlauflänge oder Anlaufstrecke bezeichnet, hat sich

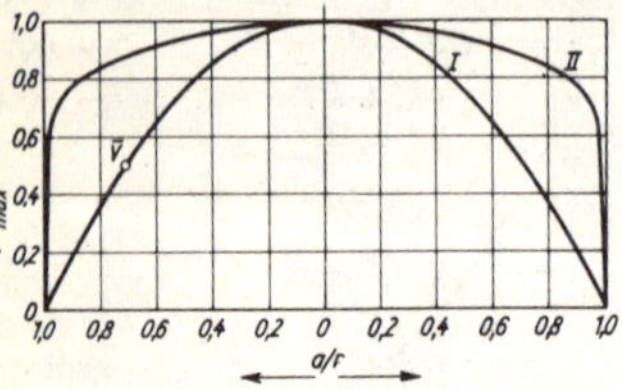

Bild 11. Laminare (*I*) und turbulente Geschwindigkeitsverteilung (*II*) im Kreisrohr (*I* nach Prandtl und Tietjens Bd. II 3 und *II* nach Nikuradse, s. Fußnote S. 44)
v örtliche Strömungsgeschwindigkeit (Maximalwert v_{max}); $\bar{v}$ mittlere Strömungsgeschwindigkeit; Abstand von Rohrmitte; r Rohrradius

schließlich das endgültige Geschwindigkeitsprofil ausgebildet. Die von *Re* abhängige Anlauffläche wird als Vielfaches vom Rohrdurchmesser angegeben. Zur graphischen Darstellung der Geschwindigkeitsverteilung bedient man sich der beiden im folgenden behandelten Verfahren.

6.3.4.4.1. Geschwindigkeitsprofil

Über dem Durchmesser des Rohres (bei Kreisrohren) oder über Parallelen zu den Seitenwänden (bei Rechteckrohren) wird die jeweilige Strömungsgeschwindigkeit aufgetragen, Bilder 11 und 12.

1. Laminare und turbulente Strömung im *Kreisrohr* sind in Bild 11 gegenübergestellt. Die voll ausgebildete *laminare* Strömung und mit ihr das endgültige Geschwindigkeitsprofil stellt sich erst bei großen Anlauflängen, die größer als $80d$ sein können, ein. Nach dem Hagen-Poiseuilleschen Gesetz ergibt sich als Geschwindigkeitsprofil eine Parabel zweiten Grades $v/v_{max} = 1 - (a/r)^2$, Kurve *I*. Die mittlere Strömungsgeschwindigkeit $\bar{v}$ ist halb so groß wie die in der Rohrachse vorliegende maximale Geschwindigkeit v_{max}. – Die Geschwindigkeitsverteilung der ausgebildeten *turbulenten* Strömung[1]) liegt bereits nach einer Anlaufstrecke von $25d$ vor. Wegen der Durchmischung infolge der Turbulenz weisen wandnahe Flüssigkeitsschichten eine noch verhältnismäßig hohe Geschwindigkeit auf, Kurve *II*. Näherungsweise läßt sich das experimentell gefundene turbulente Geschwindigkeitsprofil durch eine Parabel zweiten Grades $v/v_{max} = 0{,}57 + 0{,}43\sqrt{1 - (a/r)^2}$ erfassen, wobei der Parabelscheitel bei $a/r = 1$ (Wand) und $v/v_{max} = 0{,}57$ liegt. In Wirklichkeit ist jedoch noch die sehr dünne Grenzschicht (6.3.2.7.) zu berücksichtigen, was auch aus Kurve *II* hervorgeht. Eine bessere Näherung für die Geschwindigkeitsverteilung gibt das 1/7-Gesetz von v. Kármán $v/v_{max} = 1 - (a/r)^{1/7}$.

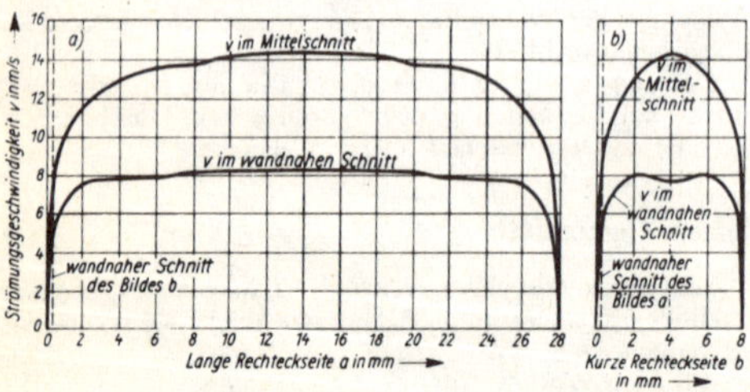

Bild 12. Geschwindigkeitsprofile in seitenparallelen Schnittebenen eines rechteckigen Rohres ($a/b = 3{,}5/1$) für turbulente Strömung (unter Verwendung einer Darstellung aus Schiller [35] neu aufgestellt)

[1]) *Nikuradse, J.:* Untersuchung über die Geschwindigkeitsverteilung in turbulenten Strömungen. VDI-Forschungsheft 281. 44 S. Berlin: VDI-Verlag 1926

2. Während zur Kennzeichnung des Geschwindigkeitszustandes im Kreisrohr nur die Betrachtung des Achsenschnittes erforderlich ist, besteht bei *nichtkreisförmigen Rohren* eine Abhängigkeit des Geschwindigkeitsprofils von der Lage des Achsenschnittes bzw. einer sonstigen achsenparallelen Bezugsebene. Man trägt dann beispielsweise im Falle *rechteckiger Rohre* die Geschwindigkeitsprofile für zu den Rohrseiten parallele Schnittebenen auf. In Bild 12 sind für turbulente Strömung aus zwei solchen zusammengehörenden Reihen die axialen und wandnahen Profile herausr gegriffen. Die Unterschiede zwischen den Profilen de beiden Richtungen sind deutlich erkennbar (vgl. auch Bild 13).

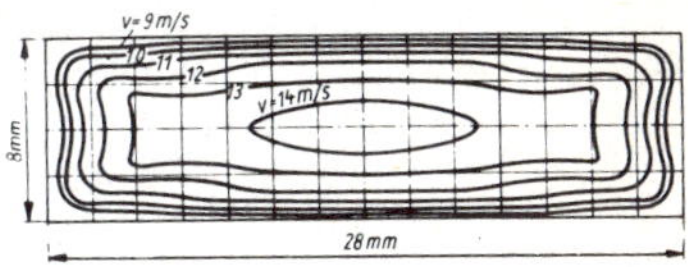

Bild 13. Isotachen zu Bild 12 (nach Schiller 4)

6.3.4.4.2. Isotachen

Für Ebenen senkrecht zur Strömungsrichtung werden die Linien gleicher Strömungsgeschwindigkeit gezeichnet. Diese Isotachen lassen sich unmittelbar aus den Geschwindigkeitsprofilen ableiten (z. B. Kreis-, Rechteckquerschnitt), oder aber es werden, vor allem in komplizierteren Fällen, unmittelbar die Isotachen entworfen.

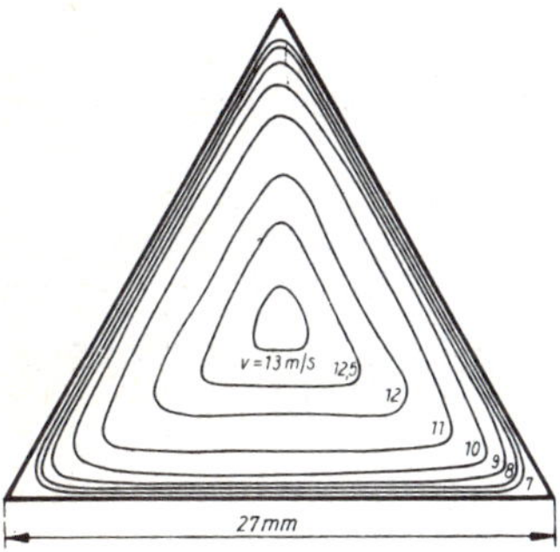

Bild 14
Isotachen eines Dreieckrohrs (nach Schiller 4)

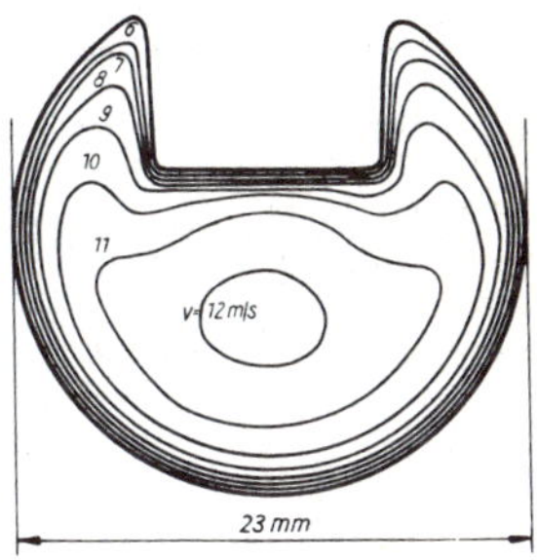

Bild 15
Isotachen eines Nutenrohrs (nach Schiller 4)

Bild 13 enthält (zum Geschwindigkeitsprofil Bild 12) die Linien gleicher Geschwindigkeit in einem *rechteckigen Rohr* mit den Seiten $a = 28$ mm und $b = 8$ mm bei turbulenter Strömung. In Bild 14 sind die Isotachen für turbulente Strömung in einem Rohr, dessen Querschnitt ein *gleichseitiges Dreieck* ist, wiedergegeben. Rohre kreisförmigen Querschnittes mit einer *Längsnut* zeigen die in Bild 15 dargestellte Geschwindigkeitsverteilung.

6.3.4.5. Krümmer und Verzweigungen

6.3.4.5.1. Krümmer

Die in Krümmern auftretenden Druckverluste werden auf den Staudruck der mittleren Strömungsgeschwindigkeit $\bar{v}$ bezogen:

$$\Delta p = \zeta \cdot \frac{1}{2} \varrho \bar{v}^2 \text{ [1]}. \qquad (37)$$

[1]) Wird Δp in kp/m² gewünscht, so ist die Beziehung 1 kp/m² = 9,80665 N/m² zu beachten

Die dimensionslose Größe ζ bezeichnet man als *Widerstandsbeiwert des Krümmers.* Die Abhängigkeit des Widerstandsbeiwertes ζ von der Reynoldsschen Zahl ist für glattwandige

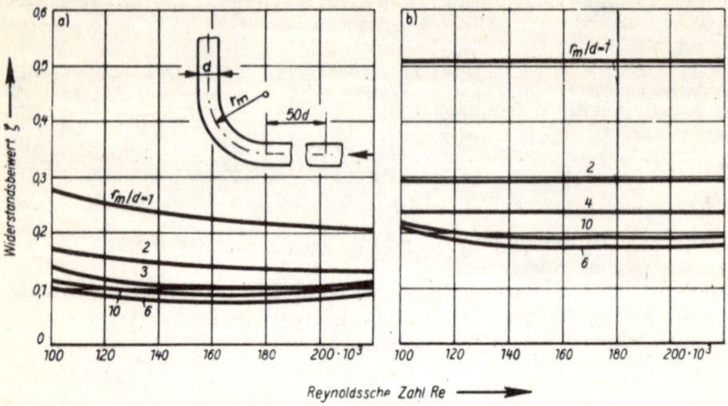

Bild 16. Widerstandsbeiwerte für 90°-Krümmer ($\delta = 90°$) mit Kreisquerschnitt in Abhängigkeit von der Reynoldsschen Zahl (nach Schiller 4)

a) Glattwandig; b) rauhwandig

Krümmer nur sehr gering (Bild 16a); für rauhwandige Krümmer ist der Widerstandsbeiwert praktisch konstant (Bild 16b). Für scharfkantige Kniestücke mit dem Ablenkungswinkel δ gelten die aus Bild 17 zu ersehenden Werte, die von der Reynoldsschen Zahl unabhängig sind.

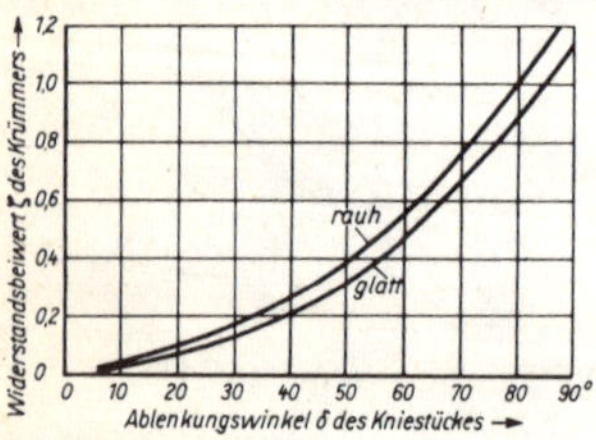

Bild 17. Widerstandsbeiwerte ζ glattwandiger und rauhwandiger Kniestücke mit Kreisquerschnitt in Abhängigkeit vom Ablenkungswinkel δ

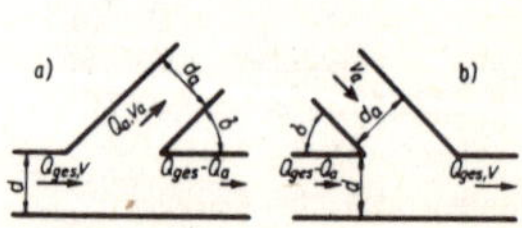

Bild 18. Rohrabzweigungen

a) Trennung von Rohren; b) Vereinigung von Rohren

6.3.4.5.2. Verzweigungen

Verzweigt sich ein Flüssigkeitsstrom oder werden zwei Teilströme vereinigt (Bild 18), so erleidet jeder Teilstrom einen Druckverlust, den man auf den Staudruck der vereinigten Ströme bezieht:

Verlust in der Abzweigung:

$$\Delta p_{\mathrm{a}} = \zeta_{\mathrm{a}} \cdot \frac{1}{2} \varrho v^2 \,^{1)}, \quad (38)$$

Verlust im Geradeausstrom nach der Abzweigung

$$\Delta p_{\mathrm{g}} = \zeta_{\mathrm{g}} \cdot \frac{1}{2} \varrho v^2 \,^{1)}. \quad (39)$$

[1]) Siehe Fußnote [1]) auf Seite 37

Tabelle 14. Trennung von Strömungen in Rohren (Bild 18a): Günstigste Abzweigdurchmesser $d_{a(opt)}$ für verschiedene Abzweigwinkel δ und Abzweigmengen Q_a/Q_{ges} bei Abrundung der Kanten mit $r = 0{,}1 d_a$

Q_a/Q_{ges}	0,3			0,5			0,7		
	90°	60°	45°	90°	60°	45°	90°	60°	45°
$d_{a(opt)}/d$	1	0,61	0,58	1	0,79	0,75	1	1	1
v_a/v	0,3	0,8	0,9	0,5	0,8	0,9	0,7	0,7	0,7
ζ_a	0,72	0,59	0,35	0,75	0,54	0,32	0,88	0,52	0,30

Die Verluste sind vom Verhältnis der abgezweigten Menge Q_a zur Gesamtmenge Q_{ges} abhängig, wie aus Bild 19 ersichtlich ist [nach Werten von Thoma[1]], und verringern sich, wenn an Stelle scharfkantiger Abzweige abgerundete verwendet werden. – Optimalwerte für Abzweigdurchmesser, Abzweigwinkel und Abzweigmengen sind in Tabelle 14[1]) enthalten.

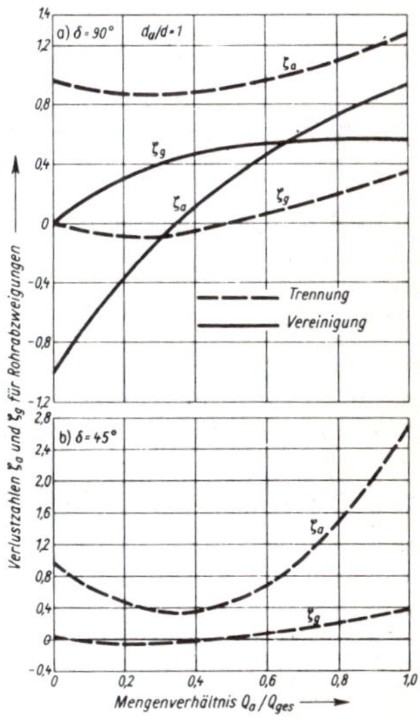

Bild 19. Verlustzahlen (ζ_a für den abgezweigten Strom und ζ_g für den Gesamtstrom) bei Trennung und Vereinigung von Strömungen in Rohren in Abhängigkeit von der abgezweigten Menge (nach Thoma[1]))

a) Trennung und Vereinigung für $\delta = 90°$ und $d_a/d = 1$;

b) Trennung für $\delta = 45°$ und $d_a/d = 0{,}58$

6.3.4.6. Querschnittsänderungen

6.3.4.6.1. Stetige Querschnittserweiterung

Eine allmähliche Erweiterung des Strömungsquerschnitts, wie sie Bild 20 zeigt, nennt man einen *Diffusor*. Die vom engen zum weiten Querschnitt erfolgende Strömung erfährt hierbei eine Geschwindigkeitsverminderung und einen Druckanstieg. Aus der Bernoullischen Gleichung und der Kontinuitätsgleichung läßt sich der Druckanstieg für eine verlustfreie Strömung berechnen. Werden Querschnitt, Druck und Geschwindigkeit an der engsten Stelle des Diffusors durch den Index 1, an der weitesten Stelle durch den Index 2 gekennzeichnet, so ist

Bild 20. Strömungsverlauf bei stetiger Querschnittserweiterung

$$\Delta p = p_2 - p_1 = \frac{\varrho}{2} v_1^2 \left[1 - (A_1/A_2)^2\right]. \qquad (40a)$$

[1]) Werte von *Thoma* in: *Kinne, E.*: Beiträge zur Kenntnis der hydraulischen Verluste in Abzweigstücken. Mitt. hydraul. Inst. T. H. München, H. 4, S. 70 bis 93. München: R. Oldenbourg 1931

Durch Stoß und Reibung treten jedoch Verluste auf, so daß am Ende des Diffusors nicht der aus Gleichung (40a) sich ergebende Druck p_2 zurückgewonnen werden kann. Die hieraus sich ergebende Verminderung von Δp wird durch den Diffusorwirkungsgrad η_D ausgedrückt, so daß Gleichung (40a) übergeht in

$$\Delta p = p_2 - p_1 = \eta_D \cdot \frac{\varrho}{2} \cdot v_1^2[1 - (A_1/A_2)^2]. \qquad (40b)$$

Bei allmählichen Erweiterungen liegt η_D zwischen 0,75 und 0,90, wobei der Erweiterungswinkel δ eine Funktion der Reynoldsschen Zahl ist. Für $Re = 10^5$ ist $\delta = 8^0$, für große Re darf er nur 5^0 betragen.

Bei zu großen Erweiterungswinkeln löst sich die Strömung unter Wirbelbildung von der Wand ab. Die Flüssigkeit strömt als freier Strahl zwischen wirbeligem Totwasser. Infolge der hierbei auftretenden großen Verluste ergibt sich nur ein sehr niedriger Diffusorwirkungsgrad. Günstigere Strömungsverhältnisse werden durch Absaugen der Grenzschicht erzielt (6.3.5.1.2.).

6.3.4.6.2. Unstetige Querschnittserweiterung

Für den Druckverlust gilt ebenfalls Gleichung (40b) mit einem Wirkungsgrad η von 0,10 bis 0,25. Für den Druckumsatz bei der unstetigen Erweiterung ergibt sich der Wirkungsgrad η aus dem Impulssatz zu

$$\eta = \frac{2A_1/A_2}{A_1/A_2 + 1}. \qquad (41)$$

A_1 und A_2 Querschnitt im engen bzw. weiten Rohrteil.

Die Strömungsverhältnisse sind in Bild 21 wiedergegeben, der Wirkungsgrad für verschiedene Querschnittsverhältnisse in Tabelle 15.

Tabelle 15. Wirkungsgrad η_{12} der Geschwindigkeits-Druck-Umsetzung für verschiedene Querschnittsverhältnisse A_1/A_2 (bzw. Durchmesserverhältnisse d_1/d_2 für Kreisrohre)

A_1/A_2	0,1	0,2	0,3	0,4	0,5	0,6	0,7	0,8	0,9	1,0
d_1/d_2	0,316	0,447	0,548	0,632	0,707	0,775	0,837	0,894	0,949	1,000
η_{12}	0,18	0,33	0,46	0,57	0,67	0,75	0,82	0,89	0,95	1,00

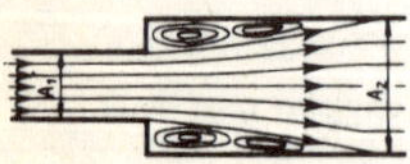

Bild 21. Strömungsverlauf bei plötzlicher Querschnittserweiterung

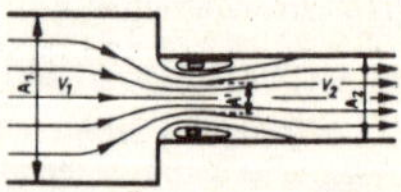

Bild 22. Strömungsverlauf bei plötzlicher Querschnittsverengung

6.3.4.6.3. Unstetige Querschnittsverengung

Bei plötzlichem Übergang von weitem (A_1) auf engen Querschnitt (A_2) schnürt sich die Strömung ein (Bild 22). Bei bekannter Kontraktionszahl $\alpha_k = A'/A_2 = v_2/v'$ ist der Stoßverlust unter Berücksichtigung von (40)

$$\Delta p = \frac{1}{2}\,\varrho(v' - v_2)^2 = \frac{1}{2}\,\varrho v_2^2(1/\alpha_k - 1)^2 = \frac{1}{2}\,\varrho v_2^2\zeta'' \qquad (42)$$

und der Wirkungsgrad

$$\eta = \frac{2}{1 + A_2/A'}.$$

v_1 und v_2 Strömungsgeschwindigkeiten im weiten bzw. engen Querschnitt, v im Kontraktionsquerschnitt A'; $\alpha_k = v_2/v'$ und $\zeta'' = (1/\alpha_k - 1)^2$.

Die Beziehungen zwischen ζ'' und α_k sind aus Tabelle 16 zu ersehen.

Tabelle 16. Beiwert ζ'' des Stoßverlustes und Kontraktionszahl α_k in Abhängigkeit von der Übergangsform

Übergangsform	Kante		Abrundungsradius	
	scharf	gebrochen	klein	groß
Beiwert ζ''	0,41 ··· 0,31	0,22 ··· 0,06	0,012	0,0001
Kontraktionszahl α_k	0,61 ··· 0,64	0,68 ··· 0,80	0,90	0,99

6.3.4.7. Geschwindigkeit im freien Strahl

Beim Austritt aus einer Düse, z. B. aus einem Windkanal, vermischt sich ein Luftstrahl mit der umgebenden Luft. Die transportierte Luftmenge nimmt mit dem Abstand von der Düse zu, die Strömungsgeschwindigkeit wird geringer. Ist d der Durchmesser der Düse, v_0 die Kerngeschwindigkeit, so ist in einer Entfernung x von der Düse die Geschwindigkeit

$$v_x = v_0 \frac{8{,}4}{x/d + 2}. \tag{43}$$

6.3.4.8. Beiwerte von Düsen und Blenden

Das sekundliche Durchflußvolumen Q inkompressibler Flüssigkeiten von der Dichte ϱ läßt sich durch den an einer Düse oder Blende auftretenden Druckabfall Δp, die Durchflußzahl α und den Querschnitt A_0 der Düsen- bzw. Blendenöffnung aus der Beziehung

$$Q = \alpha A_0 \sqrt{\frac{2}{\varrho} \Delta p}$$

berechnen.

Für genügend hohe Reynoldssche Zahlen (Größenordnung 10^5) ist α unabhängig von Re. Die Durchflußzahl hängt dann nur noch vom Öffnungsverhältnis $m = A_0/A$ (A = Rohrquerschnitt) ab. In den folgenden Tabellen sind die charakteristischen Daten für die deutsche Normdüse 1930 und die deutsche Normblende 1930 wiedergegeben.

Deutsche Normdüse 1930

m	α	Re
0,65	1,1830	$2 \cdot 10^5$
0,60	1,1415	$2 \cdot 10^5$
0,55	1,1080	$2 \cdot 10^5$
0,50	1,0810	$1{,}8 \cdot 10^5$
0,45	1,0590	$1{,}6 \cdot 10^5$
0,40	1,0412	$1{,}3 \cdot 10^5$
0,35	1,0266	$1{,}2 \cdot 10^5$
0,30	1,0150	$1{,}2 \cdot 10^5$
0,20	0,9987	$0{,}9 \cdot 10^5$
0,10	0,9875	$0{,}7 \cdot 10^5$

Deutsche Normblende 1930

m	α	Re
0,70	0,8060	$2{,}0 \cdot 10^5$
0,60	0,7426	$1{,}5 \cdot 10^5$
0,50	0,6957	$1{,}3 \cdot 10^5$
0,40	0,6620	$1{,}2 \cdot 10^5$
0,30	0,6347	$1{,}1 \cdot 10^5$
0,20	0,6153	$0{,}8 \cdot 10^5$
0,10	0,6000	$0{,}6 \cdot 10^5$
0,05	0,5900	$0{,}5 \cdot 10^5$

6.3.4.9. Pulsierende Strömungen

Alle an pulsierenden Rohrströmungen mit Hilfe gedämpfter Manometer durchgeführten Druckabfallmessungen unterliegen einem Fehler, weil der vom Manometer angezeigte mittlere Wert der Mittelwert des Wirkdrucks ist, dessen Wurzel aber nicht der erforderliche Mittelwert der Wurzeln aus dem Wirkdruck ist. Die Durchflußmengen pulsierender Strömungen werden deshalb zu hoch gemessen. Überlagert sich einem konstanten Flüssigkeitsstrom Q_0 ein sinusförmig schwankender Strom von der Amplitude Q, so kann der relative Mengenfehler ε nach HAGEN[1]) durch die Gleichung

$$\varepsilon = \sqrt{1 + \frac{Q^2}{2(Q_0 + Q)^2}} - 1$$

oder nach einer Umformung[2]) durch die Beziehung

$$\varepsilon = \sqrt{1 + \frac{1}{2(s+1)^2}} - 1 \quad \text{mit} \quad Q_0/Q = s$$

berechnet werden. Bild 22a zeigt die Abhängigkeit des relativen Mengenfehlers ε von der relativen Schwankung bzw. ihrem Kehrwert $Q_0/Q/s$. Nach Beobachtungen[2]) an pulsierenden Strömungen mit Schwankungswerten s zwischen 7 und 60, wobei die Meßfehler nach obiger Formel zwischen 0,6% und 0,01% liegen, zeigte sich bei der deutschen Normdüse 1930

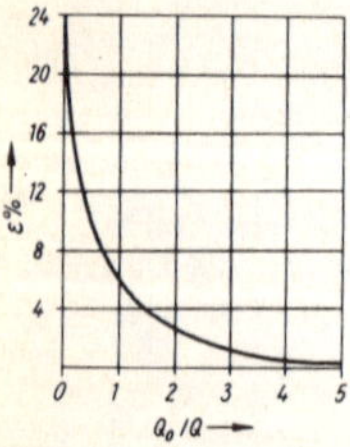

Bild 22a. Mittelwertfehler bei der Messung pulsierender Strömungen nach Hagen

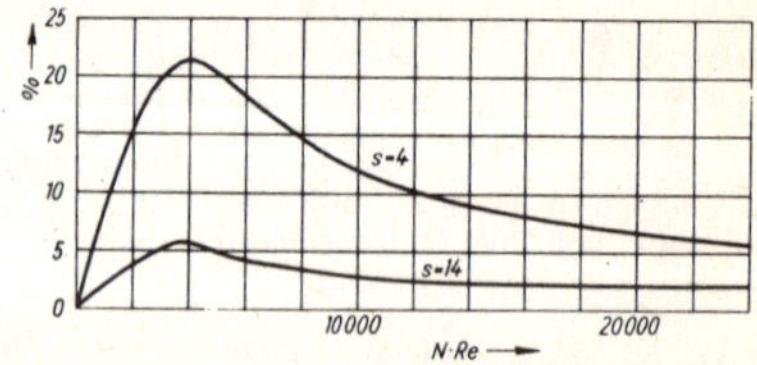

Bild 22b. Relative Widerstandserhöhung bei pulsierender Strömung

ein deutlicher Einfluß der Frequenz. Bei etwa 2/3 Hz liegt ein Maximum des Mengenfehlers. Dieser beträgt für das Öffnungsverhältnis $m = 0{,}50$ und $s = 7$ etwa 1% und für $m = 0{,}25$ und $s = 60$ etwa 0,5%.

Der Widerstandsbeiwert von Rohren mit kreisförmigem Querschnitt erhöht sich bei $s = 14$ für $N \cdot Re = 3900$ ($N = nd/\bar{u}$, n = Frequenz, d = Rohrdurchmesser, $\bar{u}$ = mittlere Strömungsgeschwindigkeit) maximal um 6% und bei $s = 4$ ebenfalls für $N \cdot Re = 3900$ maximal um etwa 20%[3]). Für $N \cdot Re = 22000$ beträgt die Widerstandserhöhung bei $s = 7$ nur noch 2%, bei $s = 5$ noch 6%, vgl. Bild 22b. Rauhe Rohre mit rein quadratischem Widerstandsgesetz zeigen dagegen nach Messungen[4]) für $s = 6$ im Frequenzbereich bis 3 Hz keine Widerstandserhöhung.

[1]) *Hagen, H. F.:* Trans. Amer. Soc. Mech. Eng. 55 (1933) S. 105
[2]) *Estel, E.:* Physik, Z. 38 (1937) S. 748
[3]) *Estel, E.:* Physik Z. 38 (1937) S. 748
[4]) *Estel, E.:* Physik Z. 38 (1937) S. 748

6.3.5. Widerstand von Körpern

Sinngemäß gelten für die im folgenden dargestellten Widerstände die gleichen Umrechnungsregeln wie für die Drücke in Abschnitt 6.3.4.

6.3.5.1. Die Widerstandsarten

6.3.5.1.1. Reibungs- oder Flächenwiderstand

Eine einen Körper umströmende Flüssigkeit wird an dessen Oberfläche durch Adhäsionskräfte festgehalten und befindet sich dort in einer sehr dünnen Schicht in Ruhe. Der Geschwindigkeitsanstieg erfolgt in einer dünnen Reibungsschicht, der *Grenzschicht* (6.3.2.7.). Die Ursache des Widerstandes sind bei anliegender Strömung die in der Grenzschicht übertragenen Schubspannungen. Man spricht dann von einem *Flächenwiderstand* oder *Reibungswiderstand*, der bei einer parallel zur Strömung liegenden Platte auftritt (Bild 23). Der Reibungswiderstand F_W ist zwar strenggenommen weder dem Quadrat der Strömungsgeschwindigkeit v (der im allgemeinen durch Messen des Staudrucks zu ermittelnden gleichförmigen Anströmgeschwindigkeit) noch der gesamten Oberfläche A proportional, kann aber durch den quadratischen Ansatz

Bild 23. Zur Definition des Flächenwiderstandes bei in Strömungsrichtung liegender Platte

$$F_W = c_f A \cdot \frac{1}{2} \varrho v^2 \quad \text{z. B.} \quad \left| \frac{F_W}{\mathrm{N}} \middle| \frac{c_f}{-} \middle| \frac{A}{\mathrm{m^2}} \middle| \frac{\varrho}{\mathrm{kg/m^3}} \middle| \frac{v}{\mathrm{m/s}} \right| \tag{44}$$

ausgedrückt werden. Der Widerstandsbeiwert ist eine Funktion der Reynoldsschen Zahl, wodurch der nicht zutreffende quadratische Ansatz korrigiert wird. Als charakteristische Längenabmessung geht in die Reynoldssche Zahl die in Strömungsrichtung gemessene Plattentiefe ein.

Der Widerstandsbeiwert wird nach folgenden Gleichungen berechnet (aufgetragen in Bild 24): für *laminare* Grenzschicht (bis $Re = 10^5$, Kurve *I*)

$$c_f = 1{,}327/Re^{0,5}, \tag{45}$$

für *turbulente* Grenzschicht (über $Re = 10^5$, Kurve *II*)

$$c_f = 0{,}074/Re^{0,2}. \tag{46}$$

Bei zugespitzter Vorderkante der Platte ist im vorderen Teil der Platte die Grenzschicht laminar, im hinteren Teil turbulent. Dann gilt von $Re = 3 \cdot 10^5$ bis $Re = 5 \cdot 10^6$

$$c_f = 0{,}074/Re^{0,2} - 1700/Re. \tag{47}$$

Für den Umschlag der laminaren in turbulente Grenzschicht gilt die Gleichung

$$vx/\nu \approx 5 \cdot 10^5. \tag{48}$$

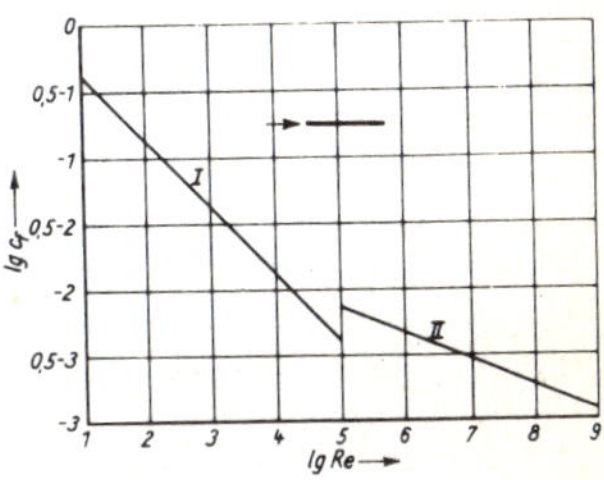

Bild 24. Widerstandsbeiwert c_f einer längs angeströmten Platte in Abhängigkeit von der Reynoldsschen Zahl *Re*

Kurve *I*: laminare Grenzschicht, Gl. (45); Kurve *II*: turbulente Grenzschicht, Gl. (46)

Diese kritische Reynoldssche Zahl, bei der die charakteristische Längenabmessung der Abstand x von der Vorderkante der Platte ist, ist abhängig von der Form der Vorderkante und der Turbulenz der Strömung.

Längs angeströmte rauhe Platten haben bereits konstante c_f-Werte bei um so kleineren Reynoldsschen Zahlen, je größer die Rauhigkeit ist. Im folgenden ist für die reziproke relative Rauhigkeit l/k (l = Plattenlänge, k = Korndicke) der zugehörige c_f-Wert unter

Angabe der Reynoldsschen Zahl $Re = vl/\nu$, bei der seine Konstanz erreicht wird, zusammengestellt[1]).

l/k	c_f	Re
$1 \cdot 10^6$	0,00214	$1{,}6 \cdot 10^9$
$5 \cdot 10^5$	0,00235	$1{,}0 \cdot 10^9$
$2 \cdot 10^5$	0,00282	$4{,}0 \cdot 10^8$
$1 \cdot 10^5$	0,00317	$2{,}5 \cdot 10^8$
$5 \cdot 10^4$	0,00355	$1{,}0 \cdot 10^8$
$2 \cdot 10^4$	0,00425	$6{,}3 \cdot 10^7$

l/k	c_f	Re
$1 \cdot 10^4$	0,00490	$2{,}5 \cdot 10^7$
$5 \cdot 10^3$	0,00570	$1{,}6 \cdot 10^7$
$2 \cdot 10^3$	0,00692	$4{,}0 \cdot 10^6$
$1 \cdot 10^3$	0,00852	$3{,}2 \cdot 10^6$
$5 \cdot 10^2$	0,01024	$6{,}3 \cdot 10^5$

6.3.5.1.2. Druck- oder Formwiderstand

Löst sich bei einem umströmten Körper die Strömung von seiner Oberfläche ab, so erfolgt eine starke Beeinflussung der äußeren Strömung. Hinter dem Körper tritt Unterdruck mit einem Totwassergebiet auf (Bild 25), wodurch ein großer zusätzlicher Widerstand entsteht. Man bezeichnet diesen Widerstand als *Druck-*, *Form-* oder *Profilwiderstand.*

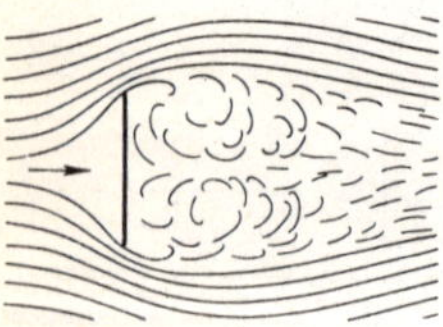

Bild 25. Turbulente Strömung um eine senkrecht angeströmte Platte

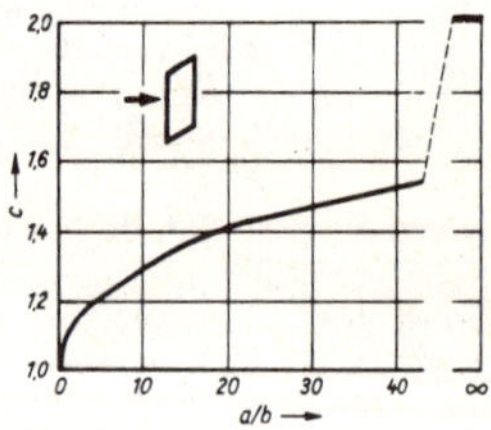

Bild 26. Widerstandsbeiwert c senkrecht angeströmter rechteckiger Platten in Abhängigkeit vom Seitenverhältnis a/b

Bei der in Bild 25 dargestellten Umströmung einer senkrecht zur Strömungsrichtung stehenden Platte ist sowohl Flächenwiderstand als auch Formwiderstand vorhanden, wobei der Formwiderstand stark überwiegt. Dieses Bild entspricht Strömungsaufnahmen von WALTER[2]) bei $Re = vd/\nu \approx 100$.

Für den Formwiderstand umströmter Körper gilt nach dem Newtonschen quadratischen Ansatz

$$F_W = cA \cdot \frac{1}{2} \varrho v^2, \tag{49}$$

wobei A die größte Querschnittsfläche des Körpers ist.

Der Widerstandsbeiwert c ist *von der Reynoldsschen Zahl unabhängig*, wenn infolge besonderer Körperform, z. B. scharfer Kanten bei Platten, die Ablösungsstelle der Strömung festliegt. Dagegen ist c abhängig von der Form der Platte (Bild 26). Bei ebenfalls senkrechter Anströmung gelten folgende Werte:

Kreisförmige Platte	$c = 1{,}11$
Kreisring (Dmr.-Verhältnis 1 : 2)	$c = 1{,}22$

[1]) *Prandtl, L.*, und *H. Schlichting:* Werft, Reederei und Hafen 15 (1934) 1

[2]) *Walter, F.:* Experimentelle und theoretische Untersuchungen über die Strömungsformen hinter scharfkantigen Widerstandskörpern sowie Beziehungen zum Widerstandsproblem. Ber. d. math.-phys. Klasse d. Sächs. Akad. d. Wiss. zu Leipzig Bd. 92 (1940) S. 139 bis 234

Für in Achsenrichtung angeströmten Zylinder und für zwei Kreisscheiben (Zylinder ohne Mantelfläche) sind die c-Werte aus Bild 27 zu ersehen. – Weitere c-Werte für symmetrische Anströmung:

Volle Halbkugel, gewölbte Seite angeströmt	$c = 0{,}40$
ebene Seite angeströmt	$c = 1{,}17$
Hohle Halbkugel, gewölbte Seite angeströmt	$c = 0{,}34$
hohle Seite angeströmt	$c = 1{,}33$
Vollkegel, Spitze angeströmt, Spitzenwinkel 30°	$c = 0{,}34$
Spitzenwinkel 60°	$c = 0{,}51$

Abgerundete Körper – z. B. Kugel (Bild 28, Kurve *2*), Ellipsoid (Bild 28, Kurven *1* und *3*), Zylinder (Bild 29), Streben (Bild 30) –, bei denen sich die Ablösungsstelle verschiebt, haben

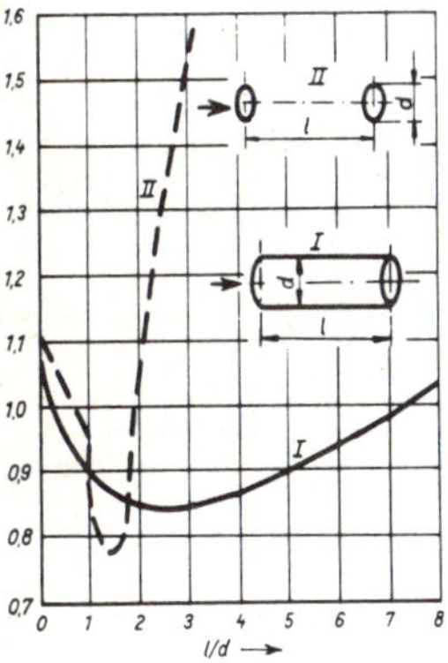

Bild 27. Widerstandsbeiwert c in Achsenrichtung angeströmter Kreiszylinder (*I*) und zweier Scheiben (*II*) in Abhängigkeit vom Verhältnis l/d

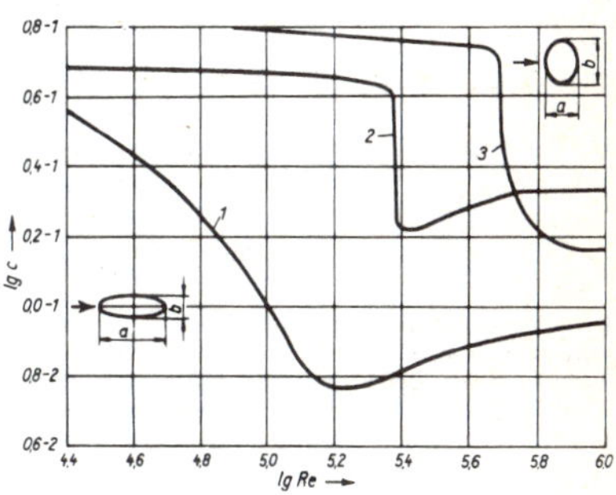

Bild 28. Widerstandsbeiwert c umströmter Körper in Abhängigkeit von der Reynoldsschen Zahl Re
Kurve *1*: Ellipsoid $a/b = 1/0{,}55$;
Kurve *2*: Kugel;
Kurve *3*: Ellipsoid $a/b = 1/1{,}3$.
Sämtlich in Richtung a angeströmt

einen *von der Reynoldsschen Zahl abhängigen* Widerstandsbeiwert. Von entscheidendem Einfluß ist hierbei der Charakter der Grenzschicht. Das Turbulentwerden der Grenzschicht bei der kritischen Reynoldsschen Zahl führt zu einem weit besseren Anliegen der

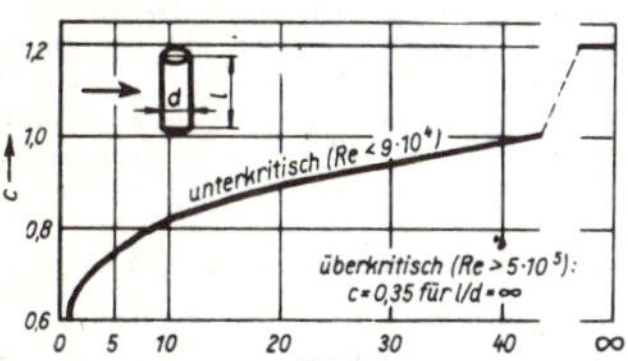

Bild 29. Widerstandsbeiwert c senkrecht zur Achsenrichtung angeströmter Kreiszylinder in Abhängigkeit vom Verhältnis l/d für den unterkritischen Bereich

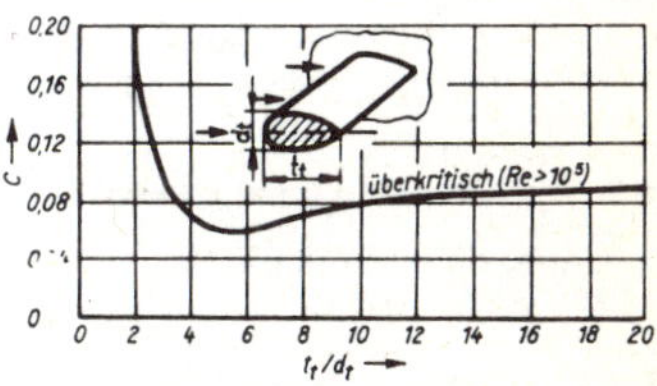

Bild 30. Widerstandsbeiwert c von Streben in Abhängigkeit vom Verhältnis t_t/d_t für den überkritischen Bereich

Strömung als bei laminarer Grenzschicht, so daß der Widerstandsbeiwert abnimmt. Ein besonders gutes Beispiel liefert die Kugel, bei der im überkritischen Gebiet der Widerstandsbeiwert auf den dritten Teil absinkt (Bild 28, Kurve *2*).
Aus diesem Grunde können rauhe Oberflächen widerstandsvermindernd wirken. Außerdem läßt sich die Wirbelbildung durch Absaugen der in der Grenzschicht verzögerten Flüssigkeit vermeiden, und zwar dort, wo sich gerade eine Rückströmung ausbilden will, oder durch Anbringen eines „Stolperdrahtes", durch den der Grenzschicht Energie zugeführt wird.

6.3.5.2. Widerstand von Kraftfahrzeugen

Bei Geschwindigkeiten über 60 km/h spielt der Luftwiderstand eine erhebliche Rolle. Diese Geschwindigkeiten lassen sich unter Berücksichtigung ökonomischer Fragen nur durch geeignete Formgebung der Wagen erreichen. Der zur Überwindung des Luftwiderstandes erforderliche Leistungsaufwand P wächst mit der dritten Potenz der Geschwindigkeit:

$$P = c_w \cdot \frac{1}{2} \varrho A_W v^3 \quad \text{z. B.} \quad \left| \frac{P}{\text{Nm/s}} \middle| \frac{c_W}{-} \middle| \frac{\varrho}{\text{kg/m}^3} \middle| \frac{A_W}{\text{m}^2} \middle| \frac{v}{\text{m/s}} \right|. \tag{50}$$

Hierbei ist A_W die Spantfläche des Wagens, das ist die Fläche, die sich bei Projektion des Wagens in Fahrtrichtung als Schattenprofil ergibt. Für den Luftwiderstand gilt die Formel

$$F_W = c_w \cdot \frac{1}{2} \varrho A_W v^2 = P/v. \tag{51}$$

Die Widerstandswerte c_w für *Kraftwagen* liegen etwa zwischen 1,0 und 0,2, wobei der Wert 1,0 für offene Wagen in alter Form und 0,2 für vollendete Stromlinienform gilt. Geschlossene Wagen mit leicht gerundeter Form, aber ohne Heckzuspitzung, haben einen Widerstandsbeiwert von etwa 0,5; die Heckzuspitzung bewirkt je nach der sonstigen Form ein Absinken unter 0,4, in günstigen Fällen bis etwa 0,23. – Eine Scheibe in der Form der Spantfläche eines Kraftwagens hat in Bodennähe $c_w \approx 1,3$, was in Übereinstimmung mit Bild 26 steht (der Bodeneinfluß wirkt widerstandserhöhend).

Beispiel. Wie groß ist die zur Überwindung des Luftwiderstandes erforderliche Motorleistung P, wenn ein offener Kraftwagen, dessen Widerstandsbeiwert $c_w = 0,9$ beträgt, mit einer Geschwindigkeit von 100 km/h fährt? Die Spantfläche betrage 2 m². Lufttemperatur 14 °C, ϱ nach Tabelle 2.

$$v = \frac{100}{3,6}\,\text{m/s} = 27,8\,\text{m/s}; \qquad F_W = c_w \cdot 0,5 \varrho A_W v^2$$
$$= 0,9 \cdot 0,5 \cdot 1,226\,\text{kg/m}^3 \cdot 2\,\text{m}^2 \cdot (27,8\,\text{m/s})^2 = 852,489 N = 86,9\,\text{kp}$$
$$P = v A_W = 27,8\,\text{m/s} \cdot 86,9\,\text{kp} = 2415,8\,\text{kpm/s} = 32,2\,\text{PS} = 23,7\,\text{kW}.$$

Bei einem Wagen mit $c_w = 0,2$ (ideale Stromlinienform) wäre dagegen die Motorleistung für die Überwindung des Luftwiderstandes bei gleicher Geschwindigkeit nur 7,2 PS = 5,3 kW.
Für *Krafträder* (ohne Fahrer) kann man mit einem Widerstandsbeiwert $c_w = 0,7$ rechnen. Dieser erhöht sich durch einen aufrecht (bzw. gebeugt) sitzenden Fahrer auf $c_w = 1,9$ (bzw. 1,7) und durch einen aufrecht sitzenden Fahrer bei Verkleidung von Fahrer und Maschine auf $c_w = 1,5$; s. [32a].

6.3.5.3. Winddruck auf Bauwerke

Zuverlässige Angaben des Winddrucks auf Gebäude sind nur durch Modellversuche im Windkanal möglich. Der Druck auf einzelne Bauteile eines Gebäudes hängt von der Form des Bauwerks und der Art seiner Umgebung ab. An Dächern können große Sogwirkungen auftreten. Überschlagsweise kann man für ebene Wände den Winddruck w nach der Formel

$$^{*}w = 0,1 v^2 \quad \left| \frac{w}{\text{kp/m}^2} \middle| \frac{v}{\text{m/s}} \right| \tag{52}$$

berechnen, wobei v die Windgeschwindigkeit ist. Für Gebäudehöhen bis 20 m kann man mit einer maximalen Windgeschwindigkeit von $v = 35$ m/s, über 20 m mit $v = 40$ m/s rechnen. In besonders windreichen Gebieten und an ungeschützten Stellen hat man bis 20 m Höhe $v = 40$ m/s und über 20 m Höhe $v = 45$ m/s zu setzen. Die Windgeschwindigkeit hängt außerdem von der Höhenlage eines Gebäudes über NN und von der Jahreszeit ab, wie aus Bild 31 ersichtlich ist.

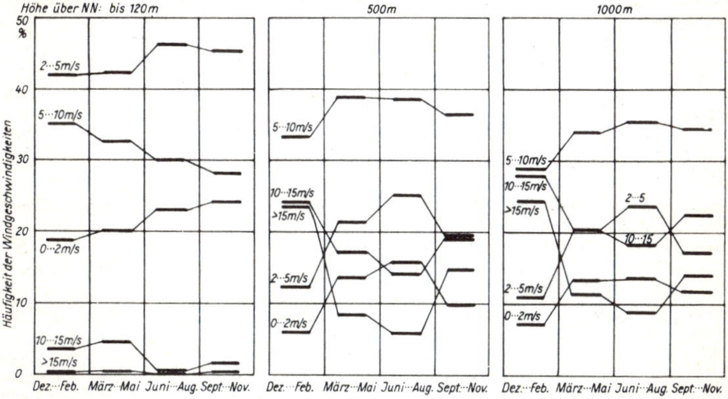

Bild 31. Häufigkeit einiger Windgeschwindigkeitsbereiche in Abhängigkeit von den Jahreszeiten und von der Höhenlage des Geländes

6.3.5.4. Stokessches Gesetz

6.3.5.4.1. Bestimmung der Zähigkeit

Ein in einem Medium von der Dichte ϱ_M befindlicher Körper von der Dichte ϱ_K erfährt durch seinen Auftrieb eine scheinbare Gewichtsverminderung. Nach dem Archimedischen Prinzip (6.2.4.2.1.) ist dieser gleich dem Gewicht des verdrängten Mediums. Wird der Körper sich selbst überlassen, so führt er eine freie Fallbewegung aus, die unter dem Einfluß zweier Kräfte steht. Die erste ist als antreibende Kraft die *Differenz von Gewicht und Auftrieb*, die zweite Kraft ist der die Bewegung hemmende *Widerstand im Medium*. Handelt es sich um kleine Körper und zähe Medien bzw. ist die Reynoldssche Zahl der Bewegung sehr klein, so kann man nach Stokes für den Widerstand einer Kugel

$$F_W = 6\pi\eta r v \quad \text{z. B.} \quad \left|\frac{F_W}{\text{N}}\right|\frac{\eta}{\text{N s/m}^2}\left|\frac{r}{\text{m}}\right|\frac{v}{\text{m/s}}\right| \tag{53}$$

schreiben, wobei r der Radius der Kugel ist. Hiernach wächst der Widerstand linear mit der Geschwindigkeit an. Ist im Laufe der Fallbewegung der Widerstand so weit angestiegen, daß er gleich dem um den Auftrieb verminderten Gewicht des Körpers ist (Kräfte im Gleichgewicht), so liegt von nun an eine kräftefreie Bewegung vor. Der Körper bewegt sich nach dem ersten Newtonschen Axiom mit konstanter Geschwindigkeit. Diese ergibt sich aus der Gleichung

$$6\pi\eta r v = \frac{4}{3}\pi r^3(\varrho_K - \varrho_M)\,g$$

zu

$$v = \frac{2}{9} r^2 \frac{g}{\vartheta} \cdot \frac{\varrho_K - \varrho_M}{\eta} \quad \text{z. B.} \quad \left| \frac{v}{\mathrm{m/s}} \right| \frac{r}{\mathrm{m}} \left| \frac{g}{\mathrm{m/s^2}} \right| \frac{\varrho}{\mathrm{kg/m^3}} \left| \frac{\eta}{\mathrm{Ns/m^2}} \right|. \tag{54}$$

Gemäß den bei der Ableitung gemachten einschränkenden Voraussetzungen hat diese Formel nur für $Re < 1$ Gültigkeit. Bei der Bewegung in Luft darf der Radius der fallenden Teilchen nicht über etwa 0,04 mm betragen (Nebeltröpfchen), wenn die Formel (54) Gültigkeit haben soll.

Im Fallrohrviskosimeter wird die konstante Fallgeschwindigkeit kleiner Kugeln in hinreichend weiten, senkrecht stehenden Rohren gemessen. Aus Gleichung (54) berechnet sich die dynamische Zähigkeit η des in den Rohren befindlichen Mediums.

6.3.5.4.2. Windsichtverfahren

Werden fallende Teilchen von etwa gleicher Größe, z. B. Staub oder Ruß, mit einer bestimmten konstanten Geschwindigkeit von unten angeblasen, so werden sie in der Schwebe gehalten. Diese *Schwebegeschwindigkeit* spielt bei der Entstaubung, Sichtung, pneumatischen Förderung u. a. eine große Rolle.

Windsichtungen dienen zur Trennung eines körnigen oder pulverförmigen Materials nach unterschiedlichen Korngrößen. Das Verfahren findet besonders dann Anwendung, wenn Siebungen nicht mehr möglich sind.

Zur Ermittlung der Zusammensetzung eines Staubgemisches verwendet man nach Gonell[1]) ein senkrecht stehendes, röhrenartiges Gefäß, auf dessen Boden die Staubprobe eingebracht wird. Ein von oben auf den Gefäßboden gerichteter Luftstrahl wirbelt den Staub auf und trägt je nach der Schwebegeschwindigkeit der einzelnen Teilchen diese in verschiedene Höhen. Die Geschwindigkeit des Luftstrahls wird so eingestellt, daß die leichtesten Teilchen eben gerade aus dem oberen Teil des Rohres in ein Auffanggefäß eindringen können. Durch Erhöhung der Strahlgeschwindigkeit können weitere Teilchen von größerer Abmessung aussortiert werden.

Ein anderes Gerät zur Trennung körnigen Materials ist der *Zentrifugalsichter*, bei dem die Windsichtung mit Zentrifugalkräften kombiniert wird.

Von B. Eck 5 wurden neue Verfahren, der *Laminarsaugwindkanal*, der *Steigsichter* und der *ballistische Sichter*, entwickelt, bei denen die verschiedenen Schwebegeschwindigkeiten und kinetischen Energien verschieden großer Teilchen in Luftströmungen oder bei Wurfvorgängen zur Trennung ausgenützt werden.

6.3.6. Tragflügel

Bezüglich der Umrechnung gelten sinngemäß die gleichen Regeln, die zu Beginn des Abschnitts 6.3.4. angeführt wurden.

6.3.6.1. Widerstand und Auftrieb

Bei der Umströmung symmetrischer Körper liegt die Luftkraft in der Strömungsrichtung, wenn die Strömungsrichtung mit der Symmetrieachse des Körpers zusammenfällt. Man bezeichnet diese Kraft als den *Widerstand* des Körpers. In allen übrigen Fällen (z. B. unsymmetrische Körper) greift die Luftkraft unter einem Winkel gegen die Strömungsrichtung am Körper an. Zerlegt man die Luftkraft F_R in zwei aufeinander senkrecht stehende Komponenten, so stellt die in Strömungsrichtung (v) liegende Komponente den *Widerstand* F_W dar, während die senkrechte Komponente als (*dynamischer*) Auftrieb F_A bezeichnet wird (Bild 32). Der Neigungswinkel des Körpers bzw. seiner Symmetrieachse gegenüber der Strömungsrichtung heißt *Anstellwinkel* α. Körper, die infolge ihrer besonderen Form bei

---

[1]) *Gonell, H. W.:* Ein Windsichtverfahren zur Bestimmung der Kornzusammensetzung staubförmiger Stoffe. Z. VDI, Bd. 72 (1928), Nr. 27, S. 945 bis 950

kleinem Widerstand einen großen Auftrieb haben, nennt man *Tragflügel*. Das Verhältnis von Widerstand und Auftrieb heißt *Gleitzahl* und ist ein Maß für die Güte des Tragflügels:

$$F_W/F_A = \tan \varepsilon; \tag{55}$$

ε ist der *Gleitwinkel*, das ist der Winkel, unter dem ein Gleitflug möglich ist. – Die Beziehungen zwischen α, F_W/F_A und ε für verschiedene umströmte Körper sind aus Tabelle 17 zu ersehen.

Tabelle 17. Anstellwinkel α und Gleitwinkel ε für verschiedene Körper

Umströmter Körper	Anstellwinkel α	$F_W/F_A = \tan \varepsilon$	ε
Ebene Platte Seitenverhältnis 1 : 6	4°	0,50	27°
Gewölbte Platte Seitenverhältnis 1 : 6 Wölbungspfeil 1 : 27	4°	0,10	6°
Tragflügel	4°	0,04 ··· 0,07 je nach Profil	2 ··· 4°

Der *Anstellwinkel* α (Bild 33) ist je nach dem Tragflügelprofil verschieden definiert. Bei Profilen mit konvexer Oberseite und konkaver oder ebener Unterseite wird der Anstellwinkel von der Strömungsrichtung und der Flügelsehne gebildet (Bild 33a, b). Bei Profilen mit konvexer Unter- und Oberseite wird der Anstellwinkel zwischen der Strömungsrichtung und der Geraden, die die hintere Kante des Flügels mit dem Mittelpunkt des Krümmungskreises am vorderen Teil verbindet, gemessen (Bild 33c).

Für die praktische Messung des Anstellwinkels hat sich das Anlegen eines rechten Winkels bewährt, dessen Schenkel das Profil in drei Punkten berühren (Bild 33a). Der Scheitel O des rechten Winkels ist der Bezugspunkt für das Moment M (Momentenpunkt). Die Länge der Sehne bezeichnet man als *Flügeltiefe* t_t.

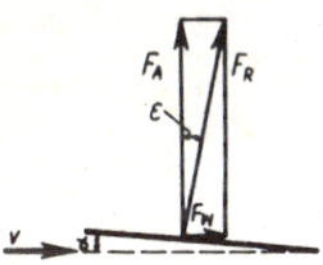

Bild 32. Kräfte an der unter dem Anstellwinkel α angeströmten Platte: Zerlegung der Luftkraft F_R in Auftrieb F_A und Widerstand F_W

Aus Bild 34 ist nochmals die Flügeltiefe t_t und die Flügelbreite oder Spannweite b_t ersichtlich. Die Flügelfläche A_t ist für *rechteckige Flügel*, das sind solche, bei denen t_t sich längs b_t nicht ändert, gleich dem Produkt aus Flügeltiefe und Spannweite:

$$A_t = t_t b_t. \tag{56a}$$

Für *sich verjüngende Flügel* gilt

$$A_t = \int_0^{b_t} t_t \, db_t \tag{56b}$$

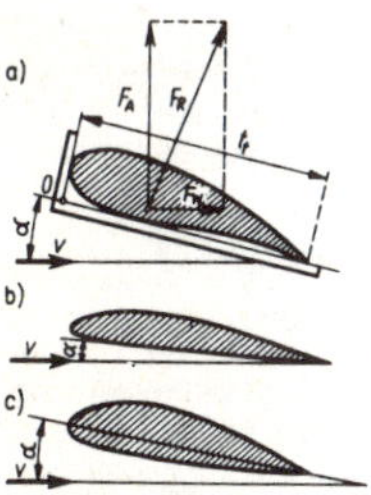

Bild 33. Anstellwinkel α eines Tragflügels bei verschiedener Wölbung der Unterseite
a) konkave, b) ebene, c) konvexe Unterseite

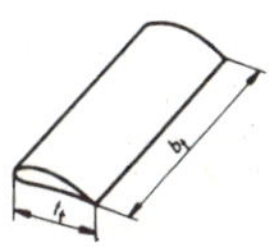

Bild 34. Tragflügeltiefe t_t und -breite b_t

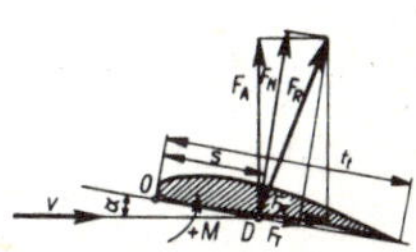

Bild 35. Kräfte am Tragflügel: Zerlegung der resultierenden Luftkraft F_R in Auftrieb F_A und Widerstand F_W (vgl. auch Bild 32) sowie in Normalkraft F_N und Tangentialkraft F_T (nach Prandtl und Tietjens, Bd. II 3)

Die am Tragflügel angreifenden Kräfte und Momente werden, wie aus den folgenden Gleichungen hervorgeht, durch dimensionslose Koeffizienten, die *Auftriebszahl* c_a, die *Widerstandszahl* c_w und die *Momentenzahl* c_m, beschrieben:

$$F_A = c_a A_t \cdot \frac{1}{2}\varrho v^2; \quad F_W = c_w A_t \cdot \frac{1}{2}\varrho v^2; \quad M = c_m A_t \cdot \frac{1}{2}\varrho v^2 t_t$$

z. B.

F_A, F_W	M	c_a, c_w, c_m	A_t	ϱ	v	t_t
N	Nm	–	m²	kg/m³	m/s	m

[1]). (57; 58; 59)

Im allgemeinen fällt die *resultierende Luftkraft* F_R nicht mit der *Normalkraft* F_N zusammen, die auf der durch den Momentenpunkt O gehenden Bezugslinie (Flügelsehne) senkrecht steht. Ist die Normalkraft F_N die eine Komponente von F_R, so liegt die andere Komponente in Richtung der Bezugslinie und heißt die Tangentialkraft F_T (Bild 35). Hat der Angriffspunkt D der Normalkraft F_N vom Momentenpunkt O den Abstand s, so ist $M = F_N s$, wobei die Normalkraft in der Form

$$F_N = c_n A_t \cdot \frac{1}{2}\varrho v^2 \qquad (60)$$

geschrieben werden kann. Dann ist

$$s = M/F_N = t_t c_m/c_n \quad \text{oder} \quad s/t_t = c_m/c_n.$$

Durch das auf einen Tragflügel ausgeübte Moment versucht die Luftkraft den Flügel zu drehen. Der Angriffspunkt D der Luftkräfte heißt auch *Druckpunkt*. Bei den meisten Profilen ist die Lage des Druckpunktes vom Anstellwinkel abhängig, und zwar wandert D mit zunehmendem α nach vorn. Durch diese Verlagerung des Druckpunktes werden die Profile instabil. Bei negativen Anstellwinkeln verschiebt sich der Druckpunkt immer mehr ins Unendliche, wobei die Normalkraft auf Null absinkt (Bild 36).

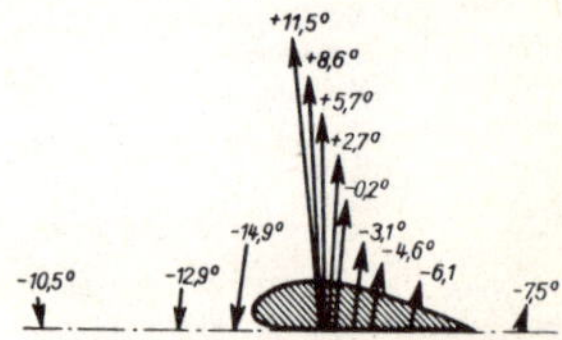

Bild 36. Größe, Lage und Richtung der Luftkraftresultierenden für das Göttinger Profil Nr. 386 bei Anstellwinkeln im Bereich von $\alpha = -14{,}9°$ bis $+14{,}5°$ (nach [8])

6.3.6.2. Strömungen um Tragflügel

6.3.6.2.1. Potentialströmung mit Zirkulation

Die um einen Tragflügel sich ausbildende Strömung (Bild 37) kann nach der *Tragflügeltheorie* als Überlagerung einer Potentialströmung (Bild 38), vgl. 6.3.2.5., mit einer Zirkulationsströmung (Bild 39), vgl. 6.4.2.4., aufgefaßt werden. Die in der Tragflügelströmung enthaltene Zirkulation ist maßgeblich für die Entstehung des Auftriebs. Die Zirkulation verstärkt an der Oberseite des Tragflügels die Potentialströmung, an der Unterseite wirkt sie ihr entgegen. Dadurch entstehen große Strömungsgeschwindigkeiten oberhalb, kleine

Bild 37. Tragflügelströmung

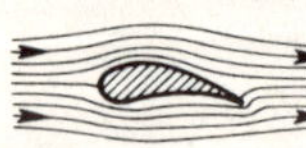

Bild 38. Potentialströmung um einen Tragflügel

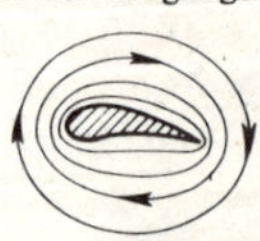

Bild 39. Zirkulationsströmung um einen Tragflügel

[1]) Werden F_A und F_W in kp bzw. M in kpm gewünscht, so ist die Beziehung 1 kp = 9,80665 N zu berücksichtigen

unterhalb des Tragflügels. Diese führen nach der Bernoullischen Gleichung, 6.3.3.2. (21, 22), zu geringen statischen Drücken über, zu großen unter dem Tragflügel. Ein bewegter Tragflügel wird infolgedessen durch die von den oberen Luftschichten herrührende Sogwirkung und die von den unteren kommende Druckwirkung einen Auftrieb erfahren. Nach der Kutta-Joukowskischen Theorie ist der entstehende Auftrieb proportional der Zirkulation Γ und durch die Gleichung

$$F'_A = \varrho v \Gamma \quad \text{z. B.} \quad \left|\frac{F'_A}{\mathrm{N/m}}\right|\frac{\varrho}{\mathrm{kg/m^3}}\left|\frac{v}{\mathrm{m/s}}\right|\frac{\Gamma}{\mathrm{m^2/s}}\right|\,^{1)} \tag{61}$$

bestimmt, wobei F'_A der Auftrieb je Längeneinheit in Richtung b_t und v die Relativgeschwindigkeit des Tragflügels gegen die Luft (Anströmgeschwindigkeit) ist. Die Sogwirkung ist wesentlich größer als die Druckwirkung.

6.3.6.2.2. Abgerissene Flügelströmung

Die sich am Tragflügel ausbildenden Strömungsformen sind in hohem Maße vom Anstellwinkel α abhängig. Für kleine Anstellwinkel liegt die Strömung überall gut am Tragflügel an. Man spricht dann von einer *anliegenden* oder *gesunden* Strömung (s. Bild 37). Der Widerstand ist gering, der Auftrieb groß. Bei einem bestimmten Anstellwinkel, dessen Größe vom Profil abhängt, reißt die Strömung ab (Bild 40). An der Oberseite des Tragflügels entsteht eine kräftige Wirbelbildung, die zu einer beträchtlichen Widerstandsvergrößerung und Auftriebsverminderung führt.

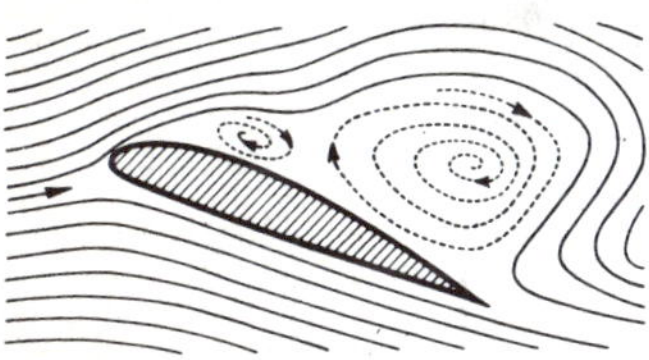

Bild 40. Abgerissene Flügelströmung

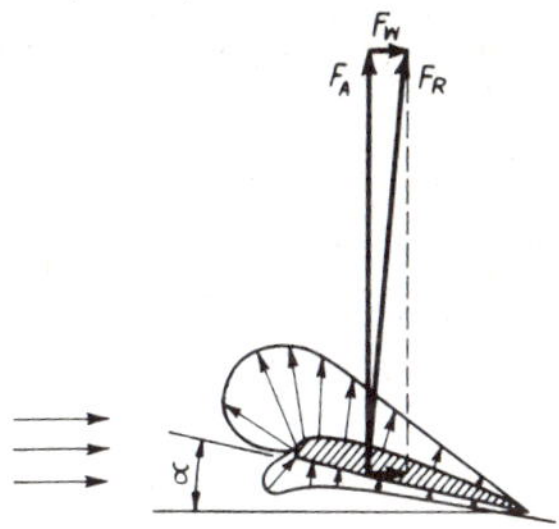

Bild 41. Druckverteilung am Tragflügel (nach Bergmann und Schaefer [4])

6.3.6.3. Druckverteilung am Tragflügel

In Bild 41 ist die Druckverteilung an einem Tragflügel für einen Anstellwinkel $\alpha = 11°$ dargestellt. *Unterdruckgebiete* gegenüber dem ungestörten Atmosphärendruck sind durch vom Tragflügel abgewandte Pfeile kenntlich gemacht. Auf den Tragflügel hin gerichtete Pfeile geben das *Überdruckgebiet* an. Auf der Oberseite entsteht also eine erhebliche Druckverminderung, durch die der Sog hervorgerufen wird. Die Druckerhöhung an der Unterseite beträgt etwa 40% der Druckverminderung an der Oberseite.

6.3.6.4. Anfahrwirbel am Tragflügel

Das in Bild 42 gezeichnete Tragflügelprofil stellt den Schnitt eines unendlich langen Tragflügels dar. Diese Betrachtungsweise hat den Vorteil, daß die Strömungsverhältnisse in allen parallelen Schnittebenen die gleichen sind (ebene Strömung 6.3.2.2.). Wird dieser

1) Wird F'_A in kp/m gewünscht, so ist die Beziehung 1 kp = 9,80665 N zu berücksichtigen

Flügel aus der Ruhe heraus in Bewegung gesetzt, so teilt sich die Stromlinie am vorderen Staupunkt *A*, die Luft umströmt die Ober- und Unterseite und vereinigt sich wieder am hinteren Staupunkt *B*. Bei Abwesenheit von Reibung hätten beide Strömungen in *B* die gleiche Geschwindigkeit. Wegen der besonders in der Grenzschicht wirksamen Reibung ist die Geschwindigkeit der oberen Strömung in *B* aber kleiner als die der unteren, weil die Oberseite länger als die Unterseite ist. In *B* bildet sich infolgedessen im Augenblick des Anfahrens eine *Diskontinuitätsfläche* (6.3.2.4.) aus. Solche Unstetigkeitsflächen zerfallen jedoch wegen ihrer Labilität sehr leicht in Einzelwirbel, vgl. Bild 5. Auf diese Weise entsteht hinter dem Tragflügel ein Wirbel, eben der *Anfahrwirbel*, mit einem bestimmten, in der Zeichnung angegebenen Umlaufsinn.

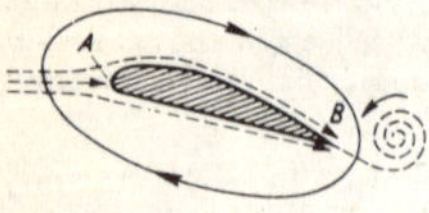

Bild 42
Anfahrwirbel am Tragflügel

Der Anfahrwirbel erzeugt um sich herum eine Zirkulationsströmung mit gleichem Drehsinn. Legt man um den Tragflügel eine geschlossene Kurve, die auch den Anfahrwirbel umschließt, so war auf ihr vor der Bewegung die Zirkulation Null. Nach dem Thomsonschen Satz muß die Zirkulation auch nach Beginn der Bewegung Null bleiben. Infolgedessen bildet sich um den Tragflügel eine Zirkulationsströmung aus, die dieselbe Stärke, aber umgekehrten Drehsinn wie im Anfahrwirbel hat. Diese in Bild 42 im Uhrzeigersinn erfolgende Zirkulation (vgl. Bild 39) bildet sich genauso allmählich aus wie der Anfahrwirbel und führt, wie gesagt, zu einer Geschwindigkeitssteigerung an der Oberseite und zu einer Geschwindigkeitsverminderung an der Unterseite des Tragflügels. Dieser Vorgang hält so lange an, bis der Geschwindigkeitssprung in B ausgeglichen ist. Wirbel und Zirkulationsströmung um den Tragflügel sind nunmehr voll ausgebildet. Der Anfahrwirbel wird von der Strömung mitgeführt, die Zirkulation um den Tragflügel bleibt erhalten.

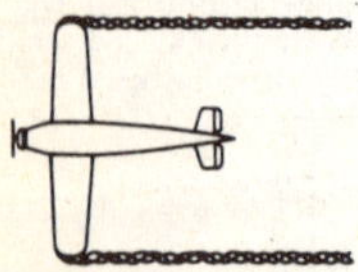
Bild 43. Von den Rändern der Tragflügel ausgehende Wirbelzöpfe

Im stationären Zustand (6.3.2.1.) fließt die Strömung an der Hinterkante glatt ab. Hieraus folgt, daß für den *unendlich* langen Tragflügel kein Druckwiderstand (6.3.5.1.2.), sondern nur der von der Zähigkeit der Luft herrührende Reibungswiderstand (6.3.5.1.1.) existiert. Für den *endlichen* Tragflügel ist infolge der dauernden Wirbelablösung an seinen Enden auch ein Druckwiderstand vorhanden. Dieser *Randwiderstand* eines endlichen Tragflügels kommt dadurch zustande, daß der Druckunterschied zwischen Ober- und Unterseite sich über den Rand auszugleichen sucht. Dadurch entstehen dort Wirbel, die von der Strömung mitgenommen werden. Man bezeichnet diese in der Bahn der Tragflügelenden liegenden Wirbellinien als *Wirbelzöpfe* (Bild 43).

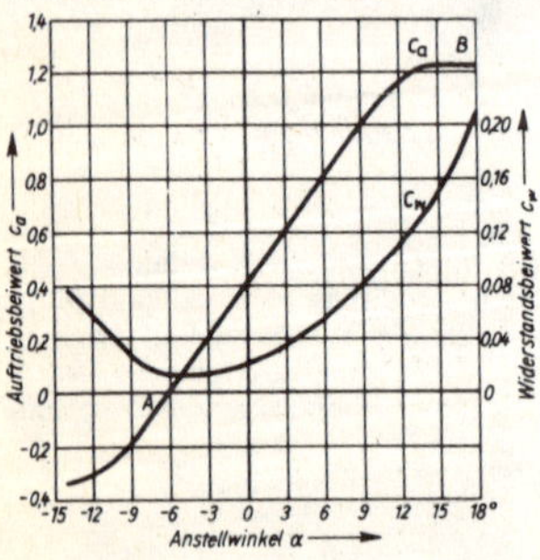

Bild 44
Auftriebsbeiwert c_a und Widerstandsbeiwert c_W des Göttinger Profils Nr. 593 als Funktion des Anstellwinkels α (nach Prandtl 7)

6.3.6.5. Polardiagramm eines Tragflügels

Die Abhängigkeit des Auftriebs- und Widerstandsbeiwertes c_a und c_w vom Anstellwinkel α für das Göttinger Profil Nr. 593 zeigt Bild 44. Der Winkelbereich zwischen *A* und *B* gibt den Bereich der anliegenden (gesunden) Tragflächenströmung wieder. Jenseits der Grenze *A* ist die Strömung an der Unterseite und jenseits B an der Oberseite des Tragflügels abgerissen.

Häufig angewandt wird die manche Vorteile bietende Darstellung von c_a als Funktion von c_w im *Polardiagramm* nach O. LILIENTHAL, Bilder 45 bis 47. Da Auftrieb und Widerstand die rechtwinkligen Komponenten der am Tragflügel angreifenden Luftkraft sind,

Bilder 45 bis 47. Kurven *1*: Polarkurven (Polaren) $c_a = f(c_w)$; Kurven *2*: $c_m = f(c_a)$; Kurven *3*: induzierter Widerstand $c_{wi} = f(c_a)$. Nach [8] „Ergebnisse der Aerodynamischen Versuchsanstalt Göttingen" 1. Lfg., 1921

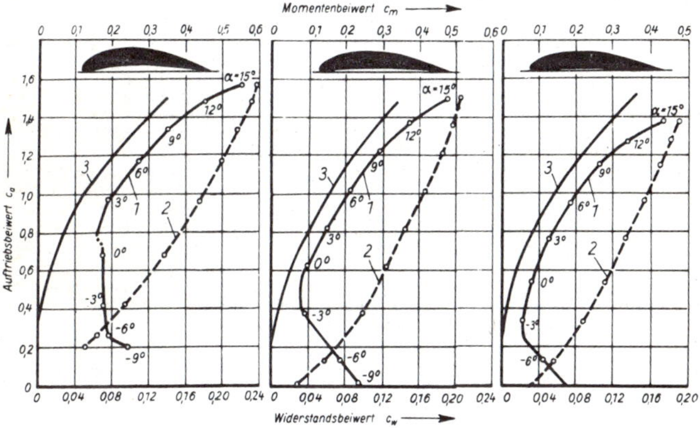

Bild 45. Tragflügel gleicher Dicke, aber verschiedener Wölbung (Göttinger Profile Nr. 448, 447, 446)

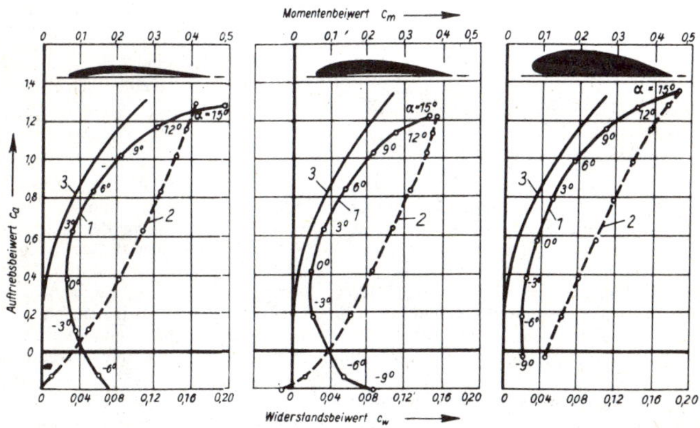

Bild 46. Tragflügel gleicher mittlerer Wölbung, aber verschiedener Dicke (Göttinger Profile Nr. 451, 450, 449)

liefert der Vektor vom Koordinatenursprung nach einem Punkte der c_a, c_w-Kurve ein Maß für die Größe und Richtung der Luftkraft. Man nennt daher eine solche Kurve, bei der die resultierende Kraft von einem Pol, hier dem Koordinatenursprung, ausgeht, auch *Polarkurve* (Polare). Die Anstellwinkel α treten hierin als Parameter auf. Der Winkel zwischen diesem Vektor und der c_a-Achse ist der Gleitwinkel, der bei den hier wiedergegebenen Polaren wegen der Maßstabsverzerrung nicht direkt abgelesen werden kann,

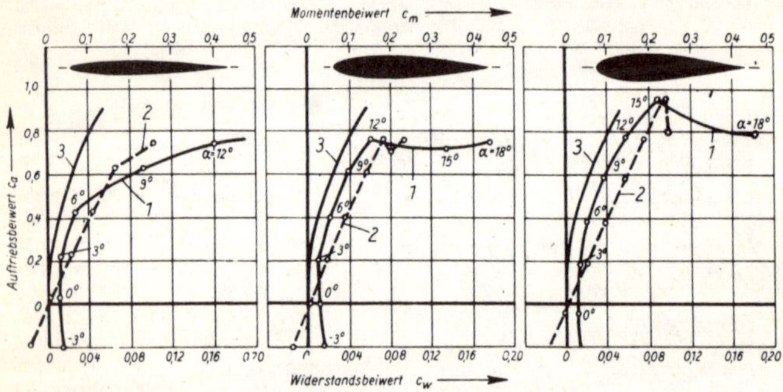

Bild 47. Symmetrische Tragflügelprofile verschiedener Dicke (Göttinger Profile Nr. 445, 409, 410)

sondern nach der Formel $\tan \varepsilon = c_w/c_a$ berechnet werden muß. Den kleinsten Gleitwinkel findet man als Tangente an die Polare. – In die Diagramme sind weiterhin eingetragen die Momentenbeiwerte c_m in Abhängigkeit von den Auftriebswerten c_a (als gestrichelte Kurven) und der induzierte Widerstand (Parabelkurve), s. 6.3.6.6. – Sämtliche Tragflügel haben ein Seitenverhältnis

$$A_t/b_t^2 = 1/5.$$

Durch *Rauhigkeiten* der Tragflügeloberfläche wird der Auftrieb herabgesetzt. So fanden Jones und Williams[1]) am symmetrischen Profil NACA 00012 bei Korngröße $k = 10\,\mu\text{m}$, Flügeltiefe $t = 20{,}3$ cm und relativer Rauhigkeit $k/t = 0{,}5 \cdot 10^{-4}$ (vgl. auch 6.3.4.2.) eine Verminderung des maximalen Auftriebs um etwa 20%. Das Profil NACA 00012 ist ähnlich dem Göttinger Profil Nr. 445, vgl. Bild 47.

6.3.6.6. Induzierter Widerstand

Beim unendlich langen Tragflügel erfährt der Luftstrom praktisch keine Ablenkung, während beim endlich langen Tragflügel Abwärtsgeschwindigkeiten entstehen, durch die die Anströmrichtung geändert wird. Bei endlich langen Tragflügeln (ohne seitliche Begrenzungsflächen) kommt zum sogenannten *Profilwiderstand* F_{W0} – das ist der Widerstand des unendlich langen Tragflügels (bzw. des Tragflügels mit seitlicher Begrenzung etwa durch die Wände des Windkanals) – ein Widerstand F_{Wi} hinzu. Dieser entsteht infolge der Beziehungen zwischen Strömungsgeschwindigkeiten und Wirbelflächen, die ähnlich denjenigen zwischen elektrischen Strömen und ihren Magnetfeldern sind. Aus diesem Grunde wird F_{Wi} *induzierter Widerstand* genannt. Dieser ist bei elliptischer Auftriebsverteilung[2]), wenn b_t

[1]) *Jones, R.*, und *D. H. Williams:* ARC-Report Nr. 1708 (1936)

[2]) Elliptische Auftriebsverteilung: $\Gamma = \Gamma_0\sqrt{1 - (4y^2/b_t^2)}$; y in Richtung der Spannweite von der Mitte des Tragflügels an gerechnet

die Spannweite des Tragflügels und F_A den Auftrieb bedeuten,

$$F_{Wi} = \frac{F_A^2}{\pi b_t^2 \cdot {}^1/_2\,\varrho v^2} \quad \text{z. B.} \quad \left|\frac{F_{Wi}, F_A}{\text{N}}\middle|\frac{b_t}{\text{m}}\middle|\frac{\varrho}{\text{kg/m}^3}\middle|\frac{v}{\text{m/s}}\right|. \tag{62}$$

Der *Gesamtwiderstand* F_W des endlichen Tragflügels ist also

$$F_W = F_{W0} + F_{Wi}.$$

Mit

$$F_A = c_a \cdot \frac{1}{2}\,\varrho v^2 A_t \quad \text{und} \quad F_{Wi} = c_{wi} \cdot \frac{1}{2}\,\varrho v^2 A_t$$

ergibt sich

$$c_{wi} = \frac{c_a^2 A_t}{\pi b_t^2} \quad \text{oder} \quad c_w = c_{w0} + \frac{c_a^2 A_t}{\pi b_t^2}. \tag{63; 64}$$

c_{w0} Profilwiderstandszahl.

Diese Formeln können zur Berechnung des Widerstandsbeiwertes eines endlichen Tragflügels aus dem des unendlich langen dienen.
Zeichnet man in ein Polardiagramm, wie in den Bildern 45 bis 47 geschehen, noch die Parabel des induzierten Widerstandes ein (Kurven *3*), so erhält man aus dem horizontalen Abstand zwischen Parabel *3* und Polarkurve *1* den Profilwiderstand.
Bei rechteckigen Flügeln ist das *Seitenverhältnis* „Flügeltiefe : Flügelbreite" gleich t_t/b_t, und bei nichtrechteckigen Flügeln wird hierfür „Flügelfläche : Quadrat der Flügelbreite" gleich A_t/b_t^2 gesetzt. Soll beim Übergang vom unendlich langen Tragflügel (ebenes Problem) zum endlichen Tragflügel (räumliches Problem) ein gleich großer Auftrieb erzielt werden, so muß der Anstellwinkel um $\Delta\alpha$ vergrößert werden, wobei $\Delta\alpha = 57{,}3° \cdot c_a A_t/\pi b_t^2$ ist. Sind von einem Tragflügelprofil mit dem Seitenverhältnis A_{t1}/b_{t1}^2 Auftrieb, Widerstand und Anstellwinkel bekannt, so kann man die entsprechenden Werte für einen anderen Flügel von gleichem Profil, also gleichem c_a-Wert, mit dem Seitenverhältnis A_{t2}/b_{t2}^2 durch die folgenden Gleichungen berechnen:

$$c_{w2} = c_{w1} + \frac{c_a^2}{\pi}\left(\frac{A_{t2}}{b_{t2}^2} - \frac{A_{t1}}{b_{t1}^2}\right); \quad \alpha_2 = \alpha_1 + 57{,}3° \cdot \frac{c_a}{\pi}\left(\frac{A_{t2}}{b_{t2}^2} - \frac{A_{t1}}{b_{t1}^2}\right). \tag{65; 66}$$

6.3.6.7. Kräfte am Tragflügel

Bei horizontalem Flug wirkt am Tragflügel eines Flugzeugs erstens in Flugrichtung die *Zugkraft* F_Z des Propellers, Bild 48a. Zweitens greift unter einem gewissen Winkel die *Luftkraft* F_R an, deren senkrechte Komponenten der Auftrieb F_A und der in der Fluglinie

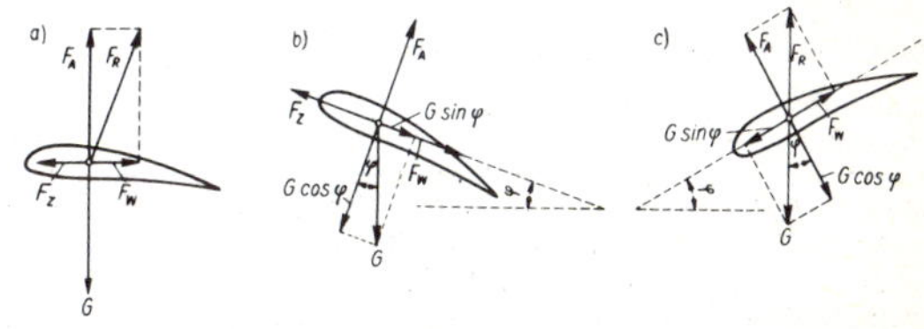

Bild 48. Kräfteverteilung am Tragflügel bei verschiedenen Flugrichtungen (nach Bergmann und Schaefer 9)
a) Horizontalflug; b) Steigflug; c) Gleitflug

nach hinten weisende *Widerstand* F_W sind. Drittens wirkt senkrecht nach unten das im Schwerpunkt angreifende Gewicht G des Flugzeugs. Gleichgewicht kann nur dann bestehen, wenn die Summe sämtlicher Kräfte sowie das resultierende Drehmoment in bezug auf den Schwerpunkt Null sind, d. h., wenn Zugkraft, Luftkraft und Gewicht durch denselben Punkt gehen. Hieraus folgt, daß Auftrieb = Gewicht ($F_A = G$) und Widerstand = Zugkraft ($F_W = F_Z$) sind. Dann ist, vgl. 6.3.6.1. (55), $F_W/F_A = F_Z/G = \tan\varepsilon$ oder $F_Z = G\tan\varepsilon$.

Je kleiner die Gleitzahl $\tan \varepsilon$ ist, um so wirtschaftlich günstiger ist das betreffende Flugzeug. Wenn ein Flugzeug unter dem Winkel φ ***steigt***, wirkt der Zugkraft außer dem Widerstand noch die Komponente $G \sin \varphi$ des Gewichts entgegen. Es gilt also $F_A = G \cos \varphi$ und $F_Z = F_W + G \sin \varphi$ (Bild 48b).
Bei abgestelltem Motor ($F_Z = 0$) führt das Flugzeug einen *Gleitflug* aus, wobei $F_A = G \cos \varphi$ und (aus $F_Z = F_W + G \sin \varphi$) $F_W = -G \sin \varphi$, also $F_W/F_A = -\tan \varphi$ oder $\varphi = -\varepsilon$ sind (Bild 48c). Je kleiner der Gleitwinkel ist, um so größere Strecken kann das Flugzeug bis zur Landung durchfliegen.

6.3.6.8. Spaltflügel

Bei Überziehen des Flugzeugs (zu große Anstellwinkel), das bei Steilflügen eintreten kann, löst sich infolge des großen Anstellwinkels die Strömung von der Oberseite des Tragflügels ab. Diese den *aerodynamischen Gütegrad* F_A/F_W des Tragflügels stark vermindernde, abgerissene Strömung, vgl. auch Bild 40, läßt sich weitgehend vermeiden, wenn man einen sogenannten *Spaltflügel* (nach LACHMANN) verwendet (Bild 49). Der Spalt hat eine ähnliche Wirkung wie die Absaugung der Grenzschicht in einem sich erweiternden Rohr (6.3.4.6.1.),

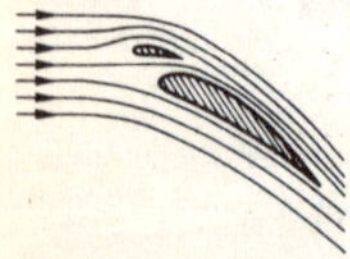

Bild 49. Stromlinienbild eines Spaltflügels (nach Lachmann in Bergmann und Schaefer 9)

Bild 50. Tragflügel mit Spreizklappe (nach Prandtl 1)

Bild 51. Tragflügel mit Spaltklappe und Vorflügel (nach Prandtl 1)

indem er der Strömung an der Oberseite des Tragflügels genügend Energie zuführt, um sie wieder zum Anliegen zu bringen. Während der Lachmannsche Spaltflügel nur *einen* Spalt aufweist, besteht der Handley-Page-Spaltflügel aus acht Einzelteilen mit sieben Spalten, verteilt über die gesamte Tragflügeltiefe.
Um die Start- und Landegeschwindigkeit möglichst klein zu halten, werden verschiedene Arten von Landehilfen angewandt. Bewährt hat sich die *Spreizklappe*, bei der die Flügeloberseite unverändert bleibt (Bild 50). In dem zwischen Spreizklappe und Tragflügel gebildeten Raum entsteht ein starker Unterdruck, der auf die Sogseite übergreift und dadurch eine Auftriebserhöhung herbeiführt. Bei der *Spaltklappe* wird eine auftriebserhöhende Wirkung in ähnlicher Weise wie beim Lachmannschen oder Handley-Page-Spaltflügel erzielt. – Schließlich kombiniert man Landeklappe (Spaltklappe) mit Vorflügel (Bild 51).

6.3.6.9. Propeller

Die Querschnittsflächen einer Luftschraube (Bild 52a) und zweier Schiffspropeller (Bilder 52b und c) lassen eine gewisse Ähnlichkeit mit Tragflügelprofilen erkennen. Allerdings können die Ergebnisse der Tragflügeltheorie nur auf langsam laufende, d. h. schwach belastete Propeller übertragen werden.
Eine Luftschraube möge sich mit der Geschwindigkeit v von rechts nach links bewegen. Die Strömungsverhältnisse sind die gleichen, wenn man sich, wie in Bild 53 gezeigt, die Luftschraube feststehend und dafür das umgebende unbegrenzte Medium mit der gleichen Geschwindigkeit v, aber von links nach rechts, bewegt denkt; dies drücken die Pfeile links im Bild aus. Führt die Schraube nicht nur eine Translation, sondern auch eine Rotation aus, so wird der von ihr erfaßte Teil des Mediums beschleunigt und erhält die Geschwindigkeit $v + w$. Gleichzeitig tritt eine in der Zeichnung angedeutete Strahlkontraktion auf.

Ist p' der Druck unmittelbar vor, p'' der Druck unmittelbar hinter der Schraube, wobei p' kleiner und p'' größer als der Druck p_0 des ungestörten Mediums sind, so gilt

$$p_0 + \frac{1}{2}\varrho v^2 = p' + \frac{1}{2}\varrho v'^2 \tag{67a}$$

und

$$p_0 + \frac{1}{2}\varrho (v + w)^2 = p'' + \frac{1}{2}\varrho v'^2, \tag{67b}$$

wobei v' die Geschwindigkeit vor und hinter der Schraube ist, die wegen der Kontinuität gleich sein muß. Dann ergibt sich für den Drucksprung an der Schraube

$$\Delta p = p'' - p' = \varrho w(v + w/2). \tag{68}$$

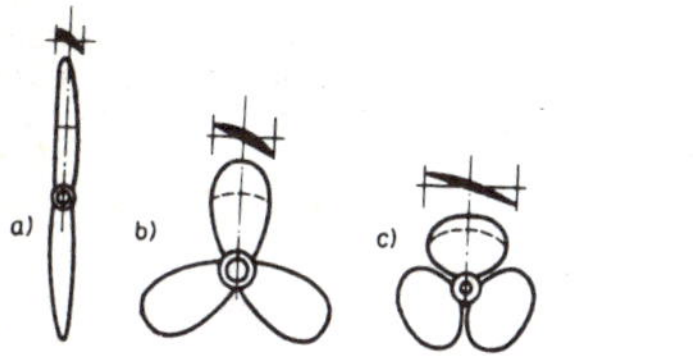

Bild 52. Propeller für verschiedene Zwecke (nach Prandtl 1)

a) Luftschraube; b) langsam laufender Schiffspropeller; c) schnell laufender Schiffspropeller

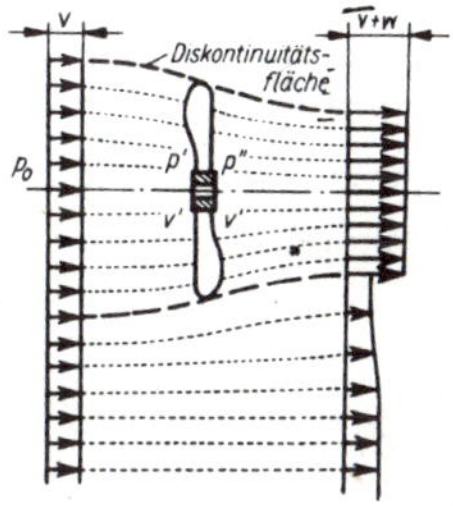

Bild 53. Beschleunigung eines Luftstrahls durch einen Propeller

Ist A_s die Schraubenkreisfläche und $v + w/2 = v'$ die mittlere Geschwindigkeit in der Schraubenebene, so ist der Schraubenschub S durch die Gleichung bestimmt:

$$S = A_s \Delta p = A_s \varrho w(v + w/2). \tag{69}$$

Mit $P = Sv'$ als Pumpleistung und $P_0 = Sv$ als Nutzleistung ergibt sich der Wirkungsgrad der Schraube:

$$\eta_s = \frac{P_0}{P} = \frac{Sv}{Sv'} = \frac{v}{v + w/2} = \frac{v}{v'}. \tag{70}$$

6.3.6.10. Thermischer Auftrieb

Je nach der Stärke des Aufwindes kann ein Segelflugzeug langsam herabgleiten, gleiche Höhe behalten oder steigen. Aufwinde treten besonders an Berghängen (Hangaufwind) oder über Feldern und Städten durch die Sonneneinstrahlung (Thermik) auf. Sie sind oft an der Kumulusbildung zu erkennen. Durch Fliegen von Schleifen und durch Kehren in einem solchen thermischen Aufwindschlauch gelingt es dem Segelflieger, beträchtliche Höhen zu gewinnen (Bild 54). Nach Erlangen der maximalen Höhe muß er versuchen, durch einen Gleitflug die nächste Thermik zu erreichen. Flugzeiten von 36 Stunden, Höhen über 4000 m und Entfernungen von 500 km sind erzielt worden.

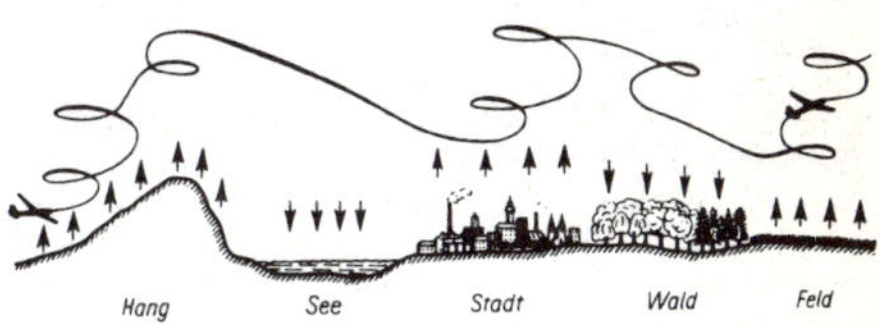

Bild 54. Segelflug unter Ausnutzung der Thermik

6.4. Gasdynamik

Die Drücke sind in Übereinstimmung mit den Abschnitten 6.2. und 6.3. (s. dortige Vorbemerkungen) in N/m^2 ausgedrückt. Für die Umrechnung in kp/cm^2 gilt 6.3.4. (S. 29).

6.4.1. Die wichtigsten Formelzeichen zur Gasdynamik

$$\left(1\ \mathrm{N} = 1\ \mathrm{kg\,m/s^2} = \frac{1}{9{,}80665}\ \mathrm{kp}\right)$$

Formelzeichen	Größe	Verwendete Einheiten
A	Querschnitt der Düse am Strahlaustritt (6.4.4.)	m^2
A'	engster Querschnitt der Düse (6.3.4.)	m^2
c	Schallgeschwindigkeit	m/s
F_W	Widerstand (6.4.4.2.)	N; kp
g	Erdbeschleunigung; $g_n = 9{,}81\ m/s^2$	m/s^2
h	Ortshöhe, Lagenhöhe; $gh\ m^2/s^2$ Geschwindigkeitshöhe (6.4.2.)	m
M	relative Molekülmasse	–
Ma	Machsche Zahl; $Ma = v/c$ (6.4.4.)	–
p	Druck im strömenden Gas (6.4.2.)	N/m^2; kp/m^2
p_0	Druck im ruhenden Gas (6.4.2.)	N/m^2; kp/m^2
p_n	Normdruck (bei 760 Torr und 0 °C) (6.4.3.)	N/m^2; kp/m^2
p'	Druck im engsten Düsenquerschnitt A' (6.4.3.)	N/m^2; kp/m^2
R	Gaskonstante (6.4.3.)	Nm/mol grd
T	absolute Temperatur im strömenden Gas (6.4.3.)	°K
T_0	absolute Temperatur im ruhenden Gas (6.4.3.)	°K
T'	absolute Temperatur im engsten Düsenquerschnitt (6.4.3.)	°K
t	Temperatur allgemein (6.4.3.)	°C
V_{sp}	spezifisches Volumen; $V_{sp} = 1/\varrho$ (6.4.2.)	m^3/kg
v	Strömungsgeschwindigkeit; insbesondere Überschallgeschwindigkeit (6.4.2., 6.4.4.)	m/s
W_R	Reibungsarbeit je Masseneinheit (6.4.2.)	Nm/kg; kpm/kg
α	räumlicher Ausdehnungskoeffizient (6.4.3.)	1/grd
α_M	Machscher Winkel (6.4.4.)	°
ϱ	Dichte im strömenden Gas (6.4.2.)	kg/m^3
ϱ_0	Dichte im ruhenden Gas (6.4.2.)	kg/m^3
ϱ_n	Dichte bei Normdruck p_n (6.4.3.)	kg/m^3

6.4.2. Bernoullische Gleichung für kompressible Medien

Strömen Gase unter großen Druckunterschieden oder mit sehr großen Geschwindigkeiten, so treten Volumenänderungen bzw. Dichteänderungen auf, die nicht mehr unberücksichtigt bleiben können. Gegenüber den Strömungen mit konstanter Dichte treten dabei oft andersartige Erscheinungen auf.

Alle Zustandsgrößen, die sich auf das ruhende Gas beziehen (etwa in einem Druckkessel), sollen den Index 0 erhalten.

Die Bernoullische Gleichung (stationäre Strömung, Vernachlässigung der Schwere) erhält wegen der veränderlichen Dichte für reibungsfreie Strömung die Form[1])

$$\frac{v^2}{2} + \int_{p_0}^{p} \frac{dp}{\varrho} = \text{konst} \qquad \left|\frac{v}{\mathrm{m/s}}\middle|\frac{p}{\mathrm{N/m^2}}\middle|\frac{\varrho}{\mathrm{kg/m^3}}\right|, \tag{71}$$

[1]) Bernoullische Gleichung für inkompressible Strömung s. S. 26

die aus (22) durch Division mit ϱ hervorgeht. Durch Integration geht (71) bei adiabatischen Zustandsänderungen über in

$$\frac{v^2}{2} + \frac{\varkappa}{\varkappa - 1} p V_{sp} = \text{konst} \qquad \left|\frac{v}{\text{m/s}}\right|\frac{\varkappa}{-}\left|\frac{p}{\text{N/m}^2}\right|\frac{V_{sp}}{\text{m}^3/\text{kg}}\right|. \tag{72}$$

$V_{sp} = 1/\varrho$ spezifisches Volumen; $\varkappa = c_p/c_v$ Verhältnis der spezifischen Wärmen.

Beim *Ausströmen aus einem Druckkessel* beträgt die Geschwindigkeit

$$*v = \sqrt{19{,}6133 \frac{\varkappa}{\varkappa - 1} \cdot \frac{p}{\varrho}\left[\left(\frac{p_0}{p}\right)^{(\varkappa-1)/\varkappa} - 1\right]}$$

$$= \sqrt{2 \frac{\varkappa}{\varkappa - 1} \cdot \frac{p_0}{\varrho_0}\left[1 - \left(\frac{p}{p_0}\right)^{(\varkappa-1)/\varkappa}\right]} \qquad \left|\frac{v}{\text{m/s}}\right|\frac{\varkappa}{-}\left|\frac{p}{\text{N/m}^2}\right|\frac{\varrho}{\text{kg/m}^3}\right|. \tag{73}$$

Beim *Ausströmen ins Vakuum* entsteht die maximale Geschwindigkeit

$$*v_{max} = \sqrt{19{,}6133 \frac{\varkappa}{\varkappa - 1} \cdot \frac{p_0}{\varrho_0}} \qquad \left|\frac{v}{\text{m/s}}\right|\frac{\varkappa}{-}\left|\frac{p}{\text{N/m}^2}\right|\frac{\varrho}{\text{kg/m}^3}\right| \tag{74}$$

Bei einer Temperatur von 15 °C ($\varkappa = 1{,}402$; gemäß Tabelle 2; $\varrho_0 = 1{,}22$ kg/m³) und einem Kesseldruck $p_0 = 1$ at $= 10^4$ kp/m² ist $v_{max} = 757$ m/s.
Für *Bewegungen mit Reibungswiderstand* lautet die Bernoullische Gleichung

$$\frac{v^2}{2} + \int \frac{\mathrm{d}p}{\varrho} + W_R = \text{konst}. \tag{75}$$

W_R ist die Reibungsarbeit je Masseneinheit zwischen den Integrationsgrenzen (vom Anfangsquerschnitt, etwa von der Düse im Druckkessel, bis zu dem betrachteten Querschnitt der Gasströmung).

6.4.3. Schallgeschwindigkeit

Druckstörungen breiten sich in einem Medium mit der Schallgeschwindigkeit aus. Allgemein gilt:

$$c = \sqrt{\mathrm{d}p/\mathrm{d}\varrho}. \tag{76}$$

Daraus ergibt sich für *adiabatische Vorgänge* die Laplacesche Formel

$$c = \sqrt{\varkappa p/\varrho}. \tag{77}$$

Hieraus läßt sich nach Einführen der Gaskonstante R in Nm/mol grd folgender Ausdruck entwickeln:

$$c = \sqrt{RT\varkappa} = \sqrt{\frac{2\varkappa}{\varkappa + 1} RT_0} = \sqrt{\frac{2\varkappa}{\varkappa + 1} \cdot \frac{p_0}{\varrho_0}},$$

$$\text{z. B.} \quad \left|\frac{c}{\text{m/s}}\right|\frac{R}{\text{Nm/mol grd}}\left|\frac{T}{{}^\circ\text{K}}\right|\frac{\varkappa}{-}\left|\frac{p}{\text{N/m}^2}\right|\frac{\varrho}{\text{kg/m}^3}\right|. \tag{78}$$

Ist ϱ_n die Dichte beim Normaldruck p_n und 0 °C, so ist die Schallgeschwindigkeit bei der Temperatur t in °C, wenn $\alpha = \frac{1}{273}$ grd⁻¹ der Ausdehnungskoeffizient ist,

$$c = \sqrt{\varkappa(1 + \alpha t)\, p_n/\varrho_n} \quad \text{z. B.} \quad \left|\frac{c}{\text{m/s}}\right|\frac{\varkappa}{-}\left|\frac{\alpha}{\text{grd}^{-1}}\right|\frac{t}{{}^\circ\text{C}}\left|\frac{p}{\text{N/m}^2}\right|\frac{\varrho}{\text{kg/m}^3}\right|. \tag{79}$$

Strömt ein Gas aus einem Druckkessel durch eine sich nicht erweiternde Düse, so stellt sich am Düsenende (engste Stelle) eine Strömungsgeschwindigkeit ein, die gleich der Schallgeschwindigkeit, also gemäß (78) gleich

$$c' = \sqrt{\frac{2\varkappa}{\varkappa + 1} \cdot \frac{p'}{\varrho'}} \approx 0{,}91 c_{max} \tag{80}$$

ist. c' heißt die *kritische Schallgeschwindigkeit* oder *Lavalgeschwindigkeit*. Das zugehörige kritische Druckverhältnis und das kritische Temperaturverhältnis sind

$$\frac{p'}{p_0} = \left(\frac{2}{\varkappa + 1}\right)^{\varkappa/(\varkappa - 1)} \quad \text{und} \quad \frac{T_0}{T'} = \frac{\varkappa + 1}{2}. \tag{81; 82}$$

Für Luft ist $p'/p_0 = 0{,}528$, für gesättigten Wasserdampf 0,577, für überhitzten Wasserdampf 0,546.

In einem mit der örtlichen Geschwindigkeit v strömenden Gas stellen sich unter der Voraussetzung adiabatischer Zustandsänderungen verschiedene örtliche Schallgeschwindigkeiten ein. Man kann drei Spezialfälle unterscheiden:

a) Das Gas befindet sich in Ruhe ($v = 0$); dann hat die Schallgeschwindigkeit ihren größten Wert $c = c_{max}$.

b) Im Vakuum ist mit $p = 0$ auch $c = 0$, während die Strömungsgeschwindigkeit ihr Maximum ($v = v_{max}$) erreicht.

c) Beim kritischen Druck- und Temperaturverhältnis herrscht Gleichheit zwischen Strömungs- und Schallgeschwindigkeit:

$$c = c' = c_{Laval} = c_{krit} = v.$$

6.4.4. Überschallgeschwindigkeit

Bei der Bewegung eines Körpers mit Überschallgeschwindigkeit ($v > c$) breiten sich in dem betreffenden Medium Druckstörungen langsamer aus, als sich der Körper bewegt. Das Entsprechende gilt, wenn ein ruhender Körper mit Überschallgeschwindigkeit angeblasen wird. Die Strömung läuft dann gewissermaßen vor den Druckstörungen her. Die sich hieraus für die Druckausbreitung ergebenden Konsequenzen übersieht man am schnellsten, wenn man zunächst Unterschallströmung annimmt. Die von einem Punkt der Strömung ausgehenden Druckstörungen breiten sich mit Schallgeschwindigkeit als Kugelwellen aus. Die Ausbreitung erfolgt also in allen Richtungen, allerdings in verschiedenen Richtungen mit verschiedener Geschwindigkeit. Sie ist in Strömungsrichtung größer als in entgegengesetzter Richtung. Ist die Strömungsgeschwindigkeit größer als die Schallgeschwindigkeit, so ist der sekundliche Weg v eines Gasteilchens größer als die von der Druckstörung in der Sekunde zurückgelegte Strecke c. Infolgedessen erfüllen die Kugelwellen, die von der mit Überschallgeschwindigkeit angeblasenen Störungsstelle A ausgehen, nur einen kegelförmigen Raum (Bild 55). Außerhalb des Kegels ist das Medium völlig ungestört. Den halben Öffnungswinkel des Kegels bezeichnet man als *Machschen Winkel* α_M; für ihn gilt

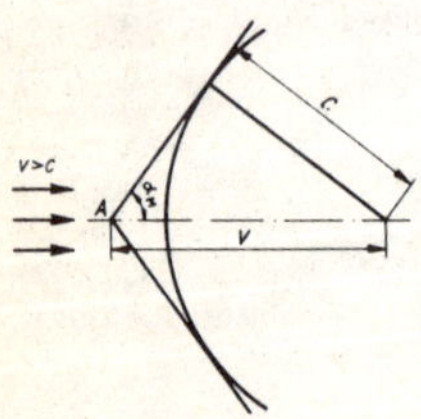

Bild 55. Machscher Winkel α_M bei Druckwellen für $v > c$

$$\sin \alpha_M = c/v. \tag{83}$$

Das reziproke Verhältnis

$$v/c = Ma \tag{84}$$

ist die *Machsche Zahl*. Die das Störungsgebiet abgrenzenden Linien (Mantellinien des Kegels) heißen *Machsche Linien*. – Bis $Ma \approx 0{,}3$ (das entspricht einer Geschwindigkeit von etwa 110 m/s unter normalen Bedingungen in Luft) können Gase wie inkompressible Flüssigkeiten behandelt werden.

Der relative Fehler des Staudruckes beträgt z. B. bei einer Geschwindigkeit von 66 m/s etwa 1%.

Jede Störung in einer Überschallströmung breitet sich unter dem Machschen Winkel aus. Außerhalb dieses Winkels liegende Gebiete bleiben von ihr unberührt.

Soll in einem unter Druck durch eine Düse strömenden Gas durch Expansion Überschallgeschwindigkeit erzeugt werden, so muß sich der Düsenquerschnitt wieder erweitern (Lavaldüse), weil bei weiterer Geschwindigkeitssteigerung die Dichte stärker abnimmt, als die Geschwindigkeit zunimmt. Für die Machsche Zahl gilt dann

$$Ma = \frac{v}{c} \sqrt{\frac{2}{\varkappa - 1} \left[\left(\frac{p_0}{p} \right)^{(\varkappa - 1)/\varkappa} - 1 \right]}. \qquad (85)$$

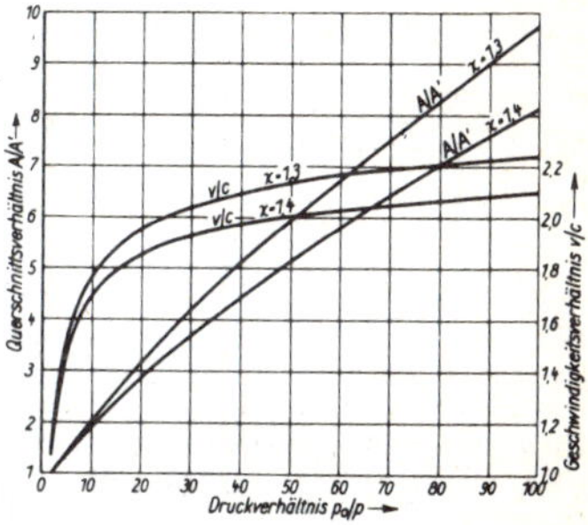

Bild 56. Querschnitts- und Geschwindigkeitsverhältnisse in einer Lavaldüse für Luft ($\varkappa = 1{,}4$) und überhitzten Wasserdampf ($\varkappa = 1{,}3$)

In Bild 56 sind für zweiatomige Gase ($\varkappa = 1{,}4$) und überhitzten Wasserdampf ($\varkappa = 1{,}3$) das Verhältnis des Austrittsquerschnittes A zum engsten Querschnitt A' einer Lavaldüse und das Verhältnis der Austrittsgeschwindigkeit v zur Geschwindigkeit c im engsten Querschnitt (Schallgeschwindigkeit) über dem Druckverhältnis p_0/p aufgetragen.

6.4.4.1. Verdichtungsstoß

Strömt ein Gas mit Überschallgeschwindigkeit, so kann plötzlich ein Umschlag in Unterschallgeschwindigkeit erfolgen, wobei die Kontinuität bewahrt wird. Dieser Vorgang tritt z. B. vor einem Staupunkt ein und wird durch einen Verdichtungsstoß hervorgerufen. Dieser breitet sich von seiner Entstehungsstelle auf einer parabolischen Wellenfront aus. Er ist begleitet von einer Erhöhung der Dichte und Temperatur. Ist v_1 die Geschwindigkeit vor dem Einsetzen des Verdichtungsstoßes, v_2 danach, so besteht zwischen ihnen bei Annahme adiabatischer Zustandsänderung die Beziehung $v_1 v_2 = c'^2$ (Bild 57), wobei c' nach (80) die kritische Schallgeschwindigkeit ist.

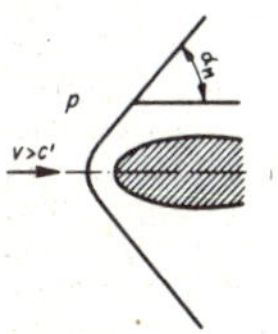

Bild 57. Zur Entstehung des Verdichtungsstoßes: Relativgeschwindigkeit v zwischen Medium (Luft) und Widerstandskörper (z. B. Rakete) innerhalb der Kurve kleiner und außerhalb größer als Schallgeschwindigkeit c

An allen Stellen einer Strömung (bis auf den engsten Querschnitt) sind bei konstanter Durchflußmenge zwei Strömungen möglich, von denen die eine Überschall-, die andere Unterschallgeschwindigkeit hat.

Für kompressible Flüssigkeiten ist am Staupunkt eines Körpers der Staudruck größer als für inkompressible Flüssigkeiten, und zwar auch für Geschwindigkeiten, die unter der Schallgeschwindigkeit liegen. Man erhält an Stelle des Staudrucks $\varrho v^2/2$ dann $\delta \varrho v^2/2$, wobei $\delta = 1{,}04$ für $v = 130$ m/s und $\delta = 1{,}28$ für Schallgeschwindigkeit ist.

Mit dem Verdichtungsstoß ist ein Energieverlust (Stoßverlust) verbunden. Der Energiebetrag pro Masseneinheit $(v_1^2 - v_2^2)/2$ in Nm/kg wird in Wärme umgewandelt, wobei nur ein Teil durch Expansion wieder in kinetische Energie zurückgewonnen wird.

6.4.4.2. Widerstand bei Überschallgeschwindigkeit

Bei der Bewegung von Körpern mit Überschallgeschwindigkeit kommt zum Flächenwiderstand (6.3.5.1.1.) und Profilwiderstand (6.3.5.1.2.) noch der vom Verdichtungsstoß hervorgerufene *Wellenwiderstand* (Schallenergie). Dieser hängt maßgeblich von der Form der Profilnase (Umgebung des vorderen Staupunktes) ab. Durch Zuspitzung wird der Wellenwiderstand verkleinert. Für alle Formen liegt das Widerstandsmaximum etwa bei $Ma = 1$, also bei Schallgeschwindigkeit (Schallmauer).

Der *Widerstand von Geschossen* wurde von v. EBERHARD, BECKER und CRANZ ermittelt und von PRANDTL 1 zusammengestellt. Bild 58 zeigt den Widerstandsbeiwert

$$c_w = \frac{F_W}{A\varrho v^2/2} \tag{86}$$

F_W Widerstand; A Geschoßquerschnitt

als Funktion der Machschen Zahl Ma.

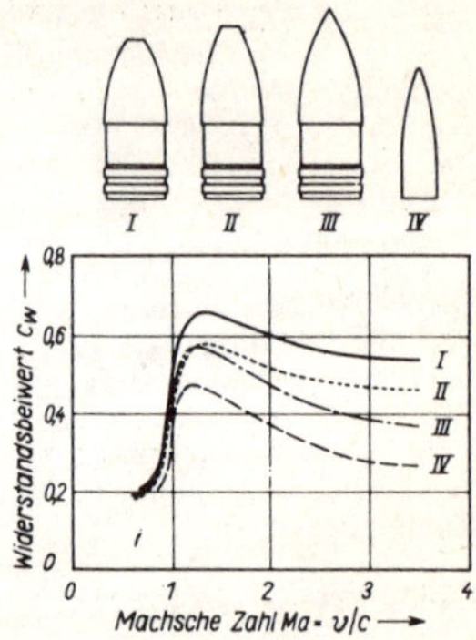

Bild 58
Widerstand von Geschossen nach einer Zusammenstellung von Prandtl [27]

7. Technische Wärmelehre

Bearbeitet von Prof. (em.) Dipl.-Ing. Werner Pohlenz, Dresden

INHALTSVERZEICHNIS

7.1. Einführung

7.1.1. Bedeutung der Wärmelehre für die Technik

Wärmelehre als physikalische Wissenschaft. Die Wärmelehre ist das Gebiet der Physik, welches alle Erscheinungen behandelt, für die die Wärmeenergie maßgebend ist. Außer den drei Grundeinheiten Länge, Masse und Zeit, mit denen die Mechanik auskommt, wird als vierte Grundeinheit die Temperatur benötigt. Die Mehrzahl aller physikalischen und chemischen Stoffeigenschaften hängt von der Temperatur ab. Unabhängig von Theorien über den inneren Aufbau der Stoffe werden nur makroskopische Erfahrungsergebnisse verwendet. Die durchzuführenden Experimente und ihre Auswertung sind allerdings schwieriger als auf anderen physikalischen Gebieten, weil es für die Wärmeenergie keine vollkommenen Isolatoren gibt. Einfache mathematische Beziehungen lassen sich oft nur durch Idealisierungen erreichen, z. B. dadurch, daß man Gase als „vollkommen" oder Zustandsänderungen als „umkehrbar" betrachtet. Die Gültigkeit derartiger Beziehungen ist dann stets begrenzt. Sehr viele Stoffeigenschaften und Vorgänge sind mathematisch kaum zu fassen und müssen in Form von Tabellen niedergelegt werden.

Technische Wärmelehre. Das Erfahrungsgut der Wärmelehre wird auf fast allen Gebieten der Technik benötigt. Für die Energieumwandlung und -wirtschaft, Verfahrenstechnik, chemische Industrie, Kälte- und Heizungstechnik sind ihre Erkenntnisse ebenso unentbehrlich wie bei der Konstruktion von Wärmekraftmaschinen, Wärmetauschern und Transformatoren. Bei der Bemessung aller Gußteile müssen die Wärmedehnungen berücksichtigt werden, um die Wärmespannungen in zulässigen Grenzen zu halten. Die experimentelle Untersuchung des Verhaltens der für die Technik besonders wichtigen Stoffe (z. B. Wasserdampf) und die Darstellung der Ergebnisse in einer für die praktischen Bedürfnisse zweckmäßigen Form – z. B. in Tabellen, Diagrammen oder als dimensionslose Größen – ist die Aufgabe der Technischen Wärmelehre, die nur in enger internationaler Zusammenarbeit gelöst werden kann.

7.1.2. Die behandelten Probleme

Die Grundbegriffe, die ersten beiden Hauptsätze und die Wärmeübertragung sind für die gesamte Technik von grundlegender Bedeutung. Bei der Thermodynamik der Gase und Dämpfe werden nur Vorgänge behandelt, bei denen keine Änderungen im molekularen Aufbau der Stoffe eintreten. Für Wärmevorgänge mit chemischen Reaktionen wird auf Kap. 8 CHEMISCHE WÄRMELEHRE verwiesen. Der Abschnitt 7.7. „Strömende Bewegung von Gasen und Dämpfen" enthält ausschließlich Strömungsvorgänge kompressibler Stoffe, die mit thermischen Vorgängen gekoppelt sind, er ist dadurch abgegrenzt gegenüber dem Kap. 6 MECHANIK DER FLÜSSIGKEITEN UND GASE, in dem thermische Vorgänge nicht besprochen werden.

7.1.3. Die wichtigsten Formelzeichen

Bei den aufgeführten Einheiten steht zuerst die kohärente Einheit des internationalen Einheitensystems (MKSA-System). Da bisher von Ingenieuren vorwiegend nichtkohärente Einheiten verwendet wurden und die Tabellen von Stoffwerten z. T. noch in den alten Einheiten vorliegen, sind diese an 2., 3. usw. Stelle angeführt.

$$\left(1\ \mathrm{Ws} \equiv 1\ \mathrm{J} \equiv 1\ \mathrm{Nm} \equiv 1\ \mathrm{kg\ m^2/s^2} = \frac{1}{9{,}80665}\ \mathrm{kpm} = \frac{1}{4186{,}8}\ \mathrm{kcal}\right)$$

$(1\ \mathrm{J/kg} \equiv 1\ \mathrm{m^2/s^2})$

Formelzeichen	Größe	Einheiten
A	Querschnitt (7.7.1.)	$\mathrm{m^2}$
A_1	Kleinstquerschnitt einer erweiterten Düse (7.7.2.1.)	$\mathrm{m^2}$
A_{Stgr}	Absorptionszahl des grauen Körpers (7.8.6.1.)	–
a	Temperaturleitzahl (7.8.3.1.)	$\mathrm{m^2/s}$; $\mathrm{m^2/h}$
b	spezifische Anergie (7.3.5.)	J/kg; kpm/kg
C_{12}	Strahlungsaustauschzahl (7.8.6.2.)	$\mathrm{W/m^2\,grd^4}$; $\mathrm{kcal/m^2\,h\,grd^4}$
C_{mol}	Molwärme (7.2.4.)	J/kmol grd; kcal/kmol grd
C_s	Strahlungszahl des absolut schwarzen Körpers (7.8.6.1.)	$\mathrm{W/m^2\,grd^4}$; $\mathrm{kcal/m^2\,h\,grd^4}$
c	spezifische Wärme (7.2.4.)	J/kg grd; kcal/kg grd
c_p	spezifische Wärme für Gas bei gleichbleibendem Druck (7.2.4.)	J/kg grd; kcal/kg grd
c_v	spezifische Wärme für Gas bei gleichbleibendem Volumen (7.2.4.)	J/kg grd; kcal/kg grd
e	spezifische Exergie (7.3.5.)	J/kg, kpm/kg
Gr	Grashof-Zahl (7.8.3.1.)	–
g	Fallbeschleunigung (7.2.2.; 7.3.1.2.)	$\mathrm{m/s^2}$
g_n	Normwert der Fallbeschleunigung (7.2.2.)	$\mathrm{m/s^2}$
$h_A - h_E$	Höhenunterschied zwischen Aus- und Eintrittsstelle (7.3.1.2.)	m
I	Enthalpie (7.3.1.2.)	J; kcal
i	spezifische Enthalpie (7.3.1.2.)	J/kg; kcal/kg
k	Wärmedurchgangszahl für ebene Wand (7.8.5.1.)	$\mathrm{W/m^2\,grd}$; $\mathrm{kcal/m^2\,h\,grd}$
k_R	Wärmedurchgangszahl für 1 m Rohrlänge (7.8.5.1.)	W/m grd; kcal/m h grd
l	Rohrlänge (7.8.2.3.)	m
M	Kilomolmasse (7.2.2.)	kg/kmol
m	Masse (7.2.2.)	kg
m_h	Massenteil des Gases h im Gasgemisch (7.4.6.)	–
$\dot{m}$	Massestrom (7.3.5.; 7.7.1.)	kg/s
N	Molzahl einer beliebigen Stoffmenge (7.2.2.)	kmol
Nu	Nußelt-Zahl (7.8.3.1.)	–
n	Polytropenexponent (7.4.3.5.)	–

Formelzeichen	Größe	Einheiten
n_h	Molteil des Gases h im Gasgemisch (7.4.6.)	–
P_Q	Wärmeleistung (Wärmestrom) (7.8.2.1.)	W; kcal/s; kpm/s
(P_Q/A)	Wärmestromdichte, Heizflächenbelastung (7.8.2.1.; 7.8.4.2.)	W/m^2; $kcal/m^2h$
$(P_Q/\Delta t)$	Wasserwert (7.8.5.2.)	W/grd; kcal/s grd
$(P_{St\,s}/A)$	ausgestrahlte Leistung je Flächeneinheit des absolut schwarzen Körpers (7.8.6.1.)	W/m^2; kcal/h m^2
Pe	Péclet-Zahl (7.8.3.1.)	–
Pr	Prandtl-Zahl (7.8.3.1.)	–
p	Druck (7.2.2.)	N/m^2; kp/m^2; at; kp/cm^2; Torr; bar
p_0	Bezugsdruck (7.3.1.)	N/m^2; kp/m^2; at; kp/cm^2; Torr; bar
p_k	kritischer Druck (7.2.5.)	N/m^2; kp/m^2; at; kp/cm^2; bar
$p_{m\,th}$	mittlerer Kolbendruck der vollkommenen Maschine (7.4.4.)	N/m^2; kp/m^2; at; kp/cm^2; bar
p_s	Sättigungsdruck des Wasserdampfs (7.6.3.)	N/m^2; kp/m^2; at; kp/cm^2; Torr; bar
p_u	äußerer Luftdruck (7.2.2.); allgemein: äußerer Druck auf eine Flüssigkeitsoberfläche (7.3.1.1.)	N/m^2; kp/m^2; at; kp/cm^2; Torr; bar
p_l/p_E	kritisches oder Laval-Druckverhältnis (7.7.2.1.)	–
Q	Wärmemenge (7.3.1.1.)	J; kcal; kpm
q	Wärmemenge je Kilogramm des Arbeitsstoffs (7.3.1.1.)	J/kg; kcal/kg; kpm/kg
q_0	abgeführte Wärmemenge bei rechtsläufigem Kreisprozeß in vollkommener Maschine (7.3.2.)	J/kg; kcal/kg; kpm/kg
q_a	abgeführte Wärmemenge bei rechtsläufigem Kreisprozeß in ausgeführter Maschine (7.3.2.)	J/kg; kcal/kg; kpm/kg
q_T	isotherm zugeführte Wärmemenge je Kilogramm des Arbeitsstoffs (7.3.3.)	J/kg; kcal/kg; kpm/kg
$\mathfrak{R}$	allgemeine Gaskonstante (7.4.1.)	J/kmol grd; kpm/kmol grd; kcal/kmol grd
R	Gaskonstante (7.4.1.)	J/kg grd; kpm/kg grd; kcal/kg grd
Re	Reynolds-Zahl (7.8.3.1.)	–
r	spezifische Verdampfungswärme (7.2.5.)	J/kg; kcal/kg
r_h	Raumteil des Gases h im Gasgemisch (7.4.6.)	–
S	Entropie (7.3.3.)	J/grd; kcal/grd
s	spezifische Entropie (7.3.3.)	J/kg grd; kcal/kg grd
T	absolute Temperatur (7.2.1.)	°K
T_0	Bezugstemperatur (7.3.1.)	°K
T_k	absolute Temperatur im kritischen Punkt (7.5.1.)	°K
T_u	Umgebungstemperatur (7.3.2.)	°K
t	vom Eispunkt aus gezählte Temperatur (7.2.1.)	°C
t_k	Temperatur im kritischen Punkt (7.2.5.)	°C
U	innere Energie (7.3.1.)	J; kcal
u	spezifische innere Energie (7.3.1.)	J/kg; kcal/kg
V	Volumen einer Stoffmenge (7.2.3.)	m^3
V_0	Volumen beim Bezugszustand (7.2.3.)	m^3
V_{mol}	Molvolumen (7.2.3.)	m^3/kmol
V_n	Volumen beim Normzustand (7.2.2.)	m^3
$V_{n\,mol}$	Volumen von 1 kmol beim Normzustand (7.2.2.)	m^3/kmol
$\dot{V}$	Volumenstrom (7.7.1.)	m^3/s
v	spezifisches Volumen (7.2.3.)	m^3/kg
v_a	äußere Strömungsgeschwindigkeit (7.3.1.2.; 7.4.5.; 7.7.1.)	m/s

Formelzeichen	Größe	Einheiten
v_k	spezifisches Volumen im kritischen Punkt (7.2.5.)	m^3/kg
v_{Sch}	Schallgeschwindigkeit (7.7.2.1.)	m/s
W_{12}	Raumänderungsarbeit (7.3.1.1.)	J; kpm; kcal
W_i	Innenarbeit (7.4.3.3.)	J; kpm; kcal
W_{Kr}	Kreisprozeßarbeit (7.3.2.)	J; kpm; kcal
W_s	isentrope Arbeit (7.4.3.4.)	J; kpm; kcal
W_T	isotherme Arbeit (7.4.3.3.)	J; kpm; kcal
W_t	technische Arbeit (7.3.2.; 7.4.3.4.)	J; kpm; kcal
W_{th}	Kreisprozeßarbeit in vollkommener Maschine (7.3.2.)	J; kpm; kcal
W_{Vs}	Arbeitsbedarf je Kubikmeter bei isentroper Verdichtung (7.4.3.4.)	J/m^3; kpm/m^3; $kcal/m^3$
W_{VT}	Arbeitsbedarf je Kubikmeter bei isothermer Verdichtung (7.4.3.3.)	J/m^3; kpm/m^3; $kcal/m^3$
w_{12}	Raumänderungsarbeit je Kilogramm des Arbeitsstoffs (7.3.1.1.)	J/kg; kpm/kg; kcal/kg
w_{Kr}	Kreisprozeßarbeit je Kilogramm des Arbeitsstoffs (7.3.2.)	J/kg; kpm/kg; kcal/kg
w_t	technische Arbeit je Kilogramm des Arbeitsstoffs (7.3.1.2.)	J/kg; kpm/kg; kcal/kg
w_{th}	Kreisprozeßarbeit je Kilogramm in vollkommener Maschine (7.3.2.)	J/kg; kpm/kg; kcal/kg
x	dampfförmiger Mengenanteil im Naßdampf (7.6.1.)	–
x_f	Wassermenge feuchter Luft je Mengeneinheit trockener Luft (7.6.3.)	–
x_s	Wasserdampfmenge gesättigter Luft je Mengeneinheit trockener Luft (7.6.3.)	–
Z	Realgasfaktor (7.5.1.)	
α	Wärmeübergangszahl (7.8.3.1.)	W/m^2 grd; $kcal/m^2$ h grd
β	Raumausdehnungszahl (7.2.3.)	1/grd
ε	Verdichtungsverhältnis des Verbrennungsmotors (7.4.4.2.)	–
ε	Emissionsverhältnis der Gesamtstrahlung (7.8.6.1.)	–
ε'	Absorptionsverhältnis (7.8.6.3.)	–
ε_k	Leistungszahl der Wärmepumpe (7.3.2.)	–
η	dynamische Zähigkeit (7.8.3.1.)	Ns/m^2: kps/m^2
η_g	Gütegrad der Umsetzung in Strömungsenergie (7.8.3.2.)	–
η_t	thermischer Wirkungsgrad des Kraftmaschinen-Kreisprozesses (7.3.2.)	–
η_{th}	thermischer Wirkungsgrad des Kraftmaschinen-Kreisprozesses in der vollkommenen Anlage (7.3.2.)	–
ϑ	Verhältnis T/T_k (7.5.1.2.)	–
$\varkappa$	Verhältnis der spezifischen Wärmen c_p/c_v (7.2.4.)	–
λ	Wärmeleitzahl (7.8.2.1.)	W/m grd; kcal/m h grd
μ	Kontraktionszahl (7.7.2.2.)	–
ν	kinematische Zähigkeit (7.8.3.1.)	m^2/s
π	Druckverhältnis p/p_k (7.5.1.2.)	–
ϱ	Dichte (7.2.3.; 7.4.1.)	kg/m^3
ϱ_0	Dichte im Bezugszustand (7.2.2.)	kg/m^3
ϱ_d	absolute Feuchtigkeit ungesättigter Luft	kg/m^3
ϱ_k	Dichte im kritischen Punkt (7.2.5.)	kg/m^3
ϱ_n	Dichte im Normzustand (7.2.2.)	kg/m^3
ϱ_s	absolute Feuchtigkeit gesättigter Luft (7.6.3.)	kg/m^3
ϱ_v	spezifische innere Verdampfungswärme (7.6.1.)	J/kg; kcal/kg
τ	Zeit (7.8.1.)	s; h
φ	Verhältnis v/v_k (7.5.1.2.)	–
φ	Geschwindigkeitsbeiwert (7.7.2.2.)	–
φ_f	relative Feuchtigkeit (7.6.3.)	–
ψ_f	Sättigungsgrad (7.6.3.)	–
ψ_v	spezifische äußere Verdampfungswärme (7.6.1.)	J/kg; kcal/kg

Weitere Bezeichnungen sind bei ihrer Verwendung erläutert.

7.2. Grundbegriffe der Wärmelehre

7.2.1. Temperatur

Die *Temperatur* ist die Zustandsgröße für die Intensität der Wärmeenergie eines makroskopischen Körpers. Um seine Temperatur festzulegen, muß sich der Körper im inneren Wärmegleichgewicht befinden. Zwei Körper, die mit einem dritten im Wärmegleichgewicht stehen, sind auch untereinander im Gleichgewicht, d. h., sie haben dieselbe Temperatur (nullter Hauptsatz). Da sich Moleküle nicht ins Wärmegleichgewicht mit anderen Körpern bringen lassen, können ihnen keine Temperaturen zugeordnet werden.
Die international einheitliche Temperaturskala von 1927 (ergänzt 1948) ist die *Celsius-Skala,* die in Deutschland gesetzlich eingeführt ist (Reichsministerialblatt 1928, Nr. 17 und Bundesgesetzblatt 1969, Teil I, Nr. 55, S. 709—712). Bei dieser Skala sind als Festpunkte *Gleichgewichtstemperaturen* chemisch reiner Stoffe beim Druck von 760 Torr (10332,3 kp/m^2 oder 1013,25 mbar) festgelegt (Tabelle 1).

Tabelle 1. Festpunkte der Temperaturskala
Erstp. Erstarrungspunkt; Sdp. Siedepunkt; Smp. Schmelzpunkt; Sublp. Sublimationspunkt

Festpunkt	Temperatur in °C
Sdp. des Wasserstoffs	−252,780
Sdp. des Sauerstoffs[1])	−182,970
Sublp. des Kohlendioxids	− 78,53
Erstp. des Quecksilbers	− 38,87
Smp. des Eisens	0,000
Sdp. des Wassers[1])	100,000
Sdp. des Naphthalins	217,90
Sdp. des Schwefels[1])	444,60
Smp. des Antimons	630,5
Smp. des Silbers	960,8
Smp. des Goldes	1063,0
Smp. des Platins	1769
Sublp. des Kohlenstoffs	3540

[1]) Weicht der Druck etwas von 760 Torr ab, so ergeben sich folgende Siedepunkte in °C (Druck p in Torr)

• Sauerstoff: $t = -182{,}97 + 0{,}0126(p - 760) - 0{,}0000065(p - 760)^2$;
• Wasser: $t = 100{,}000 + 0{,}0367(p - 760) - 0{,}000023(p - 760)^2$;
• Schwefel: $t = 444{,}60 + 0{,}0909(p - 760) - 0{,}000048(p - 760)^2$.

Nach der Verordnung über die physikalisch-technischen Einheiten vom 31. 5. 1967 (GBl. Teil II, S. 351) ist als Grundeinheit für die Temperatur der *Grad Kelvin* (°K) festgelegt worden:

> Der *Grad Kelvin* ist der 273,16te Teil der thermodynamischen *Kelvin-Temperatur* des Tripelpunktes von reinem Wasser (Bild 1, S. 628).

Daneben ist der *Grad Celsius* (°C) weiterhin gesetzliche (kohärent gebildete) Temperatureinheit:

> Der *Grad Celsius* ist als Temperaturdifferenz gleich dem *Grad Kelvin.* Die *Celsius-Temperatur* 0 °C entspricht der *Kelvin-Temperatur* 273,15 °K.

Anm.: Der Tripelpunkt von reinem Wasser liegt also bei 273,16 °K bzw. bei +0,01 °C; vgl. 7.2.5., S. 80. Die vom absoluten Nullpunkt aus gezählte und in °K ausgedrückte *absolute Temperatur* wird mit T, die Celsius-Temperatur mit t bezeichnet. (Wird gleichzeitig ein Formelzeichen für Zeit gebraucht, so ist es üblich, entweder Celsius-Temperatur t und Zeit τ oder Celsius-Temperatur ϑ und Zeit t zu schreiben.)

Temperaturskala. Die *internationale Temperaturskala* ist so genau, wie es die Meßverfahren zur Zeit ihrer Festlegung ermöglichten, an die *thermodynamische Temperaturskala* angeschlossen. Die letztere läßt sich, unabhängig von Art und Eigenschaften der Meßmittel, aus den für das Umwandeln von Wärmeenergie in mechanische Arbeit gültigen Gesetzen ableiten. Sie stimmt überein mit den Angaben eines Gasthermometers im Grenzfall verschwindend kleinen Druckes (*ideales Gas*). Dabei ergibt sich der *absolute Nullpunkt* von −273,15 °C als nicht unterschreitbare untere Grenztemperatur. Aus der Quantentheorie ergibt sich, daß erst von Temperaturen ab, die geringfügig über 0 °K liegen, jeder Temperatur eines Körpers eine bestimmte Energie entspricht.

Temperaturbereiche. Zur Unterteilung des Temperaturbereichs dienen zwischen −261 °C und 630,5 °C Platin-Widerstandsthermometer und zwischen 630,5 °C und 1063 °C Platin-Platinrhodium-Thermoelemente. Oberhalb von 1063 °C wird die Temperatur auf optischem Wege mit Hilfe der Planckschen Strahlungsformel, s. 7.8.6.1. (100), festgelegt. Bei technischen Prozessen arbeitet man heute bis zu über 5000 °C, bei Atomumwandlungen treten Temperaturen von Millionen von Grad auf, die obere theoretische Grenztemperatur beträgt etwa 10^{13} Grad Kelvin[1]).

Andere Temperaturskalen. Im Ausland verwendet man z. T. noch die Temperaturskala nach *Fahrenheit* (Eispunkt 32 °F, Wasserdampfpunkt 212 °F), in der der absolute Nullpunkt bei −459,67 °F liegt und die absolute Temperatur in Grad Rankine (°Ra) angegeben wird. Für die Temperatur t in °C, T in °K, f in °F oder F in °Ra gelten:

$$^{*}t = T - 273{,}15 = \frac{5}{9}(f - 32) = \frac{5}{9}F - 273{,}15;$$

$$^{*}T = t + 273{,}15 = \frac{5}{9}F = \frac{5}{9}f + 255{,}37;$$

$$^{*}f = F - 459{,}67 = \frac{9}{5}t + 32 = \frac{9}{5}T - 459{,}67;$$

$$^{*}F = f + 459{,}67 = \frac{9}{5}T = \frac{9}{5}t + 491{,}67.$$

Die in Deutschland nicht mehr übliche Skala nach *Réaumur* (°R) hat den gleichen Nullpunkt wie die Celsius-Skala, aber den Siedepunkt des Wassers für 760 Torr bei 80 °R, so daß Réaumur-Angaben zur Umrechnung auf Celsius-Grade mit 1,25 zu multiplizieren sind.

Temperaturmeßregeln. Für Messungen ist DIN 16 160 Temperaturmessungen bei Abnahmeversuchen und in der Betriebsüberwachung zu beachten.

7.2.2. Mengeneinheiten, Kraft, Druck

Masse und Kraft. International wird heute in der Mechanik die Masse des Urkilogrammstücks als Grundeinheit (kg) verwendet. Die kohärente Krafteinheit – das *Newton* (1 N = 1 kg m/s²) – ist eine abgeleitete Einheit des internationalen Einheitensystems. In den deutschen Normen ist seit 29. 3. 1955 der 9,80665fache Wert als nichtkohärente Krafteinheit 1 *Kilopond* (kp) eingeführt worden, das ist die Anziehungskraft auf das Urkilogrammstück beim Normwert der Erdbeschleunigung

$$g_n = 9{,}80665\ \mathrm{m/s^2} \approx 9{,}81\ \mathrm{m/s^2}:$$

$$1\ \mathrm{kp} = 9{,}80665\ \mathrm{kg\,m/s^2} \approx 9{,}81\ \mathrm{kg\,m/s^2} = 9{,}81\ \mathrm{N}.$$

Die damit festgelegte Krafteinheit Kilopond kann in der Technik in gleicher Weise wie die Grundeinheit der Kraft (Kraftkilogramm) des nicht mehr zulässigen technischen Einheitensystems verwendet werden.

Bei chemisch einheitlichen Stoffen ist 1 Kilomol (1 kmol) als Mengeneinheit vorteilhaft. Die Kilomolmasse M ist eine Masse von so viel Kilogramm, wie die relative Molekularmasse angibt. Die Anzahl $6{,}023 \cdot 10^{26}$ der Moleküle in 1 kmol heißt *Avogadro*sche *Zahl.* Die Masse m in kg einer Stoffmenge mit der Molzahl N ist $m = NM$.

---

[1]) Die maximal erreichbare Temperatur entspricht einem Zustand, bei dem die Materie dissoziiert ist und sich mit Schallgeschwindigkeit bewegt

Flüssigkeits- und Gasmengen gibt man anschaulich durch ihr Volumen bei vereinbarten Werten von Temperatur und Druck an. Für technische Gase wird im Informationsblatt DIN 1343 als *Normzustand* 0 °C und 760 Torr verwendet. Das Volumen V_n im Normzustand ist mithin eine Mengenangabe. In DIN 1343 sind auch die in einem Kubikmeter im Normzustand (früher: Normkubikmeter) enthaltene Gasmasse, d. h. die Dichte ϱ_n im Normzustand, und das Volumen $V_{n\,mol}$ von 1 kmol beim Normzustand angegeben (auszugsweise in Tabelle 11 mit aufgenommen). Für vollkommene Gase ergibt sich – unabhängig von der Gasart – nach dem Gesetz von AVOGADRO.

$$V_{n\,mol} = 22{,}41\ \mathrm{m^3/kmol} \quad \text{(im Normzustand)}.$$

Der *Druck p* ist das Verhältnis einer auf eine Fläche wirkenden Druckkraft zur Größe dieser Fläche. Nach der kinetischen Gastheorie ist der Gasdruck zahlenmäßig gleich dem Impuls, den die je Zeiteinheit und Flächeneinheit auftreffenden Gasmoleküle abgeben. Es wird in der Wärmelehre stets mit dem Absolutdruck und nicht mit dem Druckunterschied gegenüber dem zufällig vorhandenen äußeren Luftdruck p_u gerechnet. Die kohärente Druckeinheit des internationalen Einheitensystems ist *Newton je Quadratmeter* ($\mathrm{N/m^2}$). Die Zahlenwerte in dieser Einheit werden meist unbequem groß, deshalb ist der 10^5fache Wert als Druckeinheit Bar zu bevorzugen:

$$1\ \mathrm{bar} \equiv 10^5\ \mathrm{N/m^2} \equiv 10^5\ \mathrm{kg/m\,s^2}.$$

Auch die technische Atmosphäre (at) ist als nichtkohärente Einheit des internationalen Einheitensystems zugelassen:

$$1\ \mathrm{at} \equiv 1\ \mathrm{kp/cm^2} \equiv 10^4\ \mathrm{kp/m^2} = 0{,}980665\ \mathrm{bar} \approx 0{,}981\ \mathrm{bar} = 0{,}981 \cdot 10^5\ \mathrm{N/m^2}.$$

Da die Wasserdampftafeln (Tab. 20 und 26) die technische Atmosphäre verwenden, wird sie im folgenden auch noch in allen Tabellen benutzt. Der Faktor zur Umrechnung in die kohärente Druckeinheit ($\mathrm{N/m^2}$) des internationalen Einheitensystems ist jedoch mit angegeben.

Wird ein Gasdruck bzw. Druckunterschied als vertikale Höhendifferenz l_1 der Flüssigkeitsspiegel mit einer Meßflüssigkeit mit der Dichte ϱ_1 bei der Temperatur t_1 gemessen, so rechnet man die gemessene Länge l_1 der Flüssigkeitssäule auf eine Bezugstemperatur (meist 0 °C, nur bei Wasser +4 °C) um, bei der die Länge l_0 (s. 7.2.3.) und die Dichte ϱ_0 der Meßflüssigkeit sind. Bei der Erdbeschleunigung g am Meßort gilt

$$p = g\varrho_0 l_0 \quad \text{z. B.} \quad \left|\frac{p}{\mathrm{N/m^2}}\right|\frac{g}{\mathrm{m/s^2}}\left|\frac{\varrho_0}{\mathrm{kg/m^3}}\right|\frac{l_0}{\mathrm{m}}\right|.$$

Bei der Erdbeschleunigung g_n am Meßort bezeichnet man den Druck von 1 mm Quecksilbersäule bei 0 °C ($\varrho_0 = 13595\ \mathrm{kg/m^3}$) als 1 Torr:

$$1\ \mathrm{Torr} = 9{,}80665 \cdot 13595 \cdot 0{,}001\ \mathrm{N/m^2} = 133{,}32\ \mathrm{N/m^2} = 13{,}595\ \mathrm{kp/m^2}.$$

Außerdem ist als Druckeinheit Meter Wassersäule (mWS) von 4 °C ($\varrho_0 = 1000\ \mathrm{kg/m^3}$) zugelassen:

$$1\ \mathrm{mWS} = 9{,}80665 \cdot 1000 \cdot 1\ \mathrm{N/m^2} = 9806{,}65\ \mathrm{N/m^2} = 1000\ \mathrm{kp/m^2} = 0{,}1\ \mathrm{at},$$

$$1\ \mathrm{mmWS} = 1\ \mathrm{kp/m^2} \approx 9{,}81\ \mathrm{N/m^2}.$$

7.2.3. Ausdehnung von festen Körpern, Flüssigkeiten und Gasen

Das Volumen V einer bestimmten Stoffmenge hängt stets von der Temperatur und bei Gasen auch vom Druck ab, bei festen und flüssigen Körpern dagegen kaum vom Druck, z. B. verkleinert sich das Volumen von Wasser bei 100 at Druckzunahme nur um 0,5%. Man spricht daher von der *Inkompressibilität* der Flüssigkeiten und festen Körper.

Tabelle 2. Thermische Längenänderung fester Körper $10^3 [\alpha]_0^t\, t = 10^3 (l - l)/l_0$ [‰ der Länge l_0 bei 0 °C] bei Erwärmen von 0 °C auf *t*

Stoff	*Temperatur t* in °C											
	−253	−190	−100	100	200	300	400	500	600	800	1000	1500
Aluminium	−3,72	−3,43	−2,20	2,38	4,90	7,65	10,60	13,70	17,00	–	–	–
Blei	−6,21	−5,08	–	2,90	5,93	9,33	–	–	–	–	–	–
Bronze (0,85 Cu, 0,09 Mn, 0,06 Sn)	–	−2,84	–	1,75	3,58	5,50	7,51	9,61	–	–	–	–
Gold	−2,97	−2,48	–	1,42	2,92	4,44	6,01	7,62	9,35	13,00	–	–
Grauguß	–	−1,59	–	1,04	2,21	3,49	4,90	6,44	8,09	11,76	–	–
Iridium	–	−1,07	−0,60	0,66	–	–	–	–	–	–	7,90	12,70
Jenaer Glas 16III	−1,22	−1,13	–	0,81	1,67	2,60	3,59	4,63	–	–	–	–
Jenaer Glas 59III	−0,90	−0,82	–	0,59	1,20	1,83	2,47	3,12	–	–	–	–
Kupfer	−2,97	−2,65	−1,55	1,65	3,38	5,15	7,07	9,04	11,09	–	–	–
Magnesia gesintert	–	–	–	–	2,45	3,60	4,90	6,30	7,75	10,80	13,90	22,60
Magnesium	–	−4,01	–	2,60	5,41	8,36	11,53	14,88	–	–	–	–
Manganin (0,86 Cu, 0,12 Mn, 0,02 Ni)	–	–	–	1,75	3,65	5,60	7,55	9,70	11,90	16,80	–	–
Messing (0,62 Cu, 0,38 Zn)	−3,55	−3,11	–	1,84	3,85	6,03	8,39	–	–	–	–	–
Molybdän	–	−0,79	–	0,52	1,07	1,64	2,24	–	–	–	–	–
Nickel	–	−1,89	–	1,30	2,75	4,30	5,95	7,60	9,27	12,89	16,80	–
Palladium	–	−1,93	−1,07	1,19	2,42	3,70	5,02	6,38	7,79	10,74	13,86	–
Platin	–	−1,51	−0,84	0,90	1,83	2,78	3,76	4,77	5,80	7,94	10,19	–
Platin-Iridium-Legierung (0,8 Pt, 0,2 Ir)	–	−1,43	–	0,83	1,70	2,59	3,51	4,45	5,43	7,47	9,62	15,49
Porzellan	–	−0,32	–	0,30	0,66	1,03	1,41	1,82	2,24	3,10	4,31	–
Quarzglas	+0,08	+0,02	−0,015	0,051	0,117	0,188	0,254	0,306	0,36	0,45	0,54	–
Silber	−3,74	−3,22	–	1,95	4,00	6,08	8,23	10,43	12,70	17,65	–	–
Sinterkorund	–	–	–	–	1,30	2,00	2,75	3,60	4,45	6,25	8,15	13,15
Stahl (hart)	−1,80	−1,64	–	1,17	2,45	3,83	5,31	6,91	8,60	–	–	–
Wolfram	–	−0,73	–	0,45	0,90	1,40	1,90	2,25	2,70	3,60	4,60	7,45
Zink	–	−1,85	–	1,65	–	–	–	–	–	–	–	–
Zinn	–	−4,24	–	2,67	–	–	–	–	–	–	–	–

Die an einem Längenmaßstab abgelesenen Längen stimmen nur bei *einer* Temperatur, die auf genauen Maßstäben angegeben wird (übliche Bezugstemperatur bei Längenmessungen 20 °C).

Im folgenden werden die nachstehend aufgeführten Bezeichnungen verwendet:

l	in m	Länge eines festen Körpers bei beliebiger Temperatur
l_0	in m	Länge eines festen Körpers bei Temperatur 0 °C
l_1	in m	Länge eines festen Körpers bei Temperatur t_1
l_2	in m	Länge eines festen Körpers bei Temperatur t_2
α	in 1/grd	wahre Längenausdehnungszahl eines festen Körpers
$[\alpha]_{t_1}^{t_2}$	in 1/grd	mittlere Längenausdehnungszahl eines festen Körpers zwischen t_1 und t_2
β	in 1/grd	wahre Raumausdehnungszahl
$[\beta]_{t_1}^{t_2}$	in 1/grd	mittlere Raumausdehnungszahl zwischen t_1 und t_2
γ	in 1/grd	scheinbare Raumausdehnungszahl der Flüssigkeit in Glasröhre

Feste Körper. Die *wahre Längenausdehnungszahl* α (linearer Ausdehnungskoeffizient) ist eine temperaturabhängige Stoffeigenschaft (Werte für 20 °C s. Tab. 9); deshalb rechnet man mit dem Mittelwert $[\alpha]_{t_1}^{t_2}$ zwischen den Temperaturen t_1 und t_2:

$$l_2 - l_1 = l_0 [\alpha]_{t_1}^{t_2} (t_2 - t_1) \approx l_1 [\alpha]_{t_1}^{t_2} (t_2 - t_1); \qquad [\alpha]_{t_1}^{t_2} = \frac{[\alpha]_0^{t_2} t_2 - [\alpha]_0^{t_1} t_1}{t_2 - t_1}.$$

Die Werte $10^3 [\alpha]_0^t t = 10^3 (l - l_0) l_0$ sind in Tabelle 2 angegeben.

Die *wahre Raumausdehnungszahl* β (kubischer Ausdehnungskoeffizient) ist eine temperaturabhängige Stoffeigenschaft. Bei homogenen festen Körpern gilt

$$\beta \approx 3\alpha \quad \text{bzw.} \quad [\beta]_{t_1}^{t_2} \approx 3 [\alpha]_{t_1}^{t_2},$$

weil die quadratischen und kubischen Glieder von α vernachlässigbar klein werden. Die Volumenänderung bei Änderung der Temperatur t_1 auf die Temperatur t_2 wird

$$V_2 - V_1 = V_0 [\beta]_{t_1}^{t_2} (t_2 - t_1); \qquad [\beta]_{t_1}^{t_2} = \frac{[\beta]_0^{t_2} t_2 - [\beta]_0^{t_1} t_1}{t_2 - t_1}.$$

Die Dichte $\varrho = m/V$ ist damit abhängig von der Temperatur.

Flüssigkeiten. Bei Flüssigkeiten ist β bzw. $[\beta]_{t_1}^{t_2}$ meist größer als bei festen Körpern. Die Raumausdehnungszahl β bei 20 °C für 760 Torr Druck ist Tabelle 10 zu entnehmen. In Tabelle 3a ist die Raumausdehnung von Flüssigkeiten beim Erwärmen von 0 °C auf t bei 760 Torr bzw. bei Wasser im flüssigen Sättigungszustand, d. h. bei dem zu der Temperatur gehörenden Sättigungsdruck, angegeben. Entsprechend gelten die Werte der Tabelle 3b für Quecksilber bei 20 at.

Tabelle 3a. Raumausdehnung von Flüssigkeiten $100 [\beta]_0^t t = 100(V - V_0)/V_0$ [% des Volumens V_0 bei 0 °C] beim Erwärmen von 0 °C auf t bei 760 Torr

Stoff	*Temperatur t* in °C								
	20	40	60	80	100	150	200	250	300
Äthylalkohol	2,17	4,4	6,7	–	–	–	–	–	–
Azeton	2,75	5,85	–	–	–	–	–	–	–
Benzol	2,4	5,0	7,75	10,7	–	–	–	–	–
Quecksilber	0,364	0,7285	1,0937	1,4596	1,826	2,748	3,681	4,628	5,590
Toluol	2,15	4,40	6,80	9,35	12,05	–	–	–	–
Wasser[1])	0,18	0,79	1,71	2,90	4,35	9,06	15,65	25,12	40,36

1) Werte gelten im flüssigen Sättigungszustand für Erwärmen von 4 °C auf t nach Wasserdampftafeln von Wukalowitsch 1

Tabelle 3b. Quecksilber: Raumausdehnung $100 [\beta]_0^t t = 100(V - V_0)/V_0$ [% des Volumens V_0 bei 0 °C] beim Erwärmen von 0 °C auf t bei 20 at

t in °C	300	350	400	450	500
$\frac{100(V - V_0)}{V_0}$	5,591	6,576	7,585	8,624	9,696

Bei Flüssigkeitsbarometern und -manometern, bei denen am Maßstab die Länge l_1 bei der Temperatur t abgelesen wird, ist vor dem Berechnen des Druckes p (s. 7.2.2.) zunächst die Länge l_0 zu ermitteln:

$$l_0 = l_1(1 + [\alpha_M]_0^t\, t - [\beta]_0^t\, t).$$

$[\alpha_M]_0^t$ mittlere Längenausdehnungszahl des Maßstabs;

$[\beta]_0^t$ mittlere Raumausdehnungszahl der Meßflüssigkeit.

Beispiel. An einem Barometer wird bei 40 °C eine Länge der Quecksilbersäule von $l_1 = 750$ mm abgelesen. Wie groß ist der Luftdruck p in Torr, N/m² und at? Die Längenskala ist in Jenaer Glas 16^{III} eingeritzt. Erdbeschleunigung am Meßort g = 9,81 m/s².

Aus Tabelle 2: $[\alpha_M]_0^t\, t = \frac{40}{100} \cdot 0{,}81 \cdot 10^{-3} = 3{,}24 \cdot 10^{-4}$.

Aus Tabelle 3a: $[\beta]_0^t\, t = 0{,}7285 \cdot 10^{-2}$.

$$l_0 = 750(1 + 3{,}24 \cdot 10^{-4} - 72{,}85 \cdot 10^{-4})\ \text{mm} = 744{,}8\ \text{mm};$$

$$p = 744{,}8\ \text{Torr} = 133{,}32 \cdot 744{,}8\ \text{N/m}^2 = 0{,}99297 \cdot 10^5\ \text{N/m}^2 = 13{,}595 \cdot 744{,}8\ \text{kp/m}^2$$

$$= 10126\ \text{kp/m}^2 = 1{,}01\ \text{at}.$$

Fadenkorrektur bei Flüssigkeitsthermometern. Die Thermometeranzeige stimmt, wenn die gesamte Flüssigkeit (mittlere Raumausdehnungszahl $[\beta]_0^t$) und das Glas (mittlere Längenausdehnungszahl $[\alpha_{gl}]_0^t$) die zu messende Temperatur t haben. Ragen jedoch n Grade des Flüssigkeitsfadens mit einer geringeren mittleren Temperatur t_f aus dem Meßraum heraus, so ist die angezeigte Temperatur t' um $n\gamma(t' - t_f)$ zu niedrig: $t = t' + n\gamma(t' - t_f)$. Dabei ist die scheinbare Raumausdehnungszahl γ der Flüssigkeit im Glas beim Stabthermometer, bei dem die Skala unmittelbar am Glasrohr angebracht ist, $\gamma = [\beta]_0^t - 3\,[\alpha_{gl}]_0^t$ und beim Einschlußthermometer, bei dem die Skala auf einem besonderen Milchglas mit der mittleren Längenausdehnungszahl $[\alpha_M]_0^t$ angebracht ist, $\gamma = [\beta]_0^t - 2\,[\alpha_{gl}]_0^t - [\alpha_M]_0^t$.

Beispiel. An einem Quecksilberthermometer aus Jenaer Glas 59^{III}, das bei 200 °C aus der Thermometertasche der Dampfleitung tritt, wird die Temperatur $t' = 470$ °C abgelesen. Ein zweites Thermometer, dessen Kugel sich in halber Höhe des herausragenden Fadens befindet, zeigt die mittlere Fadentemperatur $t_f = 70$ °C an.
Aus Tabelle 2 für 400 bzw. 500 °C: $10^3\,[\alpha_0^t]\, t = 2{,}47$ bzw. 3,12; für 470 °C interpoliert:

$$10^3\,[\alpha]_0^t\, t = 2{,}47 + (3{,}12 - 2{,}47) \cdot 70/100 = 2{,}915;$$

$$[\alpha_{gl}]_0^{470} = 2{,}915 \cdot 10^{-3}/470\ 1/\text{grd} = 6{,}20 \cdot 10^{-6}\ 1/\text{grd}.$$

Aus Tabelle 3b für 450 bzw. 500 °C: $10^2\,[\beta]_0^t\, t = 8{,}624$ bzw. 9,696; für 470 °C interpoliert:

$$10^2\,[\beta]_0^t\, t = 8{,}624 + (9{,}696 - 8{,}624) \cdot 20/50 = 9{,}053;$$

$$[\beta]_0^{470} = 9{,}053 \cdot 10^{-2}/470\ 1/\text{grd} = 192{,}6 \cdot 10^{-6}\ 1/\text{grd}.$$

Scheinbare Raumausdehnungszahl

$$\gamma = [\beta]_0^{470} - 3\,[\alpha_{gl}]_0^{470} = (192{,}6 \cdot 10^{-6} - 18{,}6 \cdot 10^{-6})\ 1/\text{grd} = 174{,}0 \cdot 10^{-6}\ 1/\text{grd},$$

wahre Dampftemperatur

$$t = 470\ °\text{C} + (470\ °\text{C} - 200\ °\text{C}) \cdot 1{,}74 \cdot 10^{-4}\ 1/\text{grd} \cdot (470\ °\text{C} - 70\ °\text{C}) = 488{,}8\ °\text{C}.$$

Gase. Bei Gasen läßt sich die wahre Raumausdehnungszahl nur für jeweils gleichbleibenden Druck angeben. Man schreibt als partiellen Differentialquotienten $(\partial V/\partial t)_p = V_0\beta$. Bei sehr kleinem Absolutdruck ($p \approx 0$) haben alle Gase bei 0 °C die gleiche Raumausdehnungszahl $\beta = \frac{1}{273{,}15}$ 1/grd. Es bestehen dann zwischen den einzelnen Molekülen keine Kräftewirkungen. Trifft dies auch bei höherem Druck hinreichend genau zu, z. B. für Temperaturen über 0 °C und Drücke bis 20 at bei Luft, Sauerstoff, Stickstoff, Wasserstoff und Helium, so spricht man vom *vollkommenen Gas*, für das stets bei konstantem Druck $[\beta]_0^t = \frac{1}{273,15}$ 1/grd ist und damit das Gasgesetz von GAY-LUSSAC gilt:

$$V = V_0 T/273,15\ °\mathrm{K}.$$

Das Volumen einer Gasmenge von 1 kg bezeichnet man als *spezifisches Volumen* $v = V/m$, der Kehrwert ist die *Dichte* $\varrho = 1/v = m/V$ und das Volumen von 1 kmol das *Molvolumen* V_{mol}; vgl. 7.2.2.

7.2.4. Wärmeeinheiten, wahre und mittlere spezifische Wärme

Wärmeeinheiten. Seit 1948 ist international die Wärmeeinheit unmittelbar auf die mechanische Energieeinheit zurückgeführt und dafür als kohärente Einheit des internationalen Einheitensystems das *Joule* (J), das *Newtonmeter* (Nm)[1]) bzw. die *Wattsekunde* (Ws) vereinbart

$$1\ \mathrm{Ws} \equiv 1\ \mathrm{J} \equiv 1\ \mathrm{Nm} \equiv 1\ \mathrm{kgm^2/s^2}.$$

In Deutschland benutzte man bisher als Einheit die *15-grd-Kilokalorie* (1 kcal_{15}), das ist die bei 760 Torr zum Erwärmen von 1 kg Wasser von 14,5 °C auf 15,5 °C benötigte Wärmeenergie. Bei den international abgestimmten Wasserdampftafeln wird der 1,00035fache Wert hiervon als 1 kcal_{IT} verwendet. Der geringe Unterschied zwischen der kcal_{15} und kcal_{IT} ist für technische Zwecke belanglos.
Die Internationale Tafel-Kilokalorie ist als nichtkohärente Einheit des internationalen Einheitensystems definiert:

$$1\ \mathrm{kcal} = 4,1868 \cdot 10^3\ \mathrm{J}.$$

Da die Wasserdampftafeln (Tab. 20 und 26) mit der Einheit Kilokalorie aufgestellt sind, wird sie im folgenden auch noch in allen Tabellen benutzt, jedoch ist der Faktor zum Umrechnen in die kohärente Einheit (J) des internationalen Einheitensystems mit angegeben.
In Formeln, in denen die Wärmeenergie Q vorkommt, ist die zu verwendende Maßeinheit mit angegeben, wenn die Formel nur für eine bestimmte Maßeinheit der Wärmeenergie gilt.
Spezifische Wärme fester und flüssiger Körper. Die *wahre spezifische Wärme* c in J/kg grd; kcal/kg grd ist zahlenmäßig die zum Erwärmen einer Stoffmasse von 1 kg um 1 grd bei konstantem Druck erforderliche Wärmeenergie. Dabei dürfen im Stoff keine mit Wärmetönung verbundenen physikalischen oder chemischen Vorgänge erfolgen, vgl. CHEMISCHE WÄRMELEHRE 8.2.2. Bei festen und flüssigen Körpern ist die spezifische Wärme wenig vom Druck beeinflußt, aber eine temperaturabhängige Stoffeigenschaft, die in der Nähe des absoluten Nullpunktes bei allen festen Körpern sehr klein wird.
Bei allen Metallen steigt die zum Erwärmen einer Stoffmenge von 1 kmol um 1 grd erforderliche *Molwärme* $C_{mol} = Mc$ auf fast denselben Höchstwert von 6 kcal/kmol grd (*Dulong-Petitsches Gesetz*). Die wahre spezifische Wärme c bei 20 °C von festen Körpern ist in Tabelle 9 und von Flüssigkeiten in Tabelle 10 angegeben. In Tabelle 4 ist für Flüssigkeiten die Abhängigkeit der wahren spezifischen Wärme c von der Temperatur zusammengestellt.
Man rechnet mit der *mittleren spezifischen Wärme* $[c]_{t_1}^{t_2}$ zwischen den Temperaturen t_1 und t_2:

$$[c]_{t_1}^{t_2} = \frac{[c]_0^{t_2}\, t_2 - [c]_0^{t_1}\, t_1}{t_2 - t_1}.$$

[1]) Um jede Verwechslung mit dem nicht mehr gesetzlichen Normkubikmeter ($\mathrm{Nm^3}$) auszuschließen, werden im folgenden bei Verwendung kohärenter Einheiten Energiemengen nicht in Newtonmeter (Nm), sondern nur in *Joule* (J) bzw. Wattsekunden (Ws) angegeben

Tabelle 4. Wahre spezifische Wärme c in kcal/kg grd[I]) von Flüssigkeiten bei 760 Torr in Abhängigkeit von der Temperatur t

Stoff	Temperatur t in °C				
	−100	−50	0	50	100
Äthylalkohol	0,45	0,48	0,55	0,67	–
Benzol	0,23[II])	–	–	0,43	–
Heptan	–	0,491	0,522	–	–
Methylalkohol	–	0,55	0,58	0,61	–
Quecksilber	0,030[II])	–	0,0335	–	0,0328
Schwefelkohlenstoff	0,194	–	0,238	–	–
Wasser	–	–	1,0045	0,9992[III])	1,0073

[I]) Zur Umrechnung in die kohärente Einheit des internationalen Einheitensystems (J/kg grd) sind die Zahlenwerte für die wahre spezifische Wärme mit $4{,}1868 \cdot 10^3$ zu multiplizieren
[II]) Fest
[III]) Minimum bei 34 °C mit $c = 0{,}99825$ kcal/kg grd

In Tabelle 5 sind mittlere spezifische Wärmen fester Stoffe zwischen den Temperaturen 0 °C und t bei 760 Torr zusammengestellt.

Tabelle 5. Mittlere spezifische Wärme $[c]_0^t$ in kcal/kg grd[I]) fester Stoffe zwischen 0 °C und t bei 760 Torr

Stoff	Temperatur t in °C									
	−200	−100	100	200	300	400	500	600	800	1000
Aluminium	0,164	0,194	0,217	0,223	0,228	0,232	0,237	–	–	–
Blei	0,0287	0,0297	0,0313	0,0320	0,0325	–	–	–	–	–
Chrom	0,071	0,090	0,108	–	0,116	–	–	0,125	–	0,135
Eisen (rein)	0,080	0,096	0,111	0,116	0,122	0,127	0,133	0,139	0,160	0,168
Gold	0,028	0,0301	0,0311	–	0,0316	–	–	0,0324	–	0,0336
Iridium	0,026	0,030	0,032	–	–	–	–	–	–	–
Kupfer	0,078	0,087	0,0926	–	–	0,097	–	–	0,102	–
Magnesium	0,20	0,225	0,247	–	0,260	–	0,27	–	–	–
Mangan	–	0,105	0,119	–	0,127	–	–	–	–	–
Messing 0,6 Cu, 0,4 Zn	–	0,085	0,0915	0,094	–	0,099	–	–	–	–
Molybdän	0,047	0,055	0,061	–	–	0,063	–	–	–	0,067
Nickel	0,083	0,099	0,108	0,112	0,118	0,123	0,124	0,125	0,127	0,13
Platin	0,025	0,0306	0,0321	–	–	–	0,0333	–	–	–
Quarzglas	0,112	0,143	0,183	–	0,210	–	0,228	–	–	0,251
Silber	0,0505	0,0539	0,0562	–	0,0572	–	–	0,0595	–	–
Stahl 1,3 % C, 0,1 % Mn, 0,1 % Si	–	–	0,118	–	–	0,137	–	–	0,157	–
Wismut	0,027	0,0286	0,0298	0,0304	–	–	–	–	–	–
Wolfram	0,026	0,030	0,0323	–	–	–	0,0332	–	–	0,0343
Zink	0,082	0,088	0,093	0,095	0,0979	0,100	–	–	–	–
Zinn	–	0,052	0,0549	0,056	–	–	–	–	–	–

[I]) Zur Umrechnung in die kohärente Einheit des internationalen Einheitensystems (J/kg grd) sind die Zahlenwerte für die mittlere spezifische Wärme mit $4{,}1868 \cdot 10^3$ zu multiplizieren

Spezifische Wärme von Gasen. Bei Gasen muß bei c_p, der spezifischen Wärme für *gleichbleibenden Druck*, die Höhe des Druckes mit angegeben werden, nur bei vollkommenen Gasen ist c_p unabhängig vom Meßdruck, nimmt aber – abgesehen von einatomigen Gasen –

mit wachsender Temperatur zu. Für trockene Luft von 1 at und Temperaturen zwischen 0 °C und 700 °C gilt etwa die Zahlenwertgleichung:

$$^*c_p = 0{,}241 + 4 \cdot 10^{-5} t \qquad \left| \frac{c_p}{\text{kcal/kg grd}} \right| \frac{t}{\text{°C}} \right|.$$

In Tabelle 6 ist die zum Erwärmen einer Stoffmenge von 1 kmol um 1 grd beim Druck $p \approx 0$ erforderliche *Molwärme* $C_{p\,\mathrm{mol}}$ verschiedener technischer Gase für Temperaturen zwischen 0 und 3000 °C angegeben. Tabelle 7 enthält *mittlere Molwärmen* $[C_{p\,\mathrm{mol}}]_0^t$ zwischen

Tabelle 6. Wahre Molwärme $C_{p\,\mathrm{mol}}$ in kcal/kmol grd[I]) von Gasen bei $p \approx 0$ nach Justi[II]) (ohne Dissoziation)

Temperatur t in °C	H_2	N_2	O_2	trockene Luft	CO	CO_2	SO_2	H_2O	HN_3	C_2H_2	CH_4	C_2H_4
0	6,86	6,96	7,01	6,945	6,96	8,61	9,31	7,98	8,35	10,13	8,24	10,02
100	6,96	6,98	7,14	6,995	7,00	9,69	10,17	8,10	8,975	11,76	9,40	12,42
200	6,99	7,05	7,375	7,085	7,09	10,47	10,94	8,32	9,72	12,98	10,70	14,74
300	7,01	7,16	7,61	7,235	7,23	11,23	11,53	8,56	10,47	13,71	12,15	16,73
400	7,03	7,31	7,84	7,40	7,40	11,79	12,03	8,84	11,13	14,39	13,35	18,42
500	7,06	7,47	8,02	7,565	7,57	12,25	12,38	9,12	11,93	15,01	14,60	19,90
600	7,12	7,63	8,18	7,72	7,75	12,63	12,65	9,41	12,61	15,55	15,65	21,17
700	7,20	7,78	8,31	7,86	7,90	12,945	12,86	9,72	13,24	16,04	16,60	22,30
800	7,28	7,91	8,41	7,99	8,03	13,205	13,02	10,02	13,83	16,49	17,40	23,30
900	7,38	8,03	8,51	8,10	8,145	13,415	13,15	10,30	14,38	16,90	18,23	24,17
1000	7,49	8,14	8,59	8,205	8,245	13,60	13,25	10,58	14,87	17,20	18,93	24,94
1100	7,59	8,24	8,66	8,29	8,33	13,74	13,34	10,84	15,31	–	–	–
1200	7,69	8,32	8,73	8,37	8,41	13,87	13,41	11,08	15,71	–	–	–
1300	7,80	8,385	8,79	8,43	8,47	13,98	13,46	11,31	16,06	–	–	–
1400	7,89	8,44	8,85	8,496	8,53	14,07	13,51	11,52	16,38	–	–	–
1500	7,98	8,50	8,90	8,54	8,57	14,15	13,56	11,71	16,67	–	–	–
1750	8,20	8,61	9,04	8,66	8,675	14,31	13,63	12,12	17,26	–	–	–
2000	8,38	8,70	9,19	8,77	8,75	14,42	13,69	12,45	17,71	–	–	
2250	8,54	8,77	9,32	8,85	8,82	14,50	13,73	12,73	18,06	–	–	–
2500	8,68	8,83	9,43	8,92	8,87	14,57	13,76	12,95	18,33	–	–	–
2750	8,80	8,87	9,53	8,97	8,90	14,62	13,78	13,10	18,55	–	–	–
3000	8,93	8,90	9,62	9,02	8,93	14,66	13,795	13,23	18,72	–	–	–

[I]) Zur Umrechnung in die kohärente Einheit des internationalen Einheitensystems (J/kmol grd) sind die Zahlenwerte für die wahre Molwärme $C_{p\,\mathrm{mol}}$ mit $4{,}1868 \cdot 10^3$ zu multiplizieren

[II]) *Justi, E.*: Spezifische Wärme, Enthalpie, Entropie und Dissoziation technischer Gase und Dämpfe. 157 S. – Berlin: Springer-Verlag 1938

0 °C und t beim Druck $p \approx 0$. Die Molwärmen $C_{p\,\mathrm{mol}}$ bzw. die mittleren Molwärmen $[C_{p\,\mathrm{mol}}]_0^t$ sind durch das Molvolumen $V_{n\,\mathrm{mol}}$ beim Normzustand (Tab. 11) zu teilen, wenn die spezifische Wärme für 1 m³ im Normzustand, bzw. durch die relative Molekularmasse (Tab. 11), wenn die spezifische Wärme für 1 kg benötigt wird.

Die Werte für $C_{v\,\mathrm{mol}}$ bzw. $[C_{v\,\mathrm{mol}}]_0^t$, also die *Molwärme* bzw. die *mittlere Molwärme* bei *gleichbleibendem Rauminhalt*, sind im idealen Gaszustand ($p \approx 0$) um 8315 J/kmol grd = 1,986 kcal/kmol grd kleiner als die Molwärmen $C_{p\,\mathrm{mol}}$ bzw. $[C_{p\,\mathrm{mol}}]_0^t$ vgl. 7.4.2.

Die mittlere Molwärme $[C_{p\,\mathrm{mol}}]_{t_1}^{t_2}$ zwischen den Temperaturen t_1 und t_2 bei $p \approx 0$ wird

$$[C_{p\,\mathrm{mol}}]_{t_1}^{t_2} = \frac{[C_{p\,\mathrm{mol}}]_0^{t_2}\, t_2 - [C_{p\,\mathrm{mol}}]_0^{t_1}\, t_1}{t_2 - t_1}.$$

Nur bei linearer Abhängigkeit der wahren Molwärme von der Temperatur zwischen t_1 und t_2 vereinfacht sich die Bezeichnung zu

$$[C_{p\,\mathrm{mol}}]_{t_1}^{t_2} = \frac{C_{p\,\mathrm{mol}\,1} + C_{p\,\mathrm{mol}\,2}}{2} \quad \text{(s. Tab. 6)}$$

Tabelle 7. Mittlere Molwärme $[C_{p\,\mathrm{mol}}]_0^t$ in kcal/kmol grd[1]) von Gasen zwischen 0 °C und t bei $p \approx 0$

Temperatur t in °C	H_2	N_2	O_2	trockene Luft	CO	CO_2	SO_2	H_2O	NH_3	C_2H_2	CH_4	C_2H_4
0	6,86	6,96	7,01	6,945	6,96	8,61	9,31	7,98	8,35	10,13	8,24	10,02
100	6,92	6,97	7,05	6,96	6,97	9,17	9,74	8,03	8,67	11,00	8,66	11,27
200	6,95	7,00	7,15	7,01	7,00	9,65	10,15	8,12	8,99	11,67	9,40	12,46
300	6,97	7,04	7,26	7,05	7,06	10,06	10,52	8,22	9,49	12,25	10,10	13,55
400	6,98	7,09	7,38	7,12	7,12	10,40	10,84	8,34	9,825	12,70	10,77	14,57
500	6,99	7,15	7,49	7,18	7,19	10,75	11,11	8,47	10,17	13,10	11,41	15,49
600	7,01	7,21	7,59	7,27	7,27	11,03	11,35	8,60	10,52	13,47	12,03	16,33
700	7,03	7,28	7,68	7,33	7,35	11,28	11,55	8,74	10,86	13,80	12,62	17,08
800	7,06	7,35	7,77	7,42	7,43	11,50	11,72	8,89	11,19	14,12	13,18	17,90
900	7,09	7,42	7,85	7,49	7,50	11,70	11,88	9,04	11,52	14,40	13,67	18,46
1000	7,12	7,49	7,92	7,55	7,57	11,87	12,01	9,16	11,87	14,67	14,17	19,08
1100	7,16	7,56	7,98	7,62	7,64	12,05	12,13	9,32	–	–	–	–
1200	7,19	7,62	8,04	7,68	7,70	12,19	12,23	9,45	–	–	–	–
1300	7,24	7,67	8,09	7,73	7,76	12,32	12,33	9,58	–	–	–	–
1400	7,28	7,73	8,14	7,79	7,81	12,44	12,41	9,72	–	–	–	–
1500	7,32	7,77	8,19	7,84	7,85	12,56	12,48	9,84	–	–	–	–
1750	7,42	7,89	8,31	7,94	7,96	12,79	12,63	10,15	–	–	–	–
2000	7,53	7,98	8,41	8,03	8,06	12,99	12,77	10,41	–	–	–	–
2250	7,64	8,07	8,50	8,11	8,14	13,16	12,87	10,66	–	–	–	–
2500	7,74	8,14	8,59	8,18	8,21	13,30	12,98	10,87	–	–	–	–
2750	7,83	8,20	8,67	8,24	8,27	13,41	13,03	11,07	–	–	–	–
3000	7,92	8,26	8,75	8,29	8,32	13,52	13,10	11,23	–	–	–	–

[1]) Zur Umrechnung in die kohärente Einheit des internationalen Einheitensystems (J/kmol grd) sind die Zahlenwerte für die mittlere Molwärme $[C_{p\,\mathrm{mol}}]_0^t$ mit $4{,}1868 \cdot 10^3$ zu multiplizieren

Bei vollkommenen Gasen gilt deshalb für das Verhältnis der spezifischen Wärmen:

$$\varkappa = \frac{c_p}{c_v} = \frac{C_{p\,\mathrm{mol}}}{C_{v\,\mathrm{mol}}} = 1 + \frac{8{,}315 \cdot 10^3\ \mathrm{J/kmol\,grd}}{C_{v\,\mathrm{mol}}}$$

$$= 1 + \frac{8{,}315 \cdot 10^3\ \mathrm{J/kmol\,grd}}{C_{p\,\mathrm{mol}} - 8{,}315 \cdot 10^3\ \mathrm{J/kmol\,grd}}.$$

Für alle einatomigen vollkommenen Gase ist unabhängig von der Temperatur $\varkappa = 5/3$. Für mehratomige Gase im idealen Gaszustand sind die $\varkappa$-Werte Tabelle 8 für Temperaturen zwischen 0 und 3000 °C zu entnehmen.

Tabelle 8. Verhältnis $\varkappa = [C_p]_0^t/[C_v]_0^t$ der mittleren spezifischen Wärmen im idealen Gaszustand ($p \approx 0$)

Temperatur t in °C	H_2	N_2	O_2	trockene Luft	CO	CO_2	SO_2	H_2O	NH_3	C_2H_2	CH_4	C_2H_4
0	1,407	1,399	1,395	1,400	1,399	1,300	1,271	1,331	1,312	1,244	1,318	1,247
100	1,402	1,398	1,392	1,399	1,398	1,276	1,256	1,329	1,297	1,220	1,298	1,214
200	1,400	1,396	1,385	1,395	1,396	1,259	1,243	1,324	1,284	1,205	1,268	1,190
300	1,398	1,393	1,377	1,392	1,391	1,246	1,233	1,319	1,265	1,193	1,245	1,172
400	1,398	1,389	1,368	1,387	1,387	1,236	1,224	1,313	1,253	1,185	1,226	1,158
600	1,395	1,380	1,354	1,376	1,376	1,220	1,212	1,300	1,233	1,173	1,198	1,138
800	1,391	1,370	1,343	1,365	1,365	1,209	1,204	1,288	1,216	1,164	1,177	1,125
1000	1,387	1,361	1,339	1,357	1,356	1,201	1,198	1,277	1,201	1,157	1,163	1,116
1200	1,382	1,353	1,328	1,349	1,348	1,195	1,194	1,266	–	–	–	–
1400	1,375	1,346	1,323	1,342	1,341	1,190	1,191	1,257	–	–	–	–
1500	1,372	1,343	1,320	1,339	1,339	1,188	1,189	1,253	–	–	–	–
2000	1,358	1,331	1,309	1,329	1,327	1,180	1,184	1,236	–	–	–	–
2500	1,345	1,322	1,301	1,321	1,319	1,176	1,181	1,224	–	–	–	–
3000	1,335	1,317	1,294	1,315	1,314	1,172	1,179	1,215	–	–	–	–

7.2.5. Thermische Vorgänge bei Wechsel des Aggregatzustandes

Die Aggregatzustände oder Phasen. Je nach Höhe des Druckes und der Temperatur ist jeder Stoff *fest*, *flüssig* oder *gasförmig*, sofern er nicht bei bestimmten Drücken und Temperaturen chemisch verändert wird.

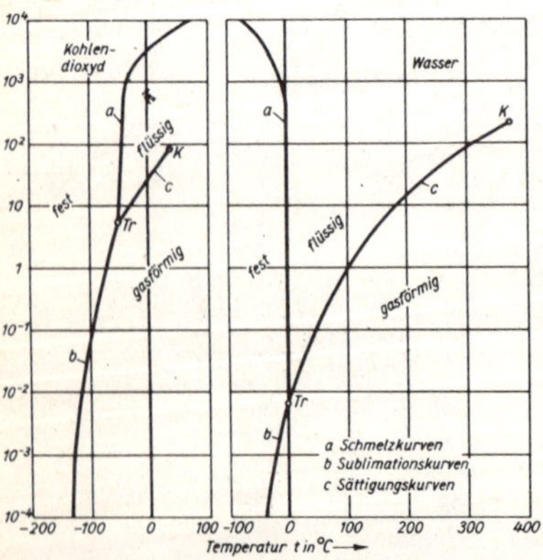

Bild 1. Abhängigkeit der Schmelz-, Sublimations- und Sättigungstemperatur vom Druck

Äußere Kennzeichen des festen Zustandes sind bestimmte Gestalt, die nur durch äußere Kräfte geändert werden kann, und unverändertes Volumen bei gleichbleibender Temperatur. In der flüssigen Phase ist nur das Volumen bestimmt, aber die Zähigkeit so gering, daß die Gestalt durch die Form der Behälterwände bedingt wird. Ein Gas verteilt sich gleichmäßig in jedem ihm zugewiesenen Behälter, selbst wenn sich in diesem schon andere Gase befinden.

Bei *gleichbleibender Temperatur* gilt für den Gasdruck p auf die Behälterwand für vollkommenes Gas, das verschiedene Volumen V allein ausfüllt, das *Gesetz von Boyle*:

$$pV = \text{konst} \quad \text{bzw.} \quad [\partial(pV)/\partial p]_T = 0$$

Übergang von der festen in die flüssige Phase bei p = konst. Damit bei gleichbleibendem Druck ein kristalliner fester Körper sich verflüssigt bzw. verdampft, muß er die entsprechende *Schmelztemperatur* bzw. *Sublimationstemperatur* haben (für 760 Torr Druck als *Schmelz-* bzw. *Sublimationspunkt* bezeichnet), und es muß ihm die *Schmelzwärme* bzw. *Sublimationswärme* zugeführt werden. Bei Stoffen, die sich beim Schmelzen zusammenziehen, sinkt die Schmelztemperatur mit wachsendem Druck, z. B. schmilzt Eis bei 1910 kp/cm² bereits bei −20 °C (vgl. Bild 1).

Tabelle 9. Wärmeeigenschaften fester Stoffe bei 760 Torr (Längenausdehnungszahl α und spezifische Wärme c bei 20 °C)

Stoff	Relative Atommasse	$10^6\alpha$ in 1/grd	c in $\frac{kcal}{kg\,grd}$ I)	Schmelzpunkt in °C	Schmelzwärme in kcal/kg II)	Siedepunkt in °C	Spezifische Verdampfungswärme r in kcal/kg II)
Aluminium	26,98	23,7	0,214	660,1	85	2447	2800
Blei	207,19	29,0	0,0309	327,3	5,7	1751	220
Chrom	51,996	8	0,105	1903	70	2642	1470
Eisen (rein)	55,85	12,3	0,108	1530	65	2800	1520
Gold	196,969	14,2	0,0309	1063	16	2700	420
Iridium	192,2	6,5	0,032	2454	–	>4800	930
Kupfer	63,54	16,6	0,0915	1083	50	2360	1110
Magnesium	24,31	26	0,243	650	50	1110	1350
Mangan	54,94	23	0,116	1250	60	2100	1000
Molybdän	95,94	5	0,060	2622	–	4800	1700
Nickel	58,71	13	0,1065	1455	70	2800	1480
Platin	195,09	9	0,0318	1769	27	4410	600
Quarzglas	–	–	–	1470	–	–	–
Silber	107,87	18,9	0,0559	960,8	25	2212	520
Wismut	208,98	13,5	0,0295	271	13	1559	200
Wolfram	183,85	4,3	0,0321	3390	60	5530	1150
Zink	65,37	29	0,092	419,4	26,8	907	430
Zinn	118,69	27	0,0541	231,9	14	2687	620

I) Zur Umrechnung in die kohärente Einheit des internationalen Einheitensystems (J/kg grd) sind die Zahlenwerte dieser Spalte mit $4{,}1868 \cdot 10^3$ zu multiplizieren
II) Zur Umrechnung in die kohärente Einheit des internationalen Einheitensystems (J/kg) sind die Zahlenwerte dieser Spalte mit $4{,}1868 \cdot 10^3$ zu multiplizieren

Tabelle 10. Wärmeeigenschaften von Flüssigkeiten. Alle Werte – ausgenommen die kritischen – bei 760 Torr (Raumausdehnungszahl β und spezifische Wärme c bei 20 °C)

Stoff	Relative Molekular- bzw. Atommasse	$10^5\beta$ in 1/grd	c in $\frac{kcal}{kg\,grd}$ I)	Schmelzpunkt in °C	Schmelzwärme in kcal/kg II)	Siedepunkt in °C	Spezifische Verdampfungswärme r in kcal/kg III)	Kritische Werte p_k in $\frac{kp}{cm^2}$ III)	t_k in °C	ϱ_k in kg/m³
Äthylalkohol	46,07	110	0,59	−114,5	25	78,3	201	65,2	243	280
Azeton	58,08	143	0,516	− 94,3	23	56,1	125	62	236	252
Benzol	78,11	106	0,415	+ 5,5	30,4	80,1	94,5	49,6	288,6	305
Heptan	100,19	124	0,530	− 90,6	33,8	98,4	76	27,8	266,8	234
Methylalkohol	32,04	119	0,59	− 98	24	64,5	263	102,3	240	358
Normalpentan	72,14	160	0,52	−192,7	27,7	36,1	85	34,1	197	232
Quecksilber	200,59	18,1	0,0333	− 38,87	2,8	356,73	72	1076	1460	5000
Schwefelkohlenstoff	76,13	119	0,243	−112	17,7	46,3	89	77,5	277	441
Wasser	18,016	18	0,9986	0,000	79,4	100,000	539,1	225,5	374,2	325,7

I) Zur Umrechnung in die kohärente Einheit des internationalen Einheitensystems (J/kg grd) sind die Zahlenwerte dieser Spalte mit $4{,}1868 \cdot 10^3$ zu multiplizieren. – II) Zur Umrechnung in die kohärente Einheit des internationalen Einheitensystems (J/kg) sind die Zahlenwerte dieser Spalte mit $4{,}1868 \cdot 10^3$ zu multiplizieren. – III) Zur Umrechnung in die kohärente Einheit des internationalen Einheitensystems (N/m²) sind die Zahlenwerte dieser Spalte mit $0{,}980665 \cdot 10^5$ zu multiplizieren

Tabelle 11. Wärmeeigenschaften von Gasen

Stoff	Chemische Formel	Relative Molekular- bzw. Atommasse	Gaskonstante R in $\frac{\text{kp m}}{\text{kg grd}}$ III)	Dichte ϱ_n im Normzustand in kg/m³	Volumen $V_{n\,mol}$ von 1 kmol beim Normzustand in m³/kmol	c_p bei 0 °C in $\frac{\text{kcal}}{\text{kg grd}}$ IV)
Äthan	C_2H_6	30,05	28,21	1,356	22,16	0,398
Äthylen	C_2H_4	28,03	30,25	1,2605	22,24	0,350
Ammoniak	NH_3	17,031	49,78	0,7714	22,08	0,492
Argon	Ar	39,948	21,23	1,7839	22,39	0,125
Azetylen	C_2H_2	26,02	32,58	1,1709	22,22	0,392
Chlor	Cl_2	70,906	11,96	3,22	22,02	0,120
Chlorwasserstoff	HCl	36,465	23,25	1,6391	22,25	0,194
Difluordichlormethan (R 12)	CF_2Cl_2	120,92	7,01	5,083	–	–
Helium	He	4,003	211,81	0,1785	22,42	1,250
Kohlendioxid	CO_2	44,00	19,26	1,9768	22,26	0,197
Kohlenoxid	CO	28,00	30,27	1,2500	22,40	0,251
Luft (CO_2-frei)I)	–	28,96	29,27	1,2928	22,40	0,239
Methan	CH_4	16,03	52,89	0,7168	22,36	0,520
Neon	Ne	20,183	42,01	0,8999	22,43	0,246
Normalbutan	C_4H_{10}	58,08	14,6	2,703	21,49	–
Propan	C_3H_8	44,06	19,24	2,019	21,82	–
Propylen	C_3H_6	42,05	20,16	1,915	21,96	–
Sauerstoff	O_2	31,9988	26,49	1,42895	22,39	0,218
Schwefeldioxid	SO_2	64,06	13,23	2,9263	21,89	0,151
Schwefelwasserstoff	H_2S	34,08	24,88	1,5392	22,14	0,264
Stickoxid	NO	30,008	28,25	1,3402	22,39	0,241
Stickoxydul	N_2O	44,016	19,26	1,9780	22,25	0,205
Stickstoff	N_2	28,0134	30,26	1,2505	22,40	0,249
Wasserstoff	H_2	2,0159	420,55	0,08987	22,43	3,400

I) Zusammensetzung trockener Luft in Raumteilen: N_2 0,781, O_2 0,2095, Ar 0,0093; in Massenteilen: N_2 0,7547, O_2 0,2320, Ar 0,0128. – II) Werte bei 20 °C. – III) Zur Umrechnung in die kohärente Einheit des internationalen Einheitensystems (J/kg grd) sind die Zahlenwerte dieser Spalte mit 9,80665 zu multiplizieren; zur Umrechnung in kcal/kg grd durch 427 zu dividieren. – IV) Zur Umrechnung in die kohärente Einheit des internationalen Einheitensystems (J/kg grd) sind die Zahlenwerte dieser Spalte mit $4{,}1868 \cdot 10^3$

Übergang von der flüssigen in die gasförmige Phase bei p = konst. Dieser Übergang erfolgt verschieden. Ist der *Gasdruck höher* als der kritische Druck p_k (vgl. Tafeln 10 und 11), so ändern bei Wärmezufuhr alle Stoffteilchen ihren Zustand einheitlich, die Temperatur und das Volumen nehmen dauernd zu, und der Übergang zwischen den zwei Phasen läßt sich nicht erkennen. Ist dagegen der *Gasdruck niedriger* als der kritische Druck p_k, so wird während der Wärmezufuhr bei einer bestimmten Temperatur, der zu dem Druck gehörenden *Sättigungstemperatur* (für 760 Torr Druck als normaler *Siedepunkt* bezeichnet), der Stoff *inhomogen*, d. h., nur einzelne Stoffteilchen verdampfen. Trotz weiterer Wärmezufuhr und Volumenzunahme ändert sich dann die Temperatur so lange nicht mehr, bis alle Stoff-

Alle Werte – ausgenommen die kritischen – bei 760 Torr

$\varkappa = \frac{c_p}{c_v}$ bei 0 °C	Schmelzpunkt in °C	Schmelzwärme in kcal/kg V)	Siedepunkt in °C	Spezifische Verdampfungswärme r in kcal/kg V)	Kritische Werte p_k in kp/cm² VI)	t_k in °C	ϱ_k in kg/m³
1,20	−183,6	22,2	− 88,6	129	50,0	32,2	206
1,24	−169,4	25,0	−103,5	125	52,4	9,5	216
1,328	− 77,7	81	− 33,4	327	115,2	132,4	235
1,67	−189,3	7,0	−185,9	37,6	49,6	−122,4	531
1,23	− 81	–	− 83,6	198	64,1	35,7	231
1,34	−103	45	− 35,0	62	78,5	144	573
1,40	−112	13,4	− 85,0	106	86	51,4	610
1,14	−155	–	− 30,0	40	40,9	111,5	555
1,66	–	–	−268,9	5	2,33	−267,9	69
1,31	− 56	44	− 78,48	137	75	31,0	463,8
1,40	−205	7,2	−191,5	51,6	35,6	−140,2	301
1,40	–	–	−194,0	47	38,4	−140,7	310
1,30	−182,5	14	−161,7	131	47,2	− 82,5	162
1,67	−248,60	4,0	−246,1	25	27,8	−228,7	484
–	−135	18,0	+ 0,5	96,4	37,2	153,2	–
1,14	−189,9	–	− 42,6	107	43,3	96,8	226
–	−185,2	16,7	− 47,0	109	46,8	92	–
1,395	−218,83	3,3	−182,97	51	51,4	−118,8	430
1,282 II)	− 75,3	27,9	− 10,0	96	80,4	157,3	524
1,33 II)	− 85,6	16,6	− 60,4	131	92	100,4	–
1,39 II)	−163,5	18,4	−152	110	66	− 94	520
1,31	− 90,8	35,5	− 88,7	90	74,0	36,5	460
1,399	−210,02	6,15	−195,81	47,6	34,6	−147,1	311
1,407	−259,20	14	−252,78	110	13,2	−239,9	31,0

zu multiplizieren. – V) Zur Umrechnung in die kohärente Einheit des internationalen Einheitensystems (J/kg) sind die Zahlenwerte dieser Spalte mit $4{,}1868 \cdot 10^3$ zu multiplizieren. – VI) Zur Umrechnung in die kohärente Einheit des internationalen Einheitensystems (N/m²) sind die Zahlenwerte dieser Spalte mit $0{,}980665 \cdot 10^5$ zu multiplizieren

teilchen verdampft sind. Die während des Verdampfens von 1 kg des Stoffes bei gleichbleibendem Druck und gleichbleibender Temperatur zuzuführende Wärmeenergie ist zahlenmäßig die *spezifische Verdampfungswärme r*. Beim kritischen Punkt *K* (Bild 1) sind die spezifische Verdampfungswärme und die Oberflächenspannung Null, die kritische Temperatur t_k und das spezifische Volumen v_k der gasförmigen und flüssigen Phase gleich. Für 760 Torr Druck sind Schmelzpunkt, Schmelzwärme, Siedepunkt und spezifische Verdampfungswärme r in Tabelle 9 für feste Stoffe, in Tabelle 10 für Flüssigkeiten und in Tabelle 11 für Gase zusammengestellt, wobei in den Tabellen 10 und 11 auch die kritischen Werte für den Druck, die Temperatur und die Dichte (p_k, t_k, ϱ_k) mit angegeben sind.

Die Abhängigkeit der Schmelz-, der Sublimations- und der Sättigungstemperatur vom Druck läßt sich nicht durch einfache Gleichungen ausdrücken, sondern wird am besten in Zahlentafeln angegeben. Anschauliche Darstellung für Wasser und Kohlendioxid gibt Bild 1, wobei über den Temperaturen der Druck logarithmisch aufgetragen ist.

Beispiel: In einem Behälter von $V = 1\ \text{dm}^3$ Inhalt befindet sich Kohlendioxid im kritischen Zustand. Nach Tabelle 11 ist $p_k = 75\ \text{kp/cm}^2$, $t_k = 31\ °\text{C}$; die Menge in 1 dm³ ist $m = 0{,}4638\ \text{kg}$. Wenn durch Entziehen einer kleinen Wärmemenge die Temperatur auf 30 °C abnimmt, entsteht Naßdampf und schließlich eine Oberfläche als Grenze zwischen Dampf und Flüssigkeit. Aus der Dampftafel für Kohlendioxid (Tab. 24) entnimmt man zu $t = 30\ °\text{C}$ $p = 73{,}34\ \text{kp/cm}^2$, das spezifische Volumen der Flüssigkeit ist $v' = 1{,}680\ \text{dm}^3/\text{kg}$ und des Dampfes $v'' = 2{,}979\ \text{dm}^3/\text{kg}$. Der dampfförmige Mengenanteil x ergibt sich zu

$$x = \frac{V - mv}{m(v'' - v')} = \frac{1\ \text{dm}^3 - 0{,}4638\ \text{kg} \cdot 1{,}680\ \text{dm}^3/\text{kg}}{0{,}4638\ \text{kg} \cdot (2{,}979\ \text{dm}^3/\text{kg} - 1{,}680\ \text{dm}^3/\text{kg})} = 0{,}366$$

oder in einfacher Rechnung mit $v_k = 1\ \text{dm}^3/0{,}4638\ \text{kg} = 2{,}156\ \text{dm}^3/\text{kg}$ zu

$$x = \frac{v_k - v'}{v'' - v'} = \frac{2{,}156\ \text{dm}^3/\text{kg} - 1{,}680\ \text{dm}^3/\text{kg}}{2{,}979\ \text{dm}^3/\text{kg} - 1{,}680\ \text{dm}^3/\text{kg}} = 0{,}366.$$

Das Volumen des trocken gesättigten Dampfes wird

$$V_D = xmv'' = 0{,}366 \cdot 0{,}4638\ \text{kg} \cdot 2{,}979\ \text{dm}^3/\text{kg} = 0{,}506\ \text{dm}^3.$$

Entsprechend ergibt sich bei weiterem Abkühlen z. B. bei 0 °C (aus der Dampftafel $p = 35{,}54\ \text{kp/cm}^2$; $v' = 1{,}081\ \text{dm}^3/\text{kg}$; $v'' = 10{,}383\ \text{dm}^3/\text{kg}$)

$$x = 0{,}116 \quad \text{und} \quad V_D = 0{,}56\ \text{dm}^3.$$

Tripelpunkt. Nur im *Tripelpunkt Tr* (Bild 1) können die drei Phasen fest, flüssig und dampfförmig nebeneinander bestehen (bei H_2O für 0,01 °C und $6{,}23 \cdot 10^{-3}\ \text{kp/cm}^2 = 458$ Torr, bei CO_2 für −56,6 °C und 5,28 kp/cm²).

Unterkühlung und Überhitzung. Beim vorsichtigen Abkühlen einer Flüssigkeit kann die Schmelzlinie unterschritten werden, ohne daß die Flüssigkeit erstarrt (*Unterkühlung*). Unterkühlung ist auch beim Abkühlen eines Gases, dessen Druck niedriger als der kritische Druck p_k ist, möglich, wenn keine Kondensationskeime vorhanden sind. Die in Dampftafeln angegebene Sättigungstemperatur (z. B. Tab. 20) wird unterschritten, ohne daß einzelne Stoffteilchen kondensieren, weil die Sättigungstemperatur sehr kleiner Tropfen (bei Wasser Durchmesser 0,001 bis 0,01 μm) besonders niedrig ist. Ebenso läßt sich beim Erwärmen von Flüssigkeiten, insbesondere wenn diese keine gelösten Gase enthalten und mit einer Ölschicht bedeckt sind (z. B. im Verdampfer von Kältemaschinen), die Sättigungslinie überschreiten (*Überhitzung*).

Die *unterkühlte* Flüssigkeit ist im labilen Gleichgewicht. Bei 1 at Druck kann mit einer Ölhaut bedecktes Wasser bis etwa −20 °C unterkühlt werden. – *Überhitzung* einer Flüssigkeit bezeichnet man auch als *Siedeverzug*. Unter günstigen Voraussetzungen gelingt es, bei Atmosphärendruck Wasser bis auf 200 °C zu erwärmen, ehe die Verdampfung beginnt. Diese erfolgt dann allerdings sehr stürmisch (oft explosionsartig), und die Temperatur nimmt dabei bis auf die Sättigungstemperatur ab.

Verdunstung. Ist ein abgegrenzter Raum nur teilweise mit einer Flüssigkeit gefüllt, während sich im übrigen Raum ein gasförmiger anderer Stoff befindet, so verdunstet so lange Flüssigkeit an der Oberfläche, bis der flüssigkeitsfreie Raum mit Dampf der Flüssigkeit gesättigt ist, d. h., der *Teildruck* (*Partialdruck*) dieses Dampfes erreicht den durch die Temperatur der Flüssigkeit bedingten Sättigungsdruck, s. 7.6.3.

7.3. Die Hauptsätze der Wärmelehre

7.3.1. Erster Hauptsatz, Wärme als Energieform und innere Energie

Die Hauptsätze sind Erfahrungsgesetze, die sich auf Naturbeobachtungen gründen. Nach dem *ersten Hauptsatz* läßt sich jede mechanische Arbeit, z. B. in einer Kältemaschine oder durch Reibung, in Wärmeenergie umwandeln (Robert MAYER 1840). Umgekehrt entspricht jeder von der Wärmekraftmaschine abgegebenen Arbeit eine bestimmte verschwundene Wärmeenergie:

> Es läßt sich keine Maschine (Perpetuum mobile erster Art) bauen, die dauernd Arbeit erzeugt, ohne daß ein entsprechender Energiebetrag verschwindet (Gesetz von der Erhaltung der Energie). Für alle Energieformen (z. B. Wärme-, potentielle, kinetische, elektrische Energie) gilt dieses Gesetz.

Außer den kohärenten Energieeinheiten *Joule* (J) bzw. Wattsekunde (Ws) des internationalen Einheitensystems sind als nichtkohärente Energieeinheiten die Kilokalorie (kcal) s. 7.2.4., das Kilopondmeter (kpm) und die Kilowattstunde (kWh) zugelassen:

$$1\ \text{kpm} = 9{,}80665\ \text{J} = \frac{9{,}80665}{4186{,}8}\ \text{kcal} = \frac{1}{426{,}93}\ \text{kcal} \approx \frac{1}{427}\ \text{kcal};$$

$$1\ \text{kWh} = 3{,}6 \cdot 10^6\ \text{J} = \frac{3{,}6 \cdot 10^6}{4186{,}8}\ \text{kcal} = 859{,}845\ \text{kcal}$$

$$= \frac{3{,}6 \cdot 10^6}{9{,}80665}\ \text{kpm} = 367098\ \text{kpm} \approx 860\ \text{kcal}$$

Nach der *kinetischen Gastheorie* und der *Quantentheorie* fliegen in einem Gas bei der äußeren Strömungsgeschwindigkeit Null die Moleküle regellos nach allen Richtungen, so daß zwar der Mittelwert der Geschwindigkeit nach Größe und Richtung Null ist, aber jedes Molekül eine Translationsenergie besitzt. Bei mehratomigen Gasen und bei Temperaturen, die nicht zu nahe am absoluten Nullpunkt liegen, rotieren außerdem die Atome um den Schwerpunkt des Moleküls (Rotationsenergie), und bei hohen Temperaturen geraten die Atome im Molekülverband in Schwingungen gegeneinander (Schwingungsenergie). Durch diese Theorie lassen sich alle beobachteten thermischen Eigenschaften erklären, z. B. die Zunahme der Molwärme mehratomiger Gase mit der Temperatur (Tab. 6).

Außer der kinetischen Energie der molekularen Bewegung ist im Molekül noch ein außerordentlich großer Betrag an *innerer Energie* vorhanden. Da man jedoch in der technischen Wärmelehre nur Änderungen der inneren Energie benötigt, vereinbart man einen Bezugszustand (T_0, p_0) und rechnet mit dem Unterschied U der inneren Energie gegenüber diesem. Häufig benutzt man die Stoffmenge von 1 kg und die spezifische innere Energie $u = U/m$. Bei homogenen Stoffen hängt u nur von zwei einfachen Zustandsgrößen ab, z. B. $u = f(T, v)$. Damit wird das vollständige Differential:

$$\mathrm{d}u = (\partial u/\partial T)_v\, \mathrm{d}T + (\partial u/\partial v)_T\, \mathrm{d}v. \tag{1}$$

Für umkehrbare Zustandsänderung mit konstantem Druck (Isobare):

$$(\partial u/\partial T)_p = (\partial u/\partial T)_v + (\partial u/\partial v)_T\, (\partial v/\partial T)_p. \tag{1a}$$

7.3.1.1. Raumänderungsarbeit, p,v-Bild und Formeln für den ersten Hauptsatz bei Zustandsänderungen

Vorbemerkungen. Behandelt wird die Zustandsänderung einer unveränderlichen Stoffmasse m, die z. B. im Arbeitszylinder einer Kolbenmaschine abgeschlossen ist. Die Zustandsgrößen vor Beginn der Zustandsänderung (Ausdehnung) erhalten den Zeiger 1, am Ende den Zeiger 2. Jeder Körper, der gegen einen äußeren, auf seine Oberfläche wirkenden Druck p_u sein Volumen V um $\mathrm{d}V$ vergrößert, gibt dann nach außen eine Raumänderungsarbeit dW ab, die positiv eingeführt werden soll. Wird während der Zustandsänderung die Wärmeenergie Q zugeführt, so soll diese positiv eingeführt werden.

Die Raumänderungsarbeit (Ausdehnungs-, Expansionsarbeit) beträgt

$$\mathrm{d}W = p_u\,\mathrm{d}V; \quad W_{12} = \int_{V_1}^{V_2} p_u\,\mathrm{d}V \quad \text{z. B.} \tag{2; 2a}$$

W_{12}	p_u	V
J	N/m²	m³
oder kpm	kp/m²	m³

Sie hängt also vom Verlauf des äußeren Druckes p_u während der Volumenzunahme von V_1 auf V_2 ab und ist daher keine Zustandsgröße. Erfolgt bei einem Gas die Raumänderung hinreichend langsam (quasistatisch), ohne daß Reibungskräfte oder Temperaturunterschiede zwischen benachbarten Teilen auftreten, so wird der Innendruck p des Gases stets gleich dem Außendruck p_u sein, und die Zustandsänderung ist umkehrbar oder reversibel. Dabei ist die nach außen abgegebene Expansionsarbeit besonders groß:

$$\mathrm{d}W = p\,\mathrm{d}V; \quad W_{12} = \int_{V_1}^{V_2} p\,\mathrm{d}V. \tag{2b; 2c}$$

Für die Stoffmasse von 1 kg ergibt sich die Raumänderungsarbeit je Kilogramm

$$w_{12} = \frac{W_{12}}{m} = \int_{v_1}^{v_2} p\,\mathrm{d}v \quad \text{z. B.} \tag{2d}$$

w_{12}	W_{12}	m	p	v
J/kg	J	kg	N/m²	m³/kg
oder kpm/kg	kpm	kg	kp/m²	m³/kg

Anschauliche Darstellung als Fläche im p, v-Bild (Bild 2).

Umkehrbarkeit. Nur bei *umkehrbarer* oder *reversibler* Zustandsänderung ist bei gleichem Druckverlauf während der Volumenverkleinerung von V_2 auf V_1 dem Körper dieselbe Raumänderungsarbeit W_{12} als Verdichtungs- oder Kompressionsarbeit wieder von außen zuzuführen, die er als Ausdehnungs- oder Expansionsarbeit W_{12} bei der Volumenvergrößerung nach außen abgegeben hat. Bei *nichtumkehrbarer* oder *irreversibler* Zustandsänderung treten Temperaturunterschiede und Reibung zwischen benachbarten Teilen auf, beim Ausdehnen wird $p_u < p$ und beim Verdichten $p_u > p$, d. h., selbst bei gleichem Druckverlauf im Innern ist die dem Gas zuzuführende Kompressionsarbeit größer als die vom Gas nach außen abgegebene Expansionsarbeit. – Umkehrbare Zustandsänderungen lassen sich besonders einfach behandeln, aber nur mit „vollkommenen Maschinen" durchführen.

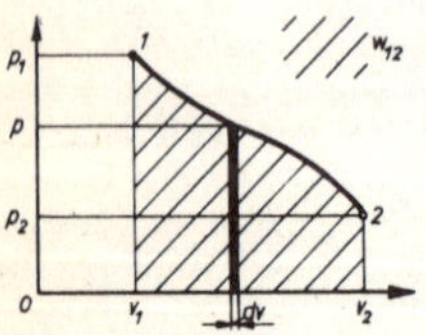

Bild 2. Raumänderungsarbeit im p, v-Bild

Bei *beliebigen Zustandsänderungen*, bei denen die Änderung der äußeren Lage- und Bewegungsenergie vernachlässigbar klein wird, läßt sich für den ersten Hauptsatz schreiben:

$$\mathrm{d}Q = \mathrm{d}U + \mathrm{d}W; \quad Q_{12} = U_2 - U_1 + W_{12} \quad \text{z. B.} \tag{3; 3a}$$

Q, U, W_{12}
J
oder kcal
oder kpm

bzw. für Stoffmassen von 1 kg:

$$\mathrm{d}q = \mathrm{d}u + \mathrm{d}w; \quad q_{12} = u_2 - u_1 + w_{12} \quad \text{z. B} \tag{3b; c}$$

q, u, w
J/kg
oder kcal/kg
oder kpm/kg

Nur für *umkehrbare Zustandsänderungen* gilt:

$$\mathrm{d}Q = \mathrm{d}U + p\,\mathrm{d}V;\quad Q_{12} = U_2 - U_1 + \int_{V_1}^{V_2} p\,\mathrm{d}V \quad \text{z. B.}$$

	Q, U	p	V
	J	N/m²	m³
oder	kpm	kp/m²	m³

(3d; e)

$$\mathrm{d}q = \mathrm{d}u + p\,\mathrm{d}v;\quad q_{12} = u_2 - u_1 + \int_{v_1}^{v_2} p\,\mathrm{d}v \quad \text{z. B.}$$

	q, u	p	v
	J/kg	N/m²	m³/kg
oder	kpm/kg	kp/m²	m³/kg

(3f; g)

Wichtige *umkehrbare Zustandsänderungen:* Bei gleichbleibendem Volumen (*Isovolume, Isoplere, Isochore*) vgl. 7.4.3.1., 7.6.1., 7.6.2., bei gleichbleibendem Druck (*Isobare*) vgl. 7.4.3.2., 7.6.1., 7.6.2., bei gleichbleibender Temperatur (*Isotherme*) vgl. 7.4.3.3., 7.6.1., 7.6.2. und ohne Wärmezu- und abfuhr (*Isentrope*, reversible Adiabate) vgl. 7.4.3.4., 7.6.1., 7.6.2. Bei jeder dieser umkehrbaren Zustandsänderungen ist der Druckverlauf während der Volumenänderung eindeutig bestimmt, so daß die Raumänderungsarbeit durch den Anfangs- und Endzustand ausgedrückt werden kann. Man nennt alle derartigen umkehrbaren Zustandsänderungen *Polytrope* vgl. 7.4.3.5.

Wichtige *nichtumkehrbare Zustandsänderungen:* Reibung, Wärmeaustausch bei endlichen Temperaturunterschieden s. 7.3.3., Drosselung s. 7.4.5., Diffusion (Gasmischung) s. 7.4.6.

Für isochore Zustandsänderungen ergibt sich aus (3f) und (1):

$$\mathrm{d}q = \mathrm{d}u = (\partial q/\partial T)_v\,\mathrm{d}T = c_v\,\mathrm{d}T = (\partial u/\partial T)_v\,\mathrm{d}T.$$

Die wahre spezifische Wärme c_v ist also gleich dem partiellen Differentialquotienten der spezifischen inneren Energie nach der Temperatur bei konstantem spezifischem Volumen, das mit anzugeben ist: $c_v = (\partial u/\partial T)_v$. Die wahre spezifische Wärme c_p beträgt dann

$$c_p = c_v + [(\partial u/\partial v)_T + p]\,(\partial v/\partial T)_p \quad \text{z. B.} \tag{4}$$

c_p, c_v	$\partial u/\partial v$	p	$\partial v/\partial T$
J/kg grd	J/m³	N/m²	m³/kg grd

Aus der wahren spezifischen Wärme c_v läßt sich die Änderung der spezifischen inneren Energie bei konstantem Volumen berechnen. Allgemein gilt

$$u_2 - u_1 = [c_v]_{t_1}^{t_2}\,(t_2 - t_1). \tag{5}$$

7.3.1.2. Verdrängungsarbeit, Enthalpie und Formeln für den ersten Hauptsatz bei Strömungsvorgängen

Vorbemerkungen. Behandelt wird ein flüssiger oder gasförmiger Stoff, der beispielsweise durch eine Rohrleitung oder Maschine strömt, wobei die Austrittsstelle um $(h_A - h_E)$ höher als die Eintrittsstelle liegt. Vorausgesetzt wird, daß die Strömung in diesen beiden Querschnitten A_A bzw. A_E stationär ist, d. h. sich zeitlich nicht ändert, und die äußeren Strömungsgeschwindigkeiten v_{aA} bzw. v_{aE} (vgl. 7.4.1. kinetische Gastheorie) in den Querschnitten A_A bzw. A_E konstant sind. Für die Zustandsgrößen am Eintrittsstutzen wird der Zeiger E und am Austrittsstutzen der Zeiger A verwendet, während in dem dazwischenliegenden Teil jedem Kilogramm des Arbeitsstoffs die Wärmeenergie q von außen zugeführt und die technische Arbeit w_t in einer Kraftmaschine entnommen werden kann ohne Rücksicht auf die Art der Zustandsänderungen (umkehrbar oder nichtumkehrbar). Nach außen vom Arbeitsstoff abgegebene Wärmeenergien werden negativ eingeführt, ebenso dem Arbeitsstoff in der Arbeitsmaschine zugeführte technische Arbeit. Da 1 kg des Arbeitsstoffs in einer bestimmten Zeit durch die Maschine strömt, ergibt das Produkt aus dem Massestrom $\dot{m}$ und der technischen Arbeit die Maschinenleistung.

Verdrängungs- oder Verschiebearbeit und Enthalpie. Beim Einströmen verdrängt 1 kg des Arbeitsstoffs mit dem spezifischen Volumen v_E die vor ihm befindlichen Stoffteile mit dem Druck p_E und gibt dabei ohne Zustandsänderung an diese die Verdrängungs-, Verschiebe- oder Füllarbeit $(p_E v_E)$ ab, um den Platz für das Volumen v_E frei zu machen. Um die Stoffmasse von 1 kg, die am Austrittsstutzen das spezifische Volumen v_A und den Druck p_A

hat, aus dem zwischen Ein- und Austrittsstutzen befindlichen Teil zu entfernen, muß man ihr die Verschiebe- oder *Ausschubarbeit* ($p_A v_A$) zuführen. Die Verdrängungsarbeit ist im Gegensatz zur Raumänderungsarbeit eine Zustandsgröße, die man mit der inneren Energie zu einer neuen Zustandsgröße, der *Enthalpie* (Wärmeinhalt bei konstantem Druck) I, zusammenfaßt. In Zahlentafeln gibt man die auf die Stoffmasse von 1 kg bezogene *spezifische Enthalpie i* an: $i = I/m$. Es ist

$$di = du + d(pv) \quad \text{z. B} \quad \left| \frac{i, u}{\text{J/kg} \atop \text{oder kpm/kg}} \right| \frac{p}{\text{N/m}^2 \atop \text{kp/m}^2} \left| \frac{v}{\text{m}^3\text{/kg} \atop \text{m}^3\text{/kg}} \right|, \qquad (6)$$

$$i_A - i_E = u_A + p_A v_A - (u_E + p_E v_E) \quad \text{[Maßeinheiten wie bei (6)].} \qquad (6a)$$

Wird für den Bezugszustand (p_0, v_0) die innere Energie gleich Null gesetzt, so gilt

$$i - i_0 = u + pv - p_0 v_0 \quad \text{[Maßeinheiten wie bei (6)].} \qquad (6b)$$

In den Wasserdampftafeln (Tab. 20 und 26) ist für Flüssigkeit beim Tripelpunkt (7.2.5.) die innere Energie u_0' willkürlich gleich Null gesetzt.

Die spezifische Enthalpie i hängt bei homogenen Stoffen nur von zwei einfachen Zustandsgrößen, z. B. der absoluten Temperatur T und dem Druck p, ab: $i = f(T, p)$. Somit ist

$$di = (\partial i/\partial T)_p \, dT + (\partial i/\partial p)_T \, dp. \qquad (7)$$

Für den ersten Hauptsatz läßt sich für 1 kg schreiben

$$q - w_t = i_A - i_E + g(h_A - h_E) + (v_{aA}^2 - v_{aE}^2)/2$$

$$\text{z. B.} \quad \left| \frac{q, w_t, i}{\text{J/kg}} \right| \frac{g}{\text{m/s}^2} \left| \frac{h}{\text{m}} \right| \frac{v_a}{\text{m/s}} \right|. \qquad (8)$$

Bei Gasen ist meist die Änderung der äußeren Lageenergie belanglos klein; dann wird

$$q - w_t = i_A - i_E + (v_{aA}^2 - v_{aE}^2)/2 \quad \text{[Maßeinheiten wie bei (8)].} \qquad (8a)$$

Wird zwischen Ein- und Austrittsstelle keine Arbeit entnommen, z. B. in Dampfleitungen oder Düsen von Turbinen, dann gilt

$$(v_{aA}^2 - v_{aE}^2)/2 = q + i_E - i_A \quad \text{[Maßeinheiten wie bei (8)]} \qquad (8b)$$

bzw. bei vollkommener Wärmeisolation

$$(v_{aA}^2 - v_{aE}^2)/2 = i_E - i_A \quad \text{[Maßeinheiten wie bei (8)].} \qquad (8c)$$

Bei Kraft- und Arbeitsmaschinen sind häufig die äußeren Strömungsgeschwindigkeiten am Ein- und Austrittsstutzen sehr klein oder nahezu gleich; dann vereinfacht sich (8) zu

$$w_t = q + i_E - i_A - g(h_A - h_E) \quad \text{[Maßeinheiten wie bei (8)].} \qquad (8d)$$

Liegen außerdem Ein- und Austrittsstutzen in gleicher Höhe oder handelt es sich um Gase, so wird

$$w_t = q + i_E - i_A \quad \text{z. B.} \quad \left| \frac{w_t, q, i}{\text{J/kg} \atop \text{oder kcal/kg}} \right| \qquad (8e)$$

bzw. bei vollkommener Wärmeisolation

$$w_t = i_E - i_A \quad \text{z. B.} \quad \left| \frac{w_t; i}{\text{J/kg} \atop \text{oder kcal/kg}} \right|. \qquad (8f)$$

Bei reibungsfreier stationärer Strömung einer volumenbeständigen Flüssigkeit in Rohrleitungen ohne Wärmezufuhr ergibt sich die *Bernoullische Gleichung* der Hydrodynamik (vgl. MECHANIK DER FLÜSSIGKEITEN UND GASE 6.3.3.2. und 6.4.2.):

$$vp_E + v_{aE}^2/2 + gh_E = vp_A + v_{aA}^2/2 + gh_A \quad \text{[Maßeinheiten wie bei (8)].}$$

7.3.1.3. Technische Arbeit für umkehrbare Zustandsänderungen

Die technische Arbeit läßt sich für eine vollkommene Maschine (alle Zustandsänderungen umkehrbar) besonders anschaulich im p,v-Bild darstellen (Bild 3). Sie ist die Summe der Füllarbeit, Raumänderungsarbeit (2d) und Ausschubarbeit:

$$w_t = p_E v_E + w_{12} - p_A v_A = p_E v_E + \int_{v_E}^{v_A} p \, dv - p_A v_A = -\int_{p_E}^{p_A} v \, dp$$

z. B. (9)

	w	p	v
	J/kg	N/m²	m³/kg
oder	kpm/kg	kp/m²	m³/kg

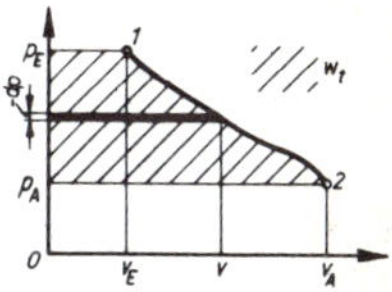

Bild 3. Technische Arbeit im p,v-Bild

Für isobare Zustandsänderung ist $w_t = 0$. Somit gilt

$$dq = di = (\partial q/\partial T)_p \, dT = c_p \, dT = c_p \, dT = (\partial i/\partial T)_p \, dT.$$

Die wahre spezifische Wärme c_p ist damit gleich dem partiellen Differentialquotienten der spezifischen Enthalpie nach der Temperatur bei konstantem Druck, der mit anzugeben ist. Allgemein gilt

$$i_2 - i_1 = [c_p]_{t_1}^{t_2} (t_2 - t_1). \qquad (10)$$

Bei umkehrbaren Zustandsänderungen läßt sich für den ersten Hauptsatz schreiben:

$$q = i_A - i_E - \int_{p_E}^{p_A} v \, dp \quad \text{bzw.} \quad dq = di - v \, dp$$

z. B. (8g)

	q, i	v	p
	J/kg	m³/kg	N/m²
oder	kpm/kg	m³/kg	kp/m²

7.3.2. Zweiter Hauptsatz, Exergie, Anergie, Kreisprozeß, thermischer Wirkungsgrad, Leistungszahl

Durch den zweiten Hauptsatz werden die für den Wärmeaustausch bzw. das Gewinnen von Arbeit aus Wärmeenergie maßgebenden Erfahrungstatsachen ausgedrückt. Er gilt nicht für Räume mit kleinen Molekülzahlen. Die wichtigsten Fassungen des *zweiten Hauptsatzes* der Wärmelehre sind:

1. Wärmeenergie geht nie *von selbst* von einem Körper mit tieferer Temperatur T_0 auf einen Körper mit höherer Temperatur T über (Rudolf CLAUSIUS 1850).

2. Es ist unmöglich, die *einem* Wärmebehälter durch einen Arbeitsstoff als Wärmeträger entnommene Wärmeenergie vollständig in Arbeit umzuwandeln, ohne daß sich dabei andere Veränderungen in der Natur nachweisen lassen (William THOMSON 1851, der spätere Lord KELVIN).

3. Es gibt kein Perpetuum mobile zweiter Art, d. h. eine periodisch arbeitende Maschine, die nichts weiter bewirkt, als mechanische Arbeit aus Wärmeenergie (z. B. der atmosphärischen Luft) zu erzeugen (Max PLANCK und Wilhelm OSTWALD).

Während sich z. B. potentielle Energie in „vollkommenen Maschinen“ vollständig in mechanische Arbeit umwandeln läßt, gilt dies nicht für die Wärmeenergie, bei der der Umgebungszustand die Umwandlungsfähigkeit begrenzt. Nach Z. RANT bezeichnet man den Teil jeder Energieform, der bei vorgegebenem Umgebungszustand in beliebige andere Energieformen oder mechanische Arbeit transformierbar ist, als Exergie (geordnete Energie) und den nicht umwandelbaren Teil als Anergie (völlig ungeordnete Energie). Für potentielle, kinetische und elektrische Energie ist der Anergieanteil Null. Dagegen enthält die Energie der Umgebung und aller Systeme, die im vollständigen thermodynamischen Gleichgewicht

mit der Umgebung stehen, keine Exergie, sondern nur Anergie, die damit überall kostenlos zur Verfügung steht. Die für Heizprozesse erforderliche Wärmeenergie besteht aus Exergie und Anergie, wobei mit steigender Temperatur der Exergieanteil zunimmt.
Nach dem zweiten Hauptsatz ist es unmöglich, Anergie in Exergie zu verwandeln, dagegen erfolgt der umgekehrte Vorgang bei allen irreversiblen Prozessen.

Kreisprozesse. Vorgang in einer Kondensations-Dampfkraftanlage, die im Beharrungszustand arbeitet (Beispiel für eine mit dem zweiten Hauptsatz zu vereinbarende Art der Umwandlung von Wärmeenergie in mechanische Arbeit). Die Wärmeenergie wird bei hoher Temperatur T im Dampfkessel durch Verbrennen von Brennstoff frei und an das Kesselspeisewasser als Wärmeträger übertragen, das dadurch verdampft. Der Wasserdampf gibt in der Dampfkraftmaschine die technische Arbeit an Kolben oder Laufschaufeln ab und strömt dann in den Kondensator, in dem er durch Wärmeabgabe an Kühlwasser mit möglichst tiefer Temperatur T_0 verflüssigt wird. Das Kondensat wird durch Kondensat- und Kesselspeisepumpen wieder in den Dampfkessel zurückgeführt, wozu nur ein sehr kleiner Teil der Arbeit der Kraftmaschine benötigt wird. Das Wasser hat zwar bei seinem Kreislauf durch die Anlage verschiedene irreversible Zustandsänderungen erfahren, an einer bestimmten Stelle der Anlage jedoch stets wieder denselben Zustand. Dies ist für jeden Kreisprozeß kennzeichnend. Sein Zweck ist in diesem Falle (rechtsläufiger Kreisprozeß), einen möglichst großen Teil der im Dampfkessel von der Masse m des Arbeitsstoffs aufgenommenen Wärmeenergie Q in mechanische Arbeit, die Kreisprozeßarbeit W_{Kr} umzuwandeln. Im Beispiel ist die Kreisprozeßarbeit W_{Kr} um die Pumpenarbeit W_{tp} kleiner als die technische Kraftmaschinenarbeit W_t. Der *thermische Wirkungsgrad des Kraftmaschinen-Kreisprozesses* ist dann

$$\eta_t = W_{Kr}/Q = (W_t - W_{tp})/Q \quad \text{z. B.} \tag{11}$$

η_t	W, Q
–	J
oder –	kcal
oder –	kpm

Ist während des Kreisprozesses die je Kilogramm des Arbeitsstoffs aufgenommene Wärmeenergie q, die an Kühlwasser und Umgebung abgeführte q_a und die Kreisprozeßarbeit w_{Kr}, so gilt nach dem ersten Hauptsatz $w_{Kr} = q - q_a$, und es wird

$$\eta_t = (q - q_a)/q = 1 - q_a/q. \tag{11a}$$

In einer „vollkommenen Anlage", d. h. bei einem Kreisprozeß mit ausschließlich umkehrbaren Zustandsänderungen, läßt sich der Größtwert für die Kreisprozeßarbeit w_{th} und den thermischen Wirkungsgrad η_{th} erreichen (vgl. 7.6.2.3.). Selbst dabei muß aber ein Teil der bei hohen Temperaturen vom Wärmeträger aufgenommenen Wärmeenergie q bei niederen Temperaturen als entwertete Wärmeenergie q_0 abgeführt werden. Der *thermische Wirkungsgrad der vollkommenen Kraftmaschinenanlage* ist

$$\eta_{th} = w_{th}/q = 1 - q_0/q \quad \text{z. B.} \tag{11b}$$

η_{th}	w_{th}, q
–	J/kg
oder –	kcal/kg
oder –	kpm/kg

Erfolgen Wärmeaufnahme bzw. Wärmeabgabe des Arbeitsstoffs ausschließlich bei gleichbleibender Temperatur T bzw. T_0, so ist der thermische Wirkungsgrad η_{th} unabhängig von der Art des Arbeitsstoffs:

$$\eta_{th} = 1 - q_0/q = 1 - T_0/T. \tag{11c}$$

Die Wärmeenergie ist für die Arbeitserzeugung um so wertvoller, bei je höheren Temperaturen sie verfügbar ist, d. h. je größer ihr Exergieanteil ist.

Carnotscher Kreisprozeß. Der einfachste Kreisprozeß mit Wärmeaufnahme und Wärmeabgabe des Arbeitsstoffs bei gleichbleibenden Temperaturen wurde 1824 von Sadi CARNOT mit zwei Isothermen und zwei Isentropen angegeben. Jeder Kreisprozeß mit nur umkehrbaren Zustandsänderungen läßt sich durch eine hinreichend große Zahl von dicht beieinander liegenden Isentropen in einzelne Carnotprozesse zerlegen, wobei für jeden Teilprozeß die Temperatur T bzw. T_0 bei Aufnahme bzw. Abgabe der sehr kleinen Wärmeenergien dq bzw. dq_0 als gleichbleibend angesehen wird. Die Werte für den thermischen Wirkungsgrad η_{th} der Teilprozesse können verschieden sein, stets gilt jedoch $dq/T = dq_0/T_0$. Deshalb kann jeder Isentrope eine Größe, die *Entropie*, zugeordnet werden, die dadurch bestimmt ist, daß sie sich beim Übergang zur benachbarten Isentrope um dq/T ändert.

Wärmepumpe. Um mit der Wärmepumpe einem Körper bei Umgebungstemperatur T_u die Wärmeenergie Q_0 zu entziehen und bei höherer Temperatur T in einen Wärmebehälter, z. B. zu Heizzwecken, abzuführen, muß ein linksläufiger Kreisprozeß durchgeführt und die Kreisprozeßarbeit W^*_{Kr} von außen zugeführt werden. Die *Leistungszahl* der Wärmepumpe ist

$\varepsilon_k = Q_0/W^*_{Kr}$ z. B.

	ε_k	Q_0, W^*_{Kr}
	–	J
oder	–	kcal
oder	–	kpm

(12)

Für die vollkommene Wärmepumpe wird ein linksläufiger Carnotprozeß benutzt mit der Leistungszahl

$\varepsilon_c = Q_0/W_{th} = T_u/(T - T_u)$ z. B.

	ε_c	Q_0, W_{th}	T_u
	–	J	°K
oder	–	kcal	°K
oder	–	kpm	°K

(12a)

Die am häufigsten verwendete Wärmepumpe ist die Kältemaschine, die die Wärmeenergie Q_0 bei Temperaturen T_0 unterhalb der Umgebungstemperatur aufnimmt und bei Umgebungstemperatur T_u abführt. Die Leistungszahl wird bei der *vollkommenen Kältemaschine* mit linksläufigem Carnotprozeß

$$\varepsilon_c = \frac{T_0}{T_u - T_0}. \tag{12b}$$

7.3.3. Dritter Hauptsatz, Entropiebegriff, T,s-Bild

Die von Clausius eingeführte Entropie (Verwandlungsgröße) S ist die von der Temperatur unabhängige Zustandsgröße, für deren vollständiges Differential gilt

$\mathrm{d}S = \mathrm{d}Q/T$ z. B.

	S	Q	T
	J/grd	J	°K
oder	kcal/grd	kal	°K

Für 1 kg wird

$\mathrm{d}s = \mathrm{d}q/T$ z. B.

	s	q	T
	J/kg grd	J/kg	°K
oder	kcal/kg grd	kcal/kg	°K

Beachte *Unterschied zu den spezifischen Wärmen* c_p und c_v, die trotz gleicher Dimension temperaturabhängige Stoffeigenschaften sind. Allerdings können im T,s-Bild die spezifische Wärme c_v als Subtangente der isovolumen Zustandsänderung und die spezifische Wärme c_p als Subtangente der isobaren Zustandsänderung dargestellt werden (vgl. Bilder 6 und 7). Gl. (16) gibt den allgemeinen Zusammenhang zwischen der Entropieänderung und der spezifischen Wärme c_p.

Dritter Hauptsatz der Wärmelehre in der Fassung von Max Planck:

> Die Entropie ist für alle chemisch homogenen Körper von endlicher Dichte beim absoluten Nullpunkt gleich Null.

Der dritte Hauptsatz ist nur für chemische Vorgänge wichtig. In der technischen Wärmelehre benutzen wir nur Entropieunterschiede gegenüber einem Bezugszustand, für den ein Entropiewert s willkürlich festgelegt wird. In den Wasserdampftafeln wird international als Bezugszustand Flüssigkeit beim Tripelpunkt (s. 7.2.5.) gewählt und dafür die Entropie $s = 0$ gesetzt; bei den in der Kältetechnik verwendeten Dämpfen wählt man als Bezugszustand Flüssigkeit bei 0 °C und zugehörigem Siededruck und setzt dafür $s = 1$ kcal/kg grd. Bei isentropen Zustandsänderungen ($\mathrm{d}q = 0$) bleibt die Entropie konstant. – Wird bei isothermer Zustandsänderung ($T =$ konst) je Kilogramm des Arbeitsstoffs die Wärmemenge q_T zugeführt, so erhöht sich die spezifische Entropie um $s_2 - s_1$:

$$s_2 - s_1 = q_T/T.$$

Konstanz der Gesamtentropie:

> Bei *allen umkehrbaren Vorgängen* bleibt die Gesamtentropie aller am Vorgang beteiligten Körper konstant.

Beim rechtsläufigen Carnotprozeß nimmt bei der isothermen Wärmeaufnahme der Wärmeenergie Q des Arbeitsstoffs vom Wärmebehälter bei der hohen Temperatur T die Entropie des Wärmebehälters um Q/T ab und die des Arbeitsstoffs um denselben Betrag zu. Bei der isothermen Wärmeabgabe der Wärmeenergie Q_0 bei der Temperatur T_u an die Umgebung vermindert sich die Entropie des Arbeitsstoffs um $Q_0/T_u = Q/T$, und um denselben Betrag wächst die Entropie der Umgebung. Die Summe der Entropien aller am Vorgang beteiligten Körper bleibt unverändert. Da sich *jeder umkehrbare* Kreisprozeß in Carnot-Teilprozesse zerlegen läßt, gilt diese Bedingung allgemein.

Erhöhung der Gesamtentropie. Satz von der Vermehrung der Entropie:

> Bei *allen irreversiblen Prozessen* erhöht sich die Gesamtentropie der beteiligten Körper.

Wird z. B. zwischen einem Wärmebehälter mit der hohen Temperatur T und der Umgebung mit der Temperatur T_u eine so kleine Wärmeenergie dQ ausgetauscht, daß sich dadurch die Temperaturen nicht ändern, so nimmt die Entropie der Umgebung um dQ/T_u zu, die Entropie des Wärmebehälters aber nur um dQ/T ab, d. h., die Entropie des ganzen Systems erhöht sich um

$$dS = \frac{dQ}{T_u} - \frac{dQ}{T} = dQ\left(\frac{1}{T_u} - \frac{1}{T}\right).$$

Die Entropiezunahme dS beim nichtumkehrbaren Vorgang ist ein Maß für den Verlust an arbeitsfähiger Wärmeenergie. In einer vollkommenen Kraftmaschinenanlage hätte sich von der bei der Temperatur T entnommenen Wärmeenergie dQ der Teil $\eta_{th}\, dQ$ in Arbeit verwandeln lassen, wobei

$$\eta_{th}\, dQ = \left(1 - \frac{T_u}{T}\right) dQ = T_u\, dQ \left(\frac{1}{T_u} - \frac{1}{T}\right) = T_u\, dS.$$

In einem abgeschlossenen System ändern sich die Zustände niemals so, daß die Gesamtentropie abnimmt.

Im *Wärmediagramm* oder T,s-Bild (1874 von BELPAIRE eingeführt) lassen sich die bei umkehrbaren Zustandsänderungen dem Arbeitsstoff zu- bzw. abgeführten Wärmeenergien q bzw. q_0 und die Kreisprozeßarbeit w_{th} als Flächen darstellen, Bild 4 (*rechtslaufender Prozeß*). – Bild 5 gilt für den Carnotprozeß einer

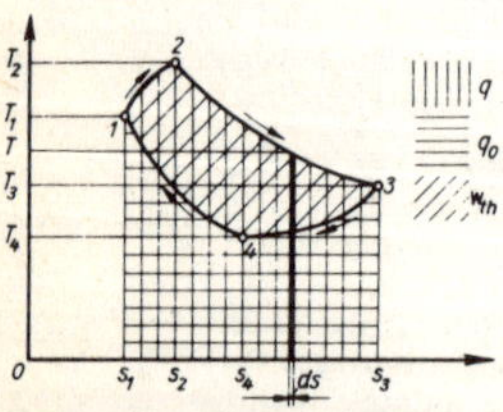

Bild 4. Rechtslaufender Kreisprozeß mit umkehrbaren Zustandsänderungen im T,s-Bild

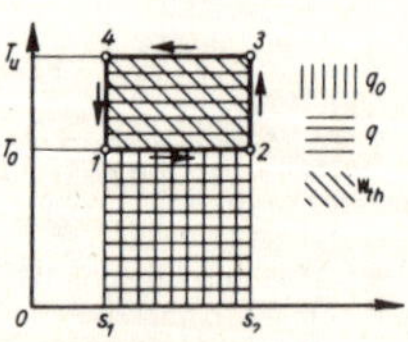

Bild 5. Carnotprozeß einer Kältemaschine im T,s-Bild

Kältemaschine mit beliebigem Arbeitsstoff (*linkslaufender Prozeß*). Das Rechteck $s_1 1\, 2 s_2$ stellt die bei der Temperatur T_0 aufgenommene Wärmeenergie q_0, das Rechteck $s_2 3\, 4 s_1$ die bei Umgebungstemperatur T_u abgeführte Wärmeenergie q und das Rechteck 1 2 3 4 die aufzuwendende Kreisprozeßarbeit w_{th} dar. Zweckmäßigerweise zeichnet man in das T,s-Bild Kurven für gleichbleibendes spezifisches Volumen v, gleichbleibenden Druck p und gleichbleibende spezifische Enthalpie i ein.

7.3.4. Formeln aus dem 1. und 2. Hauptsatz für umkehrbare Zustandsänderungen und zum Berechnen der Entropie

$$\mathrm{d}q = \mathrm{d}u + p\,\mathrm{d}v = T\,\mathrm{d}s = \mathrm{d}i - v\,\mathrm{d}p$$

z. B.

	q, u, i	T	s	p	v
	J/kg	°K	J/kg grd	N/m²	m³/kg
oder	kpm/kg	°K	kpm/kg grd	kp/m²	m³/kg

(13)

$$\mathrm{d}s = \frac{1}{T}\left(\frac{\partial u}{\partial T}\right)_v \mathrm{d}T + \frac{1}{T}\left[\left(\frac{\partial u}{\partial v}\right)_T + p\right]\mathrm{d}v; \tag{13a}$$

$$\mathrm{d}s = \frac{1}{T}\left(\frac{\partial i}{\partial T}\right)_p \mathrm{d}T + \frac{1}{T}\left[\left(\frac{\partial i}{\partial p}\right)_T - v\right]\mathrm{d}p. \tag{13b}$$

Die Maßeinheiten bei (13a; b) sind dieselben wie bei (13).

Da die spezifische Entropie eine Zustandsgröße ist, hängt sie bei homogenen Stoffen nur von zwei einfachen Zustandsgrößen ab, z. B. $s = f(T, v)$. Das vollständige Differential wird damit

$$\mathrm{d}s = (\partial s/\partial T)_v\,\mathrm{d}T + (\partial s/\partial v)_T\,\mathrm{d}v. \tag{14}$$

Aus (13a) und (14) ergibt sich durch Gleichsetzen der Koeffizienten vor dem Differential $\mathrm{d}T$ und Differenzieren nach v

$$\frac{\partial^2 s}{\partial T\,\partial v} = \frac{1}{T}\cdot\frac{\partial^2 u}{\partial T\,\partial v}$$

und durch Gleichsetzen der Koeffizienten vor dem Differential $\mathrm{d}v$ und Differenzieren nach T

$$\frac{\partial^2 s}{\partial v\,\partial T} = \frac{1}{T}\left[\left(\frac{\partial^2 u}{\partial v\,\partial T}\right) + \left(\frac{\partial p}{\partial T}\right)_v\right] - \frac{1}{T^2}\left[\left(\frac{\partial u}{\partial v}\right)_T + p\right]$$

$$= \frac{\partial^2 s}{\partial T\,\partial v} + \frac{1}{T}\left(\frac{\partial p}{\partial T}\right)_v - \frac{1}{T^2}\left[\left(\frac{\partial u}{\partial v}\right)_T + p\right],$$

$$\left(\frac{\partial u}{\partial v}\right)_T = \left[T\left(\frac{\partial p}{\partial T}\right)_v - p\right]. \tag{15}$$

Eingesetzt in (4):

$$c_p = c_v + T(\partial p/\partial T)_v\,(\partial v/\partial T)_p$$

z. B.

	c_p, c_v	T	$(\partial p/\partial T)_v$	$(\partial v/\partial T)_p$
	J/kg grd	°K	N/m² grd	m³/kg grd
oder	kpm/kg grd	°K	kp/m² grd	m³/kg grd

(4a)

Aus $s = f(T, p)$ läßt sich analog (15) für den elementaren isothermen Drosseleffekt ableiten

$$\left(\frac{\partial i}{\partial p}\right)_T = v - T\left(\frac{\partial v}{\partial T}\right)_p = -T^2\left[\frac{\partial(v/T)}{\partial T}\right]_p. \tag{15a}$$

Gilt für den Bezugszustand p_0, T_0, s_0, so ergibt sich für den beliebigen Zustand (p, T) die spezifische Entropie s:

$$s - s_0 = \left[\int_{T_0}^{T}\frac{c_p}{T}\,\mathrm{d}T\right]_{p_0} - \left[\int_{p_0}^{p}\left(\frac{\partial v}{\partial T}\right)_p \mathrm{d}p\right]_T = \left[\int_{T_0}^{T}\frac{c_p}{T}\,\mathrm{d}T\right]_p - \left[\int_{p_0}^{p}\left(\frac{\partial v}{\partial T}\right)_p \mathrm{d}p\right]_{T_0} \tag{16}$$

und die spezifische Enthalpie:

$$i - i_0 = \left[\int_{T_0}^{T} c_p \,\mathrm{d}T\right]_{p_0} - T^2 \left[\int_{p_0}^{p} \left(\frac{\partial(v/T)}{\partial T}\right)_p \mathrm{d}p\right]_T$$

$$= \left[\int_{T_0}^{T} c_p \,\mathrm{d}T\right]_{p} - T_0^2 \left[\int_{p_0}^{p} \left(\frac{\partial(v/T)}{\partial T}\right)_p \mathrm{d}p\right]_{T_0}. \qquad (17)$$

Die Zeiger an den eckigen Klammern geben an, mit welchem gleichbleibenden Druck bzw. mit welcher gleichbleibenden Temperatur die Integrale zu ermitteln sind, weil c_p von der Höhe des Druckes und $(\partial v/\partial T)_p$ von der Höhe der Temperatur abhängen können. Die Maßeinheiten bei (15), (15a), (16) und (17) sind dieselben wie bei (13) bzw. (4a).

7.3.5. Exergie, Anergie

Die Exergie eines Stoffes (Zustandsgrößen p, v, T, u, i, s) ist gleich seiner Arbeitsfähigkeit, wenn er durch ausschließlich umkehrbare Zustandsänderungen (z. B. Isentrope und Isotherme) auf die Temperatur T_u und den Druck p_u der Umgebung gebracht wird. Dabei wird von Änderungen der äußeren Lage- und Bewegungsenergie und Mischvorgängen mit der Umgebung abgesehen. Seine kalorischen Zustandsgrößen sind dann u_0, i_0, s_0. Man unterscheidet zwischen der spezifischen Exergie e^* eines geschlossenen Systems (Stoffmasse 1 kg) und der spezifischen Exergie e für 1 kg eines Stoffstroms.

1. Spezifische *Exergie* e^* und *Anergie* b^* der inneren Energie eines geschlossenen Systems

$$e^* = u - u_0 - T_u(s - s_0) + p_u(v - v_0)$$

z. B.

	e^*, u	T	s	p	v
	J/kg	°K	J/kg grd	N/m²	m³/kg
oder	kpm/kg	°K	kpm/kg grd	kp/m²	m³/kg

. (18)

$$b^* = u - e^* = u_0 + T_u(s - s_0) - p_u(v - v_0). \qquad (18\text{a})$$

2. Spezifische *Exergie* e und *Anergie* b der Enthalpie eines Stoffstroms.

$$e = e^* + (p - p_u)\, v = i - i_0 - T_u(s - s_0)$$

z. B.

	e, i	T	s
	J/kg	°K	J/kg grd
oder	kpm/kg	°K	kpm/kg grd

, (18b)

$$b = i_0 + T_u(s - s_0). \qquad (18\text{c})$$

7.3.6. Freie Energie und freie Enthalpie

Diese als *thermodynamische Potentiale* bezeichneten Zustandsgrößen sind beim Ermitteln des thermodynamischen bzw. chemischen Gleichgewichts zweckmäßig. Für die spezifische freie Energie f (Helmholtz-Funktion) gilt

$$f = u - Ts. \qquad (19)$$

Das Produkt Ts nennt man *gebundene Energie*. Dabei muß man – außer bei isothermen Zustandsänderungen – mit dem Absolutwert der Entropie rechnen, für den sich entsprechend dem 3. Hauptsatz der Wärmelehre im kondensierten Zustand bei $T = 0$ °K Null ergibt. Bei isothermer Zustandsänderung ist die von einer Stoffmasse von 1 kg abzugebende Raumänderungsarbeit gleich der Abnahme der spezifischen freien Energie f; d. h., es ist $\mathrm{d}f = -p\,\mathrm{d}v$.

Für die spezifische freie Enthalpie g (Gibbs-Funktion) gilt

$$g = i - Ts. \tag{20}$$

Das stabile Gleichgewicht kommt stets der Phase zu, für die g den kleineren Wert hat. Bei isothermer Zustandsänderung ist die von einer Stoffmasse von 1 kg abgegebene technische Arbeit gleich der Abnahme der spezifischen freien Enthalpie.

7.4. Thermodynamik vollkommener Gase

Die Thermodynamik ist der Teil der Wärmelehre, der sich mit den durch Wärmeenergie hervorgerufenen Bewegungsvorgängen befaßt. Im *vollkommenen Gaszustand* werden die Anziehungskräfte der Moleküle untereinander und ihr Eigenvolumen vernachlässigt. Dieser Zustand gilt (weitgehend angenähert) nur bei niedrigen Drücken.

7.4.1. Thermische Zustandsgleichung

Ausgenommen Temperaturen in der Nähe des absoluten Nullpunkts, gilt für beliebige Stoffmenge m

$$pV = mRT \quad \text{z. B.} \tag{21}$$

	p	V	m	R	T
	N/m²	m³	kg	J/kg grd	°K
oder	kp/m²	m³	kg	kpm/kg grd	°K

für 1 kg bzw. für 1 kmol

$$pv = p/\varrho = RT \quad \text{bzw.} \quad pV_{\text{mol}} = MRT = \Re T$$

z. B.

	p	v	V_{mol}	ϱ	R	T	M	$\Re$
	N/m²	m³/kg	m³/kmol	kg/m³	J/kg grd	°K	kg/kmol	J/kmol grd
oder	kp/m²	m³/kg	m³/kmol	kg/m³	kpm/kg grd	°K	kg/kmol	kpm/kmol grd

(21a; b)

Die *allgemeine Gaskonstante* $\Re$ ist für alle vollkommenen Gase im internationalen Einheitensystem

$$\Re = 8314{,}1 \text{ J/kmol grd}$$

bzw.

$$\Re = \frac{8314{,}1}{9{,}80665} \text{ kpm/kmol grd} = 847{,}83 \text{ kpm/kmol grd},$$

$$\Re = \frac{8314{,}1}{4186{,}8} \text{ kcal/kmol grd} = 1{,}9859 \text{ kcal/kmol grd}.$$

Dieser Wert ist gleich der von 1 kmol Gas beim isobaren Erwärmen um 1 grd nach außen abgegebenen Raumänderungsarbeit. Die Gaskonstanten $R = \Re/M$ für verschiedene Gase sind der Tabelle 11 zu entnehmen. Aus (21a) ergibt sich

$$(\partial p/\partial T)_v = R/v \quad \text{und} \quad (\partial v/\partial T)_p = R/p.$$

7.4.2. Spezifische Wärmen c_p und c_v, innere Energie, Enthalpie und Entropie

Gesetz von Joule:

Die spezifischen Wärmen, die innere Energie und die Enthalpie hängen nur von der Temperatur ab.

1. Für die *spezifischen Wärmen* c_p und c_v sowie für das Verhältnis $\varkappa = c_p/c_v$ gelten folgende Formeln:

$$c_p = c_v + R; \quad \varkappa = \frac{c_p}{c_v} = 1 + \frac{R}{c_v} \quad \text{z. B.}$$

c_p, c_v, R	$\varkappa$
J/kg grd	–

Der Unterschied zwischen der spezifischen Wärme c_p bei konstantem Druck und der spezifischen Wärme c_v bei konstantem Volumen hängt nur von der Gaskonstante R des Gases ab. Die Werte für das Verhältnis $\varkappa = c_p/c_v$ sind für 0 °C der Tabelle 11 zu entnehmen. Aus der Gaskonstante R und dem Verhältnis $\varkappa$ ergeben sich die spezifischen Wärmen c_p und c_v:

$$c_p = \frac{R\varkappa}{\varkappa - 1}; \quad c_v = \frac{R}{\varkappa - 1}.$$

Man benutzt meist die Mittelwerte $[c_p]_{t_1}^{t_2}$ bzw. $[c_v]_{t_1}^{t_2}$ für den benötigten Temperaturbereich und vereinfacht die Schreibweise durch Weglassen der Klammer und Temperaturgrenzen. In Tabelle 8 ist das Verhältnis $\varkappa$ der mittleren spezifischen Wärmen für Gase zwischen 0 °C und t angegeben.

2. Die *spezifische innere Energie* wird nach (5) bzw. die *spezifische Enthalpie* nach (10) berechnet, ohne daß die Größe vom spezifischen Volumen bzw. Druck anzugeben ist.

3. Für die *spezifische Entropie* gilt

$$s - s_0 = \int_{T_0}^{T} \frac{c_p \, dT}{T} - R \ln \frac{p}{p_0} = \int_{T_0}^{T} \frac{c_v \, dT}{T} + R \ln \frac{v}{v_0}$$

z. B.

	s, c_p, c_v, R	T
	J/kg grd	°K
oder	kcal/kg grd	°K

. (22)

Für konstante wahre spezifische Wärme (einatomige Gase oder mehratomige in hinreichend kleinem Temperaturbereich) wird

$$s - s_0 = 2{,}303 \left[c_p \lg \frac{T}{T_0} - R \lg \frac{p}{p_0}\right] = 2{,}303 \left[c_v \lg \frac{T}{T_0} + R \lg \frac{v}{v_0}\right]; \tag{22a}$$

$$s - s_0 = 2{,}303 \left[c_v \lg \frac{p}{p_0} + c_p \lg \frac{v}{v_0}\right]; \tag{22b}$$

$$s - s_0 = 2{,}303 c_v \lg \left(\frac{pv^\varkappa}{p_0 v_0^\varkappa}\right) = \frac{2{,}303 R}{\varkappa - 1} \lg \left(\frac{pv^\varkappa}{p_0 v_0^\varkappa}\right). \tag{22c}$$

Maßeinheiten bei (22a; b; c) wie bei (22).

7.4.3. Umkehrbare Zustandsänderungen

Für Raumänderungsarbeit w_{12} gilt (2d) und für technische Arbeit w_t (9).

7.4.3.1. Isochore

Volumen konstant (p,v-Bild vgl. Bild 13):

$$\frac{p_2}{p_1} = \frac{T_2}{T_1}; \quad w_{12} = 0; \quad w_t = -v(p_2 - p_1); \quad q_{12} = u_2 - u_1.$$

Für konstante wahre spezifische Wärme c_v:

$$q_{12} = c_v(t_2 - t_1) = \frac{R}{\varkappa - 1}(t_2 - t_1) = \frac{v}{\varkappa - 1}(p_2 - p_1)$$

z. B.

	q_{12}	c_v, R	t	v	p	$\varkappa$
	J/kg	J/kg grd	°C	m³/kg	N/m²	–
oder	kpm/kg	kpm/kg grd	°C	m³/kg	kp/m²	–

;

$$s_2 - s_1 = 2{,}303 c_v \lg \frac{T_2}{T_1} = 2{,}303 c_v \lg \frac{p_2}{p_1}.$$

Aus $dq = c_v \, dT = T \, ds_v$ ergibt sich: $c_v = T \, ds_v/dT$; und nach (22a) ist für $v =$ konst. $s_v = 2{,}303 c_v \lg T + C_1$; d. h., im T,s-Bild (Bild 6) sind die Isovolumen Exponentialfunktionen mit der Subtangente c_v. Die Fläche s_1 1 2 s_2 stellt die zugeführte Wärmeenergie q_{12} und die Zunahme der spezifischen inneren Energie dar. Für verschiedene spezifische Volumen v und v^* ergeben sich äquidistante Kurven mit dem Abstand $R \ln (v^*/v)$ bei gleicher Temperatur.

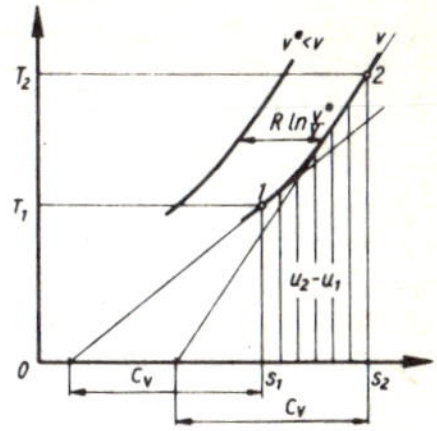

Bild 6. Isochore im T,s-Bild

7.4.3.2. Isobare

Druck konstant (p,v-Bild vgl. Bild 13):

$$\frac{v_2}{v_1} = \frac{T_2}{T_1}; \quad w_{12} = p(v_2 - v_1) = R(T_2 - T_1); \quad w_t = 0; \quad \text{z. B.}$$

	q, i, u, w
	J/kg
oder	kcal/kg

$$q_{12} = i_2 - i_1 = u_2 - u_1 + w_{12}.$$

Für konstante wahre spezifische Wärme c_p:

$$q_{12} = c_p(T_2 - T_1) = \frac{R\varkappa}{\varkappa - 1}(T_2 - T_1) = \frac{\varkappa}{\varkappa - 1} w_{12};$$

z. B.

	q, w	c_p, R	T	$\varkappa$
	J/kg	J/kg grd	°K	–
oder	kcal/kg	kcal/kg grd	°K	–

$$s_2 - s_1 = 2{,}303 c_p \lg \frac{T_2}{T_1} = 2{,}303 c_p \lg \frac{v_2}{v_1}$$

Aus $dq = c_p \, dT = T \, ds_p$ ergibt sich: $c_p = T \, ds_p/dT$, und nach (22a) ist für $p =$ konst $s_p = 2{,}303 c_p \lg T + C_2$; d. h. im T,s-Bild (Bild 7) sind die Isobaren Exponentialfunktionen mit der Subtangente c_p. Die Fläche s_1 1 2s_2 stellt die zugeführte Wärmeenergie $q_{12} = i_2 - i_1$, die Fläche s_3 3 2s_2 die Zunahme der spezifischen inneren Energie und die Fläche s_1 1 2 3s_3 die nach außen abgegebene Raumänderungsarbeit dar. Für verschiedene Drücke p und p^* ergeben sich äquidistante Kurven mit dem Abstand $-R \ln (p^*/p)$.

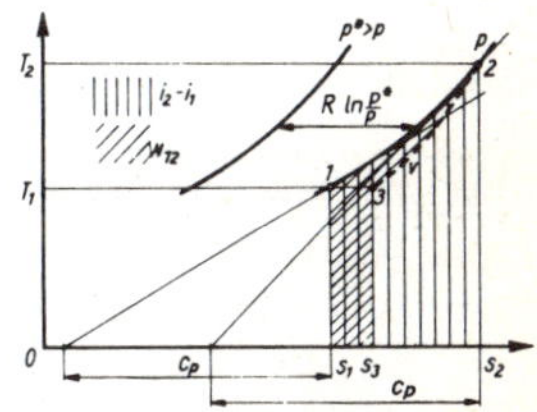

Bild 7. Isobare im T,s-Bild

7.4.3.3. Isotherme

Temperatur konstant; spezifische innere Energie und Enthalpie konstant;

$$p_1 v_1 = p_2 v_2 = RT;$$

$$w_{12} = w_t = 2{,}303 RT \lg (v_2/v_1) = -2{,}303 RT \lg (p_2/p_1) = -2{,}303 p_1 v_1 \lg (p_2/p_1);$$

$$q_{12} = w_{12}; \quad s_2 - s_1 = q_{12}/T = 2{,}303 R \lg (v_2/v_1) = -2{,}303 R \lg (p_2/p_1).$$

Da trotz Wärmezufuhr die Gastemperatur unverändert bleibt, ist die spezifische Wärme unendlich groß. Die gesamte zugeführte Wärmeenergie wird als Raumänderungsarbeit nach außen abgegeben, dabei sinkt aber der Druck, und die Entropie wächst.

Im T,s-Bild werden zugeführte Wärme, Raumänderungsarbeit und technische Arbeit durch die Rechtecksfläche mit den Seiten T und $(s_2 - s_1)$ dargestellt. Im *p,v-Bild* (Bild 8) sind die Isothermen gleichseitige Hyperbeln.

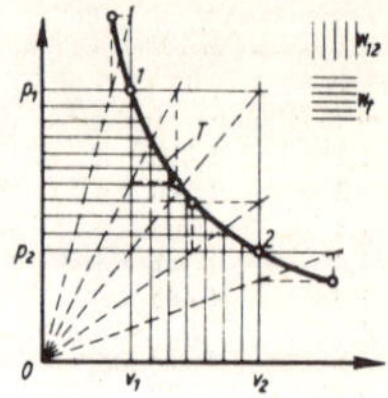

Bild 8. Konstruktion der gleichseitigen Hyperbel im p,v-Bild

Bei isothermer Gasverdichtung wird die anzuwendende technische Arbeit am kleinsten (vgl. Tab. 14 für $n = 1$); deshalb dient sie als Vergleichsarbeit des vollkommenen Gasverdichters zur Beurteilung der Güte ausgeführter Verdichter[1]). Das Wärmeäquivalent der Verdichterarbeit muß dabei während der Verdichtung nach außen abgeführt werden.[2]) Für beliebige Stoffmasse m wird der Arbeitsbedarf des vollkommenen Verdichters bei isothermer Verdichtung

$$W_T = m w_T = -2{,}303 p_S V_S \lg (p_D/p_S).$$

Weil stets Arbeit aufgewendet werden muß, ergeben sich negative Werte. Die im ausgeführten Verdichter an das Gas zu übertragende Arbeit (Innenarbeit des Verdichters) W_i ist infolge der irreversiblen Zustandsänderungen größer als W_T. Das Verhältnis W_T/W_i bezeichnet man als isothermen Innenwirkungsgrad des Verdichters η_{T-i}. Infolge der mechanischen Reibungsverluste und der für den Betrieb erforderlichen Hilfseinrichtungen des Verdichters wird die von außen dem Verdichter zugeführte Arbeit W_k größer als W_i. Der mechanische Wirkungsgrad ist $\eta_m = W_i/W_k$.

Der Arbeitsbedarf des vollkommenen Verdichters für die geförderte Volumeneinheit von 1 m³ (Gaszustand am Saugstutzen) wird bei isothermer Verdichtung:

$$W_{VT} = -2{,}303 p_S \lg (p_D p_S).$$

Nur durch Zwischenkühlen des Gases kann man sich bei großem Druckverhältnis p_D/p_S der Isotherme nähern.

7.4.3.4. Isentrope (reversible Adiabate)

Entropie konstant, keine Wärmezufuhr oder -abfuhr:

$$s_1 = s_2; \quad q_{12} = 0; \quad \text{mit (3c)} \quad w_{12} = u_1 - u_2; \quad \text{mit (8f)} \quad w_t = i_1 - i_2.$$

Da die Entropie konstant ist, ergibt sich folgende Beziehung zwischen Druck und spezifischem Volumen für Gültigkeitsbereich von (22c):

$$p_1 v_1^{\varkappa} = p_2 v_2^{\varkappa}. \tag{23}$$

Mit (21) wird die Beziehung zwischen absoluter Temperatur und spezifischem Volumen

$$T_1 v_1^{\varkappa - 1} = T_2 v_2^{\varkappa - 1} \tag{23a}$$

bzw. zwischen Temperatur und Druck

$$\frac{T_2}{T_1} = \left(\frac{p_2}{p_1}\right)^{(\varkappa - 1)/\varkappa} \tag{23b}$$

Wenn Gase, z. B. Luft, Sauerstoff, Stickstoff und Wasserstoff, bei Drücken, die wesentlich größer als 20 kp/cm² sind, als reale Gase behandelt werden müssen, sind (23) und (23a) nicht brauchbar. Nur (23b) kann für Gase, sofern die kritische Temperatur T_k (vgl. 7.2.5., Tab. 10) wesentlich kleiner als T_2 ist, für Drücke bis etwa 300 at verwendet werden.

Zur Rechenhilfe Tabelle 12.

---

[1]) Zustandsgrößen für Gaszustand am Saugstutzen erhalten Fußzeiger S, am Druckstutzen Fußzeiger D

[2]) Bei realen Gasen kann die nach außen während der Verdichtung abgeführte Wärmemenge größer oder kleiner als die Verdichterarbeit sein

Tabelle 12. Volumen- und Temperaturverhältnis abhängig vom Druckverhältnis gemäß (23), (23a) und (23b). Für $p_2/p_1 < 1$ sind die Kehrwerte der Zahlen der Tabelle zu bilden

$\varkappa$	1,1		1,2		1,3		1,4	
p_2/p_1	v_1/v_2	T_2/T_1	v_1/v_2	T_2/T_1	v_1/v_2	T_2/T_1	v_1/v_2	T_2/T_1
1,1	1,090	1,0087	1,083	1,0160	1,076	1,0221	1,070	1,0276
1,2	1,180	1,0167	1,164	1,0309	1,151	1,0430	1,139	1,0535
1,3	1,269	1,0241	1,244	1,0447	1,224	1,0624	1,206	1,0778
1,4	1,358	1,0311	1,323	1,0577	1,295	1,0807	1,271	1,1009
1,5	1,445	1,0376	1,401	1,0699	1,366	1,0981	1,336	1,1228
1,6	1,533	1,0437	1,479	1,0815	1,436	1,1144	1,399	1,1437
1,7	1,620	1,0494	1,557	1,0925	1,504	1,1303	1,461	1,1637
1,8	1,706	1,0549	1,633	1,1029	1,571	1,1453	1,522	1,1829
1,9	1,791	1,0601	1,706	1,1129	1,638	1,1597	1,581	1,2013
2,0	1,879	1,065	1,782	1,1225	1,705	1,1735	1,641	1,219
2,5	2,300	1,087	2,145	1,165	2,023	1,235	1,924	1,299
3,0	2,715	1,105	2,498	1,201	2,330	1,289	2,193	1,369
3,5	3,126	1,121	2,842	1,232	2,624	1,336	2,449	1,431
4,0	3,505	1,134	3,177	1,260	2,907	1,378	2,692	1,487
4,5	3,925	1,147	3,500	1,285	3,178	1,415	2,926	1,537
5,0	4,320	1,158	3,824	1,308	3,449	1,450	3,156	1,584
5,5	4,710	1,167	4,142	1,328	3,712	1,482	3,378	1,627
6,0	5,100	1,177	4,447	1,348	3,970	1,512	3,598	1,668
6,5	5,483	1,186	4,760	1,366	4,218	1,540	3,809	1,707
7,0	5,861	1,194	5,058	1,383	4,467	1,566	4,012	1,742
7,5	6,250	1,201	5,360	1,399	4,710	1,591	4,217	1,778
8,0	6,620	1,208	5,650	1,414	4,950	1,616	4,415	1,811
8,5	6,997	1,215	5,950	1,429	5,187	1,639	4,612	1,843
9,0	7,370	1,221	6,240	1,442	5,420	1,660	4,800	1,873
9,5	7,742	1,227	6,528	1,455	5,651	1,681	4,993	1,903
10,0	8,120	1,233	6,820	1,468	5,885	1,701	5,188	1,931
11	8,845	1,244	7,376	1,491	6,325	1,739	5,544	1,984
12	9,574	1,253	7,931	1,513	6,763	1,774	5,900	2,034
13	10,300	1,263	8,478	1,533	7,193	1,807	6,247	2,081
14	11,010	1,271	9,018	1,549	7,614	1,839	6,587	2,126
15	11,730	1,279	9,551	1,570	8,030	1,868	6,919	2,168
16	12,44	1,287	10,08	1,587	8,438	1,896	7,246	2,208
17	13,14	1,294	10,60	1,604	8,841	1,923	7,566	2,247
18	13,84	1,301	11,12	1,619	9,238	1,948	7,882	2,284
19	14,54	1,307	11,63	1,633	9,631	1,973	8,192	2,319
20	15,23	1,313	12,14	1,648	10,02	1,996	8,498	2,354
21	15,93	1,319	12,64	1,661	10,40	2,019	8,803	2,387
22	16,61	1,324	13,14	1,674	10,78	2,041	9,097	2,418
23	17,30	1,330	13,64	1,688	11,15	2,062	9,390	2,449
24	17,97	1,335	14,13	1,698	11,53	2,082	9,680	2,479
25	18,65	1,340	14,62	1,710	11,89	2,102	9,967	2,508
26	19,34	1,345	15,10	1,721	12,26	2,121	10,25	2,537
27	20,01	1,349	15,58	1,732	12,62	2,140	10,53	2,564
28	20,68	1,354	16,07	1,743	12,98	2,158	10,81	2,591
29	21,36	1,358	16,54	1,753	13,33	2,175	11,08	2,617
30	22,02	1,362	17,02	1,763	13,68	2,192	11,35	2,643

Tabelle 12 (Fortsetzung)

$\varkappa$	1,1		1,2		1,3		1,4	
p_2/p_1	v_1/v_2	T_2/T_1	v_1/v_2	T_2/T_1	v_1/v_2	T_2/T_1	v_1/v_2	T_2/T_1
31	22,69	1,366	17,49	1,773	14,03	2,209	11,62	2,667
32	23,35	1,370	17,96	1,782	14,38	2,225	11,89	2,692
33	24,01	1,374	18,43	1,792	14,69	2,241	12,15	2,715
34	24,68	1,378	18,89	1,800	15,06	2,256	12,42	2,739
35	25,34	1,382	19,35	1,809	15,41	2,272	12,67	2,761
36	25,99	1,385	19,81	1,817	15,74	2,287	12,93	2,784
37	26,65	1,389	20,26	1,826	16,07	2,301	13,19	2,806
38	27,30	1,392	20,72	1,834	16,41	2,315	13,44	2,827
39	27,95	1,395	21,18	1,842	16,74	2,329	13,69	2,848
40	28,60	1,398	21,63	1,850	17,07	2,343	13,94	2,869

Nach (2d) mit (23) und (21) wird die Raumänderungsarbeit w_{12} je kg des Arbeitsstoffs

$$w_{12} = \int_{v_1}^{v_2} p \,\mathrm{d}v = p_1 v_1^{\varkappa} \int_{v_1}^{v_2} v^{-\varkappa} \,\mathrm{d}v = \frac{p_1 v_1}{\varkappa - 1}\left[1 - \left(\frac{p_2}{p_1}\right)^{(\varkappa-1)/\varkappa}\right]$$

$$= \frac{p_1 v_1}{\varkappa - 1}\left[1 - \left(\frac{v_1}{v_2}\right)^{\varkappa-1}\right] = \frac{R T_1}{\varkappa - 1}\left(1 - \frac{T_2}{T_1}\right) = \frac{R(T_1 - T_2)}{\varkappa - 1} = \frac{p_1 v_1 - p_2 v_2}{\varkappa - 1}$$

z. B.

w_{12}	p	v	R	T
J/kg	N/m²	m³/kg	J/kg grd	°K
oder kpm/kg	kp/m²	m³/kg	kpm/kg grd	°K

(24)

Da nach 7.4.2. $c_v = \dfrac{R}{\varkappa - 1}$ bzw. $c_p \dfrac{R\varkappa}{\varkappa - 1}$ ist, wird

$$w_{12} = c_v(T_1 - T_2) = \frac{c_p(T_1 - T_2)}{\varkappa} = \frac{i_1 - i_2}{\varkappa}$$

z. B.

w_{12}	c_v, c_p	T	$\varkappa$
J/kg	J/kg grd	°K	–
oder kcal/kg	kcal/kg grd	°K	–

(25)

$$w_t = \varkappa w_{12}. \tag{26}$$

Im T,s-Bild (Bild 9) stellt die Fläche $1 s_1 s_3$ 3 die Abnahme der inneren Energie und die Raumänderungsarbeit w_{12} die Fläche $1 s_1 s_4$ 4 die Abnahme der Enthalpie und die technische Arbeit w_t dar. Bild 10 zeigt die Konstruktion der Adiabate im p,v-Bild bei gegebenem Anfangszustand *1* und Endzustand *2*. Zwischenpunkte

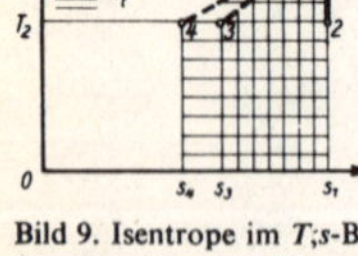

Bild 9. Isentrope im T,s-Bild

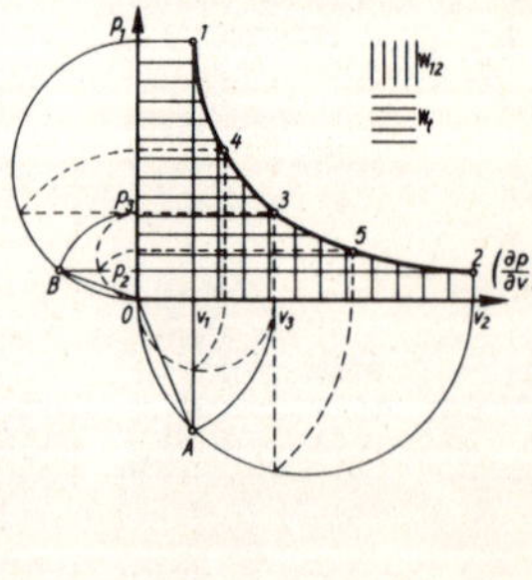

Bild 10. Konstruktion der Isentrope im p,v-Bild

ergeben sich als geometrische Mittelwerte nach dem Kathetensatz. Man zeichnet die Halbkreise mit den Durchmessern v_2 und p_1 und die Parallele durch Punkt *1* zur Ordinatenachse und Punkt *2* zur Abszissenachse, die die Halbkreise in *A* und *B* schneiden. Die Strecken $\overline{OA}$ bzw. $\overline{OB}$ entsprechen dem spezifischen Volumen v_3 bzw. dem Druck p_3 des ersten Zwischenpunktes. Die weiteren Zwischenpunkte *4* und *5* ergeben sich in der aus Bild 10 ersichtlichen Weise. Konstruktion bei gegebenem Anfangszustand und Adiabatenexponent $\varkappa$ vgl. unter 7.4.3.5. Polytrope.

Bei ungekühltem Gasverdichter[1]) dient als Vergleich der vollkommene Verdichter mit isentroper Verdichtung. Für beliebige Stoffmassen m gilt:

$$W_s = m \cdot w_s = -\frac{\varkappa p_S V_S}{\varkappa - 1}\left[\left(\frac{p_D}{p_S}\right)^{(\varkappa-1)/\varkappa} - 1\right].$$

Das Verhältnis W_s/W_i bezeichnet man als isentropen Innenwirkungsgrad des Verdichters η_{s-i} (für Kreiselverdichter vgl. 7.7.1., Bild 40).
Der Arbeitsbedarf des vollkommenen Verdichters für 1 m³ (Gaszustand am Saugstutzen) wird bei isentroper Verdichtung

$$W_{Vs} = -\frac{\varkappa}{\varkappa - 1} p_S \left[\left(\frac{p_D}{p_S}\right)^{(\varkappa-1)/\varkappa} - 1\right]. \qquad (27)$$

Das Verhältnis des Arbeitsbedarfs W_{VT} bei isothermer Verdichtung zu W_{Vs} hängt nur vom Druckverhältnis (p_D/p_S) und dem Exponenten $\varkappa$ ab.
Bei mehrstufigen Verdichtern mit Zwischenkühlung auf Anfangstemperatur wird bei gleichem Druckverhältnis je Stufe der Arbeitsbedarf für alle Stufen gleich, solange das Gas als „vollkommen“ anzusehen ist.

7.4.3.5. Polytrope

Die Raumänderungsarbeit w_{12} ist durch den Anfangs- und Endzustand eindeutig bestimmt, so daß sich die Wärmeenergie q_{12} nach (3c) und die technische Arbeit w_t nach (9) berechnen lassen.
Kann die Abhängigkeit der wahren spezifischen Wärme c_v von der Temperatur vernachlässigt werden, so ist auch für jede Polytrope die spezifische Wärme c_n konstant. Es gelten die Gln. (23), (23a), (23b), (24), (26) und (27), wobei nur statt $\varkappa$ stets der Polytropenexponent n einzusetzen ist:

$$n = \frac{c_p - c_n}{c_v - c_n}; \qquad c_n = \frac{(n - \varkappa)\, c_v}{n - 1}. \qquad (28;\ 28a)$$

Für $n < \varkappa$ sinkt trotz Wärmezufuhr beim Ausdehnen die Temperatur, die spezifische Wärme wird negativ, weil die zugeführte Wärmeenergie zum Decken der abgegebenen Raumänderungsarbeit nicht ausreicht, die z. T. noch auf Kosten der inneren Energie bestritten wird. Statt (25) gilt

$$w_{12} = (c_n - c_v)(T_2 - T_1);$$

$$q_{12} = c_n(T_2 - T_1) = \frac{\varkappa - n}{\varkappa - 1} w_{12};$$

$$s_2 - s_1 = 2{,}303\, c_n \lg\frac{T_2}{T_1} = 2{,}303\, c_n \lg\frac{p_2 v_2}{p_1 v_1}.$$

[1]) Zustandsgrößen für Gaszustand am Saugstutzen erhalten Fußzeiger *S*, am Druckstutzen Fußzeiger *D*

Im T,s-Bild für $1 < n < \varkappa$ (Bild 11) stellt die Fläche $s_1\,1\,2s_2$ die während der Ausdehnung zugeführte Wärmeenergie q_{12}, die Fläche $s_1\,1\,3s_3$ die Abnahme der spezifischen inneren Energie $(u_1 - u_2)$, die Fläche $s_3\,3\,1\,2s_2$ die Raumänderungsarbeit w_{12} und die Fläche $s_4\,4\,1\,2s_2$ die technische Arbeit w_t dar.
Bild 12 zeigt die Konstruktion der Polytrope bei gegebenem Anfangszustand *1* und Polytropenexponent n. Dabei ist $\tan\alpha$ beliebig und $\tan\beta = (1 + \tan\alpha)^n - 1$. (Werte für $\tan\beta$ in Abhängigkeit von n bei $\tan\alpha = 0{,}25$ sind aus Tabelle 13 zu ersehen.) Für $v_2 > v_1$ muß man durch v_1 die Senkrechte zur Abszissenachse bis zum Schnittpunkt A mit dem zweiten Schenkel des Winkels α und durch A die unter 45° geneigte Gerade bis zur Abszissenachse zeichnen, um das spezifische Volumen v_2 für den zweiten Polytropenpunkt zu finden. Der zugehörende Druck p_2 ergibt sich mit Hilfe der unter 45° zur Ordinatenachse geneigten Geraden durch p_1, die den zweiten Schenkel des Winkels β in B schneidet, und der Senkrechten zur Ordinatenachse durch B. Für $v_3 < v_1$ ist durch v_1 die unter 45° zur Abszissenachse geneigte Gerade bis zum Schnittpunkt C und durch p_1 die Senkrechte zur Ordinatenachse bis zum Schnittpunkt D und durch D die unter 45° geneigte Gerade bis zur Ordinatenachse zu zeichnen.

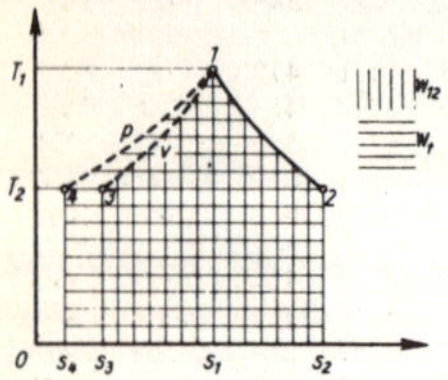

Bild 11. Polytrope $1 < n < \varkappa$ im T,s-Bild

Bild 13 zeigt verschiedene Polytropen im p,v-Bild mit positivem Exponenten n von Null bis Unendlich; es ist für die Isochore mit $w_{12} = 0$ und $q_{12}/w_{12} = (\varkappa - n)/(\varkappa - 1)$ der Exponent $n = \pm\infty$ für die Isobare mit $p_1 = p_2$ und $p_1 v_1^n = p_2 v_2^n$ der Exponent $n = 0$; für die Isotherme mit $p_1 v_1 = p_2 v_2$ der Exponent $n = 1$ und für die Isentrope (reversible Adiabate) der Exponent $n = \varkappa$.

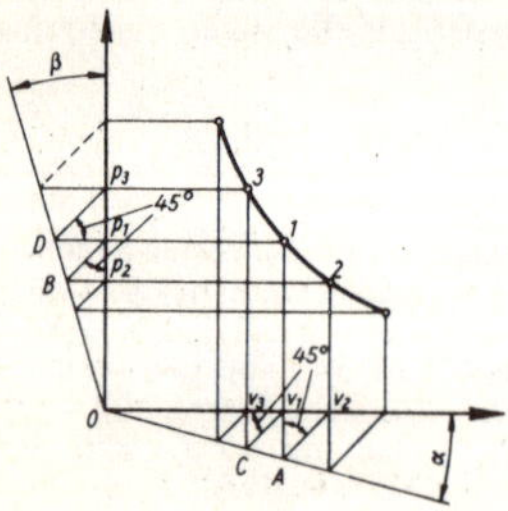

Bild 12. Konstruktion der Polytrope im p,v-Bild

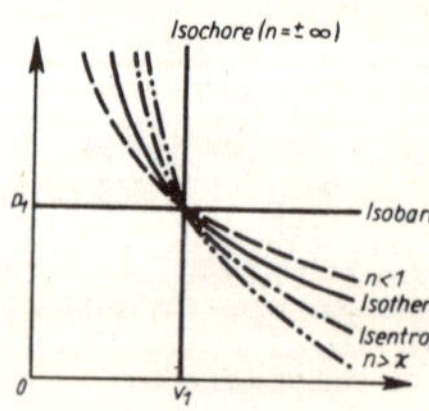

Bild 13. Polytropen im p,v-Bild

Tabelle 13. Werte für $\tan\beta$ bei $\tan\alpha = 0{,}25$ in Abhängigkeit vom Polytropenexponent n

n	1,05	1,10	1,135	1,15	1,20	1,25	1,30	1,35	1,40	1,45
$\tan\beta$	0,264	0,278	0,288	0,293	0,307	0,322	0,337	0,352	0,367	0,382

Der Arbeitsbedarf des vollkommenen Verdichters für 1 m³ (Gaszustand am Saugstutzen) bei polytroper Verdichtung nach (27) ist für 1 at Anfangsdruck, verschiedene Druckverhältnisse und verschiedene Polytropenexponenten n der Tabelle 14 zu entnehmen.

Um Expansions- oder Kompressionslinien von p,V-Diagrammen ausgeführter Kolbenmaschinen zu untersuchen, entnimmt man nicht nur für Beginn und Ende der Expansions- bzw. Kompressionslinie, sondern auch für verschiedene Zwischenpunkte zusammengehörende Werte p und V und trägt in einem recht-

Tabelle 14. Spezifischer Arbeitsbedarf (kpm/m^3) des vollkommenen Verdichters mit polytroper Verdichtung bei $p_1 = 1$ at Anfangsdruck. Das negative Vorzeichen wurde stets weggelassen. Zum Umrechnen in die kohärente Einheit des internationalen Einheitensystems (J/m^3) sind die Zahlenwerte mit 9,80665 zu multiplizieren, zum Umrechnen in $kcal/m^3$ sind die Zahlenwerte durch 427 zu dividieren

Druckverhältnis	Polytropenexponent				
p_2/p_1	1,0	1,1	1,2	1,3	1,4
1,1	953	957	961	964	966
1,2	1823	1838	1851	1862	1871
1,3	2624	2655	2682	2705	2724
1,4	3365	3417	3461	3499	3532
1,5	4055	4131	4195	4251	4299
1,6	4700	4802	4888	4958	5030
1,7	5306	5436	5548	5645	5730
1,8	5878	6038	6176	6295	6400
1,9	6419	6610	6835	6918	7045
2,0	6930	7154	7348	7517	7665
2,5	9165	9570	9900	10183	10465
3,0	10990	11550	12060	12523	12915
3,5	12530	13310	13920	14560	15085
4,0	13865	14740	15600	16380	17045
4,5	15040	16170	17100	17983	18795
5,0	16100	17330	18460	19490	20434
5,5	17050	18370	19680	20887	21945
6,0	17920	19470	20880	22186	23380
6,5	18720	20460	21960	23400	24745
7,0	19460	21287	22854	24563	26027
7,5	20150	22110	23940	25610	27230
8,0	20800	22880	24840	26690	28400
8,5	21405	23650	25740	27690	29500
9,0	21980	24310	26520	28600	30555
9,5	22520	24970	27300	29510	31605
10,0	23030	25630	28080	30380	32590

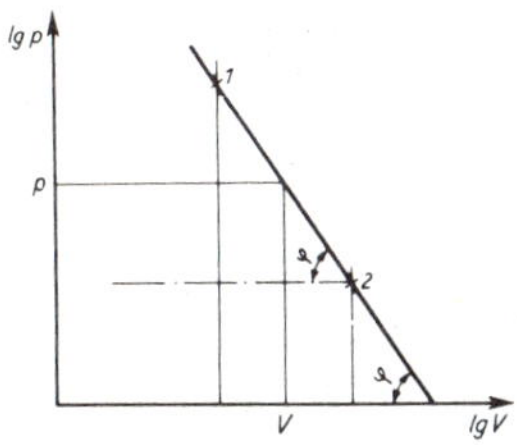

Bild 14. Polytrope im lg p, lg V-Bild

winkligen Koordinatensystem lg V und lg p entsprechend Bild 14 auf. Aus der Polytropengleichung $p_1 V_1^n = p \cdot V^n$ ergibt sich:

$$\lg p_1 + n \lg V_1 = \lg p + n \lg V,$$

$$n = -(\lg p_1 - \lg p)/(\lg V_1 - \lg V).$$

Läßt sich durch alle Punkte im Bild 14 genau genug eine Gerade legen, so ist die Expansions- bzw. Kompressionslinie eine Polytrope, wobei der Polytropenexponent $n = \tan \varphi$ ist.

7.4.4. Kreisprozesse mit umkehrbaren Zustandsänderungen

Als Beispiele sind vier rechtsläufige Prozesse (Kraftmaschinenprozesse) gewählt.

7.4.4.1. Carnotscher Prozeß

Darstellung im T,s-Bild ergibt Rechteck, im p,v-Bild *sehr schmalen* Flächenstreifen (Bild 15). Unabhängig von der Größe der zugeführten Wärmeenergie ist der thermische Wirkungsgrad

$$\eta_{th} = 1 - T_0/T.$$

Er wird um so größer, bei je höherer Temperatur T die Wärmezufuhr und bei je tieferer Temperatur T_0 die Wärmeabfuhr erfolgen. Am vorteilhaftesten ist die Wärmeabfuhr bei der Umgebungstemperatur T_u, wobei $\eta_{th} = 1 - T_u/T$.

1. Isothermes Ausdehnen: $p_1/p_2 = v_2/v_1$; bei hoher Temperatur T zugeführte Wärmeenergie $q = T(s_2 - s_1)$; Raumänderungsarbeit $w_{12} = 2{,}303 RT \lg (p_1/p_2) = 2{,}303\ RT \lg (v_2/v_1)$. Die Gaskonstante R ist in J/kg grd bzw. kcal/kg grd einzusetzen, damit sich die Wärmeenergie q und die Raumänderungsarbeit w_{12} in den Maßeinheiten J/kg bzw. kcal/kg ergeben.

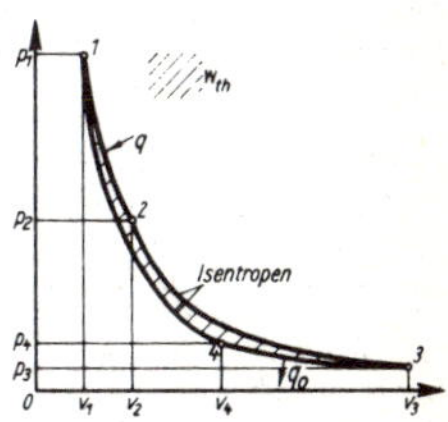

Bild 15. Carnotprozeß im p,v-Bild

2. *Isentropes Ausdehnen* bis zur Temperatur T_0 (am vorteilhaftesten Umgebungstemperatur T_u);

$$\frac{T}{T_0} = \left(\frac{p_2}{p_3}\right)^{(\varkappa-1)/\varkappa} = \left(\frac{v_3}{v_2}\right)^{\varkappa-1}; \quad w_{23} = \frac{R(T - T_0)}{\varkappa - 1}$$

3. *Isothermes Verdichten;* $p_4/p_3 = v_3/v_4$; bei T_0 abgeführte Wärmeenergie

$$q_0 = T_0(s_3 - s_4) = T_0(s_2 - s_1);$$
$$w_{34} = 2{,}303RT_0 \lg(p_3/p_4) = 2{,}303RT_0 \lg(v_4/v_3).$$

4. *Isentropes Verdichten* bis zur Temperatur T:

$$\frac{T}{T_0} = \left(\frac{p_1}{p_4}\right)^{(\varkappa-1)/\varkappa} = \left(\frac{v_4}{v_1}\right)^{\varkappa-1}; \quad w_{41} = \frac{R(T_0 - T)}{\varkappa - 1} = -w_{23}; \quad \frac{v_4}{v_1} = \frac{v_3}{v_2}; \quad \frac{p_4}{p_1} = \frac{p_3}{p_2};$$

$$w_{th} = w_{12} + w_{34} = 2{,}303R(T - T_0)\lg(p_1/p_2) = 2{,}303R(T - T_0)\lg(v_2/v_1).$$

Die Kreisprozeßarbeit je Masseeinheit ist im Hinblick auf den erforderlichen Baustoffaufwand der Maschine (großer Unterschied der spezifischen Volumen und der Drücke) klein. Ihr Verhältnis zur erforderlichen Änderung des Zylinderinhaltes (Hubraumes) der Kolbenmaschine nennt man den *mittleren Kolbendruck* $p_{m\,th}$ *der vollkommenen Maschine:*

$$p_{m\,th} = \frac{w_{th}}{v_{max} - v_{min}} = \frac{w_{th}}{v_3 - v_1} \quad (29)$$

z. B.

	$p_{m\,th}$	w_{th}	v
	N/m²	J/kg	m³/kg
oder	kp/m²	kpm/kg	m³/kg

7.4.4.2. Gleichraumprozeß

Idealprozeß für Ottomotor mit zwei Isochoren und zwei Isentropen; dargestellt in den Bildern 16 und 17, wobei Punkt 1 der Anfangszustand (beim Motor ohne Aufladung Zustand der Umgebungsluft) ist. Man nennt ihn „offenen Kreisprozeß", weil der Arbeits-

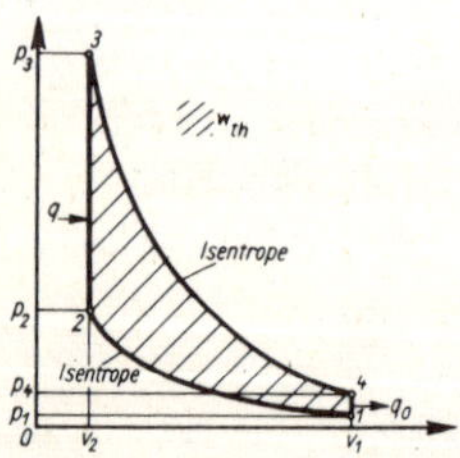

Bild 16. Gleichraumprozeß im p,v-Bild

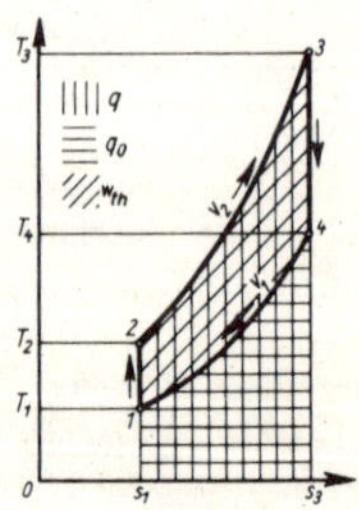

Bild 17. Gleichraumprozeß im T,s-Bild

stoff nach jedem Kreisprozeß ausgewechselt wird. Man bezeichnet das Verhältnis des größten zum kleinsten Zylinderinhalt als *Verdichtungsverhältnis* $\varepsilon = v_1/v_2$. Hiermit ergibt sich für isentropes Verdichten und Ausdehnen gemäß (23), (23a) und (24)

$$\frac{p_2}{p_1} = \varepsilon^{\varkappa}; \quad \frac{T_2}{T_1} = \varepsilon^{\varkappa-1}; \quad w_{12} = \frac{p_1 v_1}{\varkappa - 1}(1 - \varepsilon^{\varkappa-1})$$

z. B.

	w_{12}	p_1	v_1	$\varkappa, \varepsilon$
	J/kg	N/m²	m³/kg	–
oder	kpm/kg	kp/m²	m³/kg	–

Ferner wird, vgl. 7.4.3.1. und Bild 17, für isovolum

zugeführte Wärmeenergie	abgeführte Wärmeenergie
$q = c_v(T_3 - T_2)$,	$q_0 = c_v(T_4 - T_1)$.

Werden c_v und $\varkappa$ als unveränderlich angenommen, obwohl sich beim Verdichten im Zylinder brennbares Gas-Luft-Gemisch und beim Ausdehnen Verbrennungsgase befinden und die Temperaturbereiche verschieden sind, dann gelten die Beziehungen

$$\frac{p_2}{p_1} = \frac{p_3}{p_4}; \quad \frac{T_3}{T_2} = \frac{T_4}{T_1}; \quad \frac{T_3 - T_2}{T_4 - T_1} = \frac{T_2}{T_1} = \frac{q}{q_0} = \varepsilon^{\varkappa - 1};$$

$$w_{th} = q - q_0 = q\left(1 - \frac{1}{\varepsilon^{\varkappa - 1}}\right) = q\eta_{th}$$

z. B.

w, q	$\varepsilon, \varkappa, \eta_{th}$
J/kg	–
oder kcal/kg	–
oder kpm/kg	–

Der *thermische Wirkungsgrad*

$$\eta_{th} = \frac{w_{th}}{q} = 1 - \frac{q_0}{q} = 1 - \frac{1}{\varepsilon^{\varkappa - 1}}$$

nimmt also mit wachsendem Verdichtungsverhältnis ε und steigendem Adiabatenexponent $\varkappa$ zu, ist aber unabhängig von der Größe der zugeführten Wärmeenergie. Nach der obigen Formel errechnete Werte von η_{th} sind in Tabelle 15 zusammengestellt.

Tabelle 15. Thermischer Wirkungsgrad η_{th} für Gleichraumprozeß

$\frac{c_p}{c_v} = \varkappa$	Verdichtungsverhältnis ε									
	2	4	6	8	10	12	14	16	18	20
1,30	0,188	0,340	0,416	0,464	0,499	0,525	0,547	0,565	0,580	0,593
1,35	0,215	0,384	0,466	0,517	0,553	0,581	0,603	0,621	0,636	0,650
1,40	0,242	0,426	0,512	0,565	0,602	0,630	0,652	0,670	0,685	0,698

Der mittlere Kolbendruck der vollkommenen Maschine ist nach (29)

$$p_{m\,th} = \frac{w_{th}}{v_1 - v_2} = \frac{q\eta_{th}}{v_1(1 - v_2/v_1)} = \frac{\varepsilon q \eta_{th}}{v_1(\varepsilon - 1)} \tag{29a}$$

z. B.

$p_{m\,th}$	w, q	v	η_{th}, ε
N/m²	J/kg	m³/kg	–
oder kp/m²	kpm/kg	m³/kg	–

Der Kreisprozeß, der im ausgeführten Ottomotor tatsächlich durchgeführt wird, enthält nur irreversible Zustandsänderungen, so daß bei gleicher zugeführter Wärmeenergie q je Kilogramm Arbeitsstoff die in der Maschine an den Kolben abgegebene Innenarbeit w_i (indizierte Arbeit) kleiner als die Arbeit w_{th} ist. Damit werden der thermische Innenwirkungsgrad η_i und der mittlere innere Kolbendruck p_{mi} stets kleiner als bei dem Gleichraumprozeß. Infolge des Arbeitsbedarfs der für den Betrieb erforderlichen Hilfseinrichtungen und der mechanischen Reibungsverluste wird die nach außen abgegebene Nutzarbeit w_e kleiner als die Innenarbeit w_i. Wird der Idealprozeß als Vergleichsprozeß benutzt, so bezeichnet man als Gütegrad η_g das Verhältnis w_i/w_{th} und als mechanischen Wirkungsgrad das

Verhältnis $\eta_m = w_e/w_i$. Der thermische Innenwirkungsgrad η_i ist beim ausgeführten Ottomotor:

$$\eta_i = \frac{w_i}{q} = \frac{w_{th}}{q}\,\frac{w_i}{w_{th}} = \eta_{th}\eta_g$$

und der thermische Nutzwirkungsgrad

$$\eta_e = \frac{w_e}{q} = \frac{w_i}{q}\,\frac{w_e}{w_i} = \eta_{th}\eta_g\eta_m.$$

7.4.4.3. Gleichraum-Gleichdruck-Prozeß

Der Idealprozeß für den Dieselmotor unterscheidet sich vom Gleichraumprozeß nur dadurch, daß ein Teil der Wärmeenergie isovolum und der Rest isobar zugeführt werden, Bilder 18

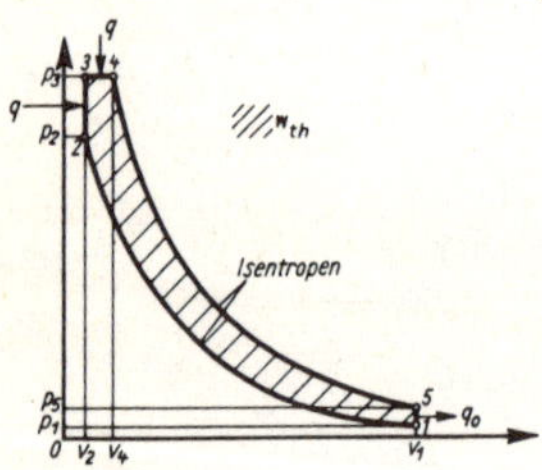

Bild 18. Gleichraum-Gleichdruck-Prozeß im p,v-Bild

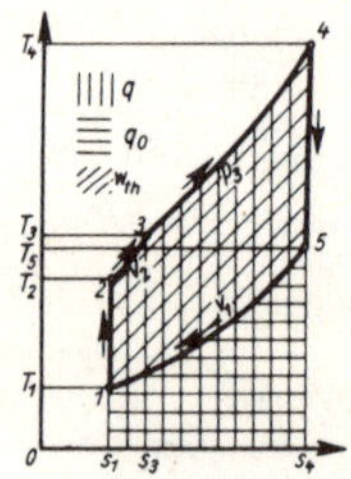

Bild 19. Gleichraum-Gleichdruck-Prozeß im T,s-Bild

und 19. Für $p_{m\,th}$ gilt (29a). Mit Drucksteigerungsverhältnis $\psi = p_3/p_2$ und Volldruckverhältnis $\varrho = v_4/v_3$ ergibt sich bei Annahme konstanter spezifischer Wärmen

$$\eta_{th} = 1 - \frac{\psi\varrho^{\varkappa-1}}{\varepsilon^{\varkappa-1}[\psi - 1 + \varkappa\psi(\varrho - 1)]}.$$

Für den Kreisprozeß im ausgeführten Dieselmotor gilt sinngemäß 7.4.4.2.

7.4.4.4. Ericsonprozeß

Idealprozeß für Gasturbinen mit zwei Isobaren und zwei Isothermen, Bilder 20 und 21. Der Prozeß wird in mehreren getrennten Bauteilen durchgeführt. Die isobar zugeführte und im T,s-Bild durch die Fläche $s_2\,2\,3\,s_3$ dargestellte Wärmeenergie $q_{2\,3}$ ist gleich der isobar abgeführten und durch die Fläche $s_1\,1\,4\,s_4$ dargestellten Wärmeenergie q_{41}. Da diese Wärmeenergien in einem vollkommenen Gegenstromwärmeaustauscher umgesetzt werden können, muß von außen nur isotherm bei der Temperatur T die Wärmeenergie

$$q = q_{34} = 2{,}303RT\lg(p/p_0)$$

zugeführt und an die Umgebung isotherm bei der Temperatur T_u die Wärmeenergie

$$q_0 = q_{12} = 2{,}303RT_u\lg(p/p_0)$$

abgegeben werden. Damit ergibt sich der gleiche thermische Wirkungsgrad wie beim *Carnot-Prozeß:*

$$\eta_{th} = 1 - T_u/T.$$

Praktisch kann man sich jedoch dem isothermen Ausdehnen nur durch Zwischenerhitzen und dem isothermen Verdichten durch Zwischenkühlen annähern.

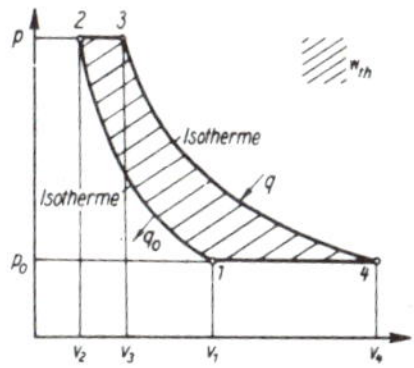

Bild 20. Ericsonprozeß im p,v-Bild

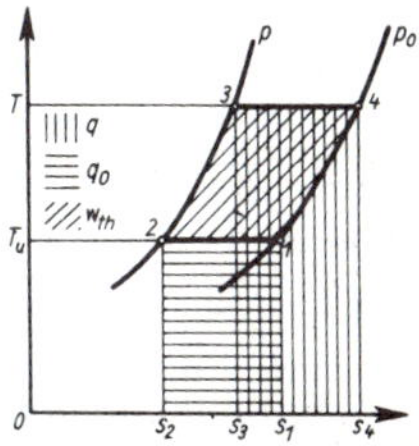

Bild 21. Ericsonprozeß im T,s-Bild

Außer dem Ericsonprozeß verwendet man als Vergleichsprozeß für Gasturbinen auch den Kreisprozeß der Heißluftmaschine mit zwei Isobaren und zwei Isotropen (Clausius-Rankine-Kreisprozeß). Bei Annahme konstanter spezifischer Wärme c_p wird der thermische Wirkungsgrad

$$\eta_{th} = 1 - \left(\frac{p_1}{p_2}\right)^{(\varkappa-1)/\varkappa}.$$

7.4.5. Drosselung (nichtumkehrbare Zustandsänderung)

Der Verlauf eines nichtumkehrbaren Vorgangs läßt sich in seinen Einzelheiten nicht verfolgen, weil sich die Zustandsgrößen der verschiedenen Stoffteilchen ungleichmäßig ändern. Zeitlich bzw. örtlich lassen sich Zustandsgrößen nur angeben, wenn sie für alle Stoffteilchen einigermaßen gleichmäßig sind.

Beispiel. Gasstrom in einer Rohrleitung, die stellenweise durch Einbauten (Blenden, Ventile, Filtereinsätze usw.) verengt ist. Infolge der an der Drosselstelle auftretenden Reibung und Wirbelbildung nimmt der Gasdruck ab, und nur genügend weit vor und hinter der Drosselstelle in Bild 22 ist die Strömung so gleichmäßig, daß sich die eingeschriebenen Zustandsgrößen messen lassen. Unter der Voraussetzung, daß kein Wärmeaustausch mit der Umgebung erfolgt und die Änderung der äußeren Lageenergie belanglos klein ist, gilt allgemein (8c):

$$(v_{aA}^2 - v_{aE}^2)/2 = i_E - i_A \qquad \left|\frac{v_a}{\text{m/s}}\right|\frac{i}{\text{J/kg}}\right|.$$

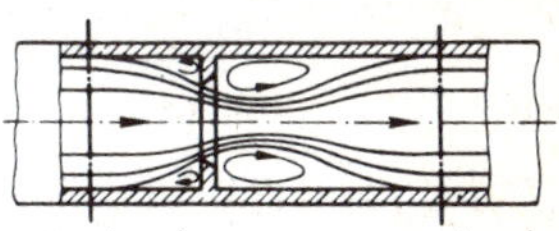

Bild 22. Drosselung

Drosselung: *Konstanz der Enthalpie.* Ist der Unterschied der äußeren Strömungsgeschwindigkeiten v_{aA} und v_{aE} hinreichend klein, so verändert sich beim Drosseln bei allen Stoffen die Enthalpie nicht. Beim vollkommenen Gas bleiben damit auch die innere Energie und die Temperatur gleich, dagegen wächst die spezifische Entropie (vgl. Bild 7) um $\Delta s = s_A - s_E = R \ln (p_E/p_A)$. Durch das Drosseln ist – wie bei jedem nichtumkehrbaren Vorgang – ein Verlust an Exergie bedingt, denn bei isothermer Expansion von 1 kg des Gases vom Druck p_E auf den Druck p_A bei Umgebungstemperatur T_u würde die technische Arbeit

w_t aus der Wärmeenergie der Umgebung erzeugt, vgl. 7.4.3.3.

$$w_t = 2{,}303 R T_u \lg (p_E/p_A).$$

Wie bei allen nichtumkehrbaren Vorgängen wird der Verlust an Exergie

$T_u \Delta s = w_t$ z. B. (30)

	T	s	w_t
	°K	J/kg grd	J/kg
oder	°K	kcal/kg grd	kcal/kg
oder	°K	kpm/kg grd	kpm/kg

Der Drosselvorgang läßt sich bei realen Gasen (Abschn. 7.5. bzw. 7.6.2.) im T,s-Diagramm mit Linien konstanter Enthalpie i (z. B. für trockene Luft Bild 24, s. Beilage) oder im Mollier-i,s-Diagramm (z. B. für Wasserdampf Bild 29, s. Beilage) leicht verfolgen. Je nach der Höhe der Temperatur t_E und des Druckes p_E kann bei sehr geringer (differentialer) Drosselung die Temperatur abnehmen, gleichbleiben oder ansteigen, d. h., es ist $\left(\frac{\partial T}{\partial p}\right)_i \gtreqless 0$.
Bei absoluten Temperaturen, die kleiner als 6,75 T_K (vgl. Abschn. 7.2.5., Tab. 11) sind, ergibt sich für T_E bei einem bestimmten Druck, dem Inversionsdruck p_{inv}, der Maximalwert der Enthalpie. Will man durch Drosseln eine möglichst starke Abkühlung erreichen, so muß $p_E = p_{inv}$ sein. Beim Drosseln von $p_E > p_{inv}$ auf p_{inv} ergibt sich eine Temperaturerhöhung.
Bei der Gasverflüssigung geht man von Temperaturen und Drücken in der Nähe und oberhalb des kritischen Punktes aus und bezeichnet die durch Drosseln um die Druckdifferenz Δp erreichte beträchtliche Abkühlung Δt als *Thomson-Joule-Kühleffekt*. Nur für kleine Druckunterschiede Δp gilt beim Drosseln von Luft näherungsweise die Zahlenwertgleichung:

$$^*\Delta t = t_E - t_A = 0{,}287 \left(\frac{273}{T_E}\right)^2 \cdot \Delta p.$$

t	T	Δp
°C	°K	kp/cm²

7.4.6. Gasmischung

7.4.6.1. Gasgemisch

Die Zusammensetzung eines Gemisches aus chemisch nicht miteinander reagierenden Einzelgasen h, i, k usw. mit den Kilomolmassen M_h, M_i, M_k usw. bzw. Gaskonstanten R_h, R_i, R_k usw. läßt sich nach Raumteilen, Molteilen und Masseteilen angeben.

1. Bei der technischen Gasanalyse werden aus der Volumeneinheit die Einzelgase nacheinander absorbiert und das Restvolumen gemessen, nachdem das Gas bei konstanter Temperatur auf den ursprünglichen Druck verdichtet wurde. Damit ergibt sich die Gemischzusammensetzung in *Raumteilen:*

$$r_h + r_i + r_k + \cdots = 1.$$

2. Bei der Zusammensetzung in *Molteilen* (Molenbrüchen) wird das Verhältnis n_h der Molzahl N_h des Bestandteils h zur gesamten Molzahl N des Gemisches verwendet:

$$n_h + n_i + n_k + \cdots = 1.$$

3. Bei der Zusammensetzung in *Masseteilen* benutzt man das Verhältnis der Masse m_h des Bestandteils h zur Gesamtmasse m:

$$\frac{m_h}{m} + \frac{m_i}{m} + \frac{m_k}{m} + \cdots = 1.$$

Für das Gemisch werden die *scheinbare Kilomolmasse M* (scheinbare relative Molekularmasse)

$$M = n_h M_h + n_i M_i + n_k M_k + \cdots; \quad \frac{m_h}{m} = n_h M_h / M,$$

die *Molwärme* $C_{p\,\mathrm{mol}}$ bzw. $C_{v\,\mathrm{mol}}$

$$C_{p\,\mathrm{mol}} = n_\mathrm{h} C_{p\,\mathrm{mol\,h}} + n_\mathrm{i} C_{p\,\mathrm{mol\,i}} + n_\mathrm{k} C_{p\,\mathrm{mol\,k}} + \cdots$$

$$C_{v\,\mathrm{mol}} = n_\mathrm{h} C_{v\,\mathrm{mol\,h}} + n_\mathrm{i} C_{v\,\mathrm{mol\,i}} + n_\mathrm{k} C_{v\,\mathrm{mol\,k}} + \cdots$$

und die *spezifische Wärme* c_p bzw. c_v

$$c_p = \left(\frac{m_\mathrm{h}}{m}\right) c_{p\mathrm{h}} + \left(\frac{m_\mathrm{i}}{m}\right) c_{p\mathrm{i}} + \left(\frac{m_\mathrm{k}}{m}\right) c_{p\mathrm{k}} + \cdots$$

$$c_v = \left(\frac{m_\mathrm{h}}{m}\right) c_{v\mathrm{h}} + \left(\frac{m_\mathrm{i}}{m}\right) c_{v\mathrm{i}} + \left(\frac{m_\mathrm{k}}{m}\right) c_{v\mathrm{k}} + \cdots$$

Nur für vollkommene Gase gilt das *Gesetz von* DALTON:

> Jedes Einzelgas verteilt sich über den Gesamtraum so, als ob kein weiteres Gas vorhanden wäre, und der Gesamtdruck p ist gleich der Summe der Teildrücke (Partialdrücke) der einzelnen Gase:

$$p_\mathrm{h} + p_\mathrm{i} + p_\mathrm{k} + \cdots = p. \tag{31}$$

Es gelten die einfachen thermischen Zustandsgleichungen (21) bis (21 b) sowohl für die Einzelgase als auch für das Gemisch. Ferner ist $r_\mathrm{h} = n_\mathrm{h}$, Teildruck $p_\mathrm{h} = r_\mathrm{h} p$, Gaskonstante des Gemisches

$$R = \left(\frac{m_\mathrm{h}}{m}\right) R_\mathrm{h} + \left(\frac{m_\mathrm{i}}{m}\right) R_\mathrm{i} + \left(\frac{m_\mathrm{k}}{m}\right) R_\mathrm{k} + \cdots = \frac{8314{,}1\ \mathrm{J/kmol\,grd}}{M}$$

$$= \frac{847{,}83\ \mathrm{kpm/kmol\,grd}}{M} = \frac{1{,}9859\ \mathrm{kcal/kmol\,grd}}{M}.$$

Satz von GIBBS:

> Die Entropie ergibt sich als Summe der Entropien der Einzelgase, die zu berechnen sind unter der Voraussetzung, daß jedes Einzelgas den Gesamtraum einnimmt und seinen Teildruck ausübt.

7.4.6.2. Umkehrbare Mischung von Gasen

Vorbemerkungen. Behandelt wird die Mischung von zwei vollkommenen Gasen mit gleichem Druck p_u und gleicher Temperatur T_u, die getrennt die Raumteile r_h und r_i des Gesamtraumes V einnehmen. Die umkehrbare Mischung ist nur möglich mit Hilfe von zwei halbdurchlässigen (semipermeablen) Kolben (Bild 23), die jeweils das eine Gas ungehindert durchtreten lassen, während sie für das andere Gas undurchlässig sind. Glühendes Platinblech ist z. B. für alle Gase außer Wasserstoff undurchlässig, jedoch sind nur für wenige andere Gase halbdurchlässige Wände bekannt.

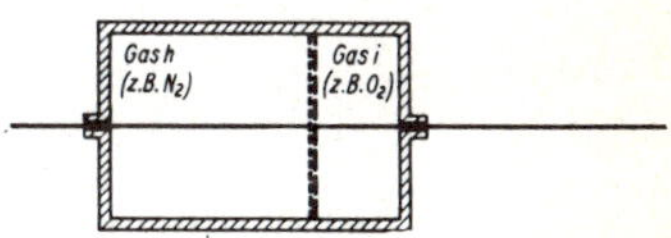

Bild 23. Umkehrbare Mischung von Gasen

Die Massen der Raumteile r_h und r_i betragen mit (21)

$$m_\mathrm{h} = \frac{p_\mathrm{u} V r_\mathrm{i}}{R_\mathrm{h} T_\mathrm{u}} \quad \text{und} \quad m_\mathrm{i} = \frac{p_\mathrm{u} V r_\mathrm{i}}{R_\mathrm{i} T_\mathrm{u}}$$

z. B.

	m	p_u	V	r	R	T
	kg	$\mathrm{N/m^2}$	$\mathrm{m^3}$	–	J/kg grd	°K
oder	kg	$\mathrm{kp/m^2}$	$\mathrm{m^3}$	–	kpm/kg grd	°K

Der linke Kolben in Bild 23 sei nur für das Gas h, der rechte nur für das Gas i durchlässig. Das Gemisch kann sich nur zwischen den Kolben bilden, wobei das Gas h bei seiner isothermen Expansion vom Druck p_u bis $(r_\mathrm{h} p_\mathrm{u})$ an den rechten Kolben die Raumänderungsarbeit (vgl. 7.4.3.3.)

$$W_\mathrm{h} = 2{,}303 p_\mathrm{u} r_\mathrm{h} V \lg (p_\mathrm{u}/r_\mathrm{h} p_\mathrm{u})$$

abgibt und das Gas i bei seiner isothermen Expansion bis zum Druck $(r_i p_u)$ an den linken Kolben die Raumänderungsarbeit

$$W_i = 2{,}303 p_u r_i V \lg (p_u / r_i p_u).$$

Die gesamte nach außen abgegebene Arbeit ist

$$W = W_h + W_i = 2{,}303 p_u V [r_h \lg (1/r_h) + r_i \lg (1/r_i)]. \qquad (32)$$

Die äquivalente Wärmeenergie wird bei der Temperatur T_u aus der Umgebung zugeführt, so daß deren Entropie abnimmt um

$$\Delta S = \frac{W}{T_u} = 2{,}303 \frac{p_u V}{T_u} [r_h \lg (1/r_h) + r_i \lg (1/r_i)]$$

$$= 2{,}303 [m_h R_h \lg (1/r_h) + m_i R_i \lg (1/r_i)]$$

z. B. (33)

	ΔS	W	T_u	p_u	V	r	m	R
	J/grd	J	°K	N/m²	m³	–	kg	J/kg grd
oder	kpm/grd	kpm	°K	kp/m²	m³	–	kg	kpm/kg grd

Um denselben Betrag muß sich die Entropie der beiden Gase durch ihre Mischung vergrößert haben, während ihre innere Energie und Enthalpie unverändert bleiben. Für die aufzuwendende Mindestarbeit zum Entmischen zweier Gase gilt ebenfalls (32).

Beispiel. Die Mindestarbeit zum Entmischen von $V = 1\ \text{m}^3$ trockener Luft im Normzustand (Stickstoff $r_h = 0{,}79$; Sauerstoff $r_i = 0{,}21$) ist zu berechnen ($p_u = 760$ Torr $= 101\,320\ \text{N/m}^2 = 1013{,}2$ mbar $= 1{,}033\,23$ at). Nach (32) ist in kohärenten Einheiten des internationalen Einheitensystems:

$$W = 2{,}303 \cdot 101\,320\ \text{N/m}^2 \cdot 1\ \text{m}^3\ [0{,}79 \lg (1/0{,}79) + 0{,}21 \lg (1/0{,}21)] = 52085\ \text{Nm}$$
$$= 52085\ \text{J}$$

und in bisher von Ingenieuren benutzten Einheiten:

$$W = 2{,}303 \cdot 1{,}033\,23 \cdot 10^4\ \text{kp/m}^2 \cdot 1\ \text{m}^3\ [0{,}79 \lg (1/0{,}79) + 0{,}21 \lg (1/0{,}21)] = 5311\ \text{kpm}$$
$$= \frac{5311}{427}\ \text{kcal} = 12{,}44\ \text{kcal} = 12{,}44 \cdot 4186{,}8\ \text{J} = 52085\ \text{J}.$$

7.4.6.3. Nichtumkehrbare Mischung von Gasen (Diffusion)

Vorbemerkungen. Behandelt werden 1. die Mischung von *zwei Gasmassen* m_h und m_i (Volumen V_h und V_i) mit den konstanten wahren spezifischen Wärmen c_{vh} und c_{vi} und 2. die Mischung zweier *Gasströme* $\dot{m}_h$ und $\dot{m}_i$ (Volumenströme $\dot{V}_h$ und $\dot{V}_i$) mit den konstanten wahren spezifischen Wärmen c_{ph} und c_{pi}; in beiden Fällen werden die Temperaturen mit T_h und T_i sowie die Drücke mit p_h und p_i bezeichnet.

1. Bei allen Mischungsvorgängen bei unverändertem Gesamtvolumen ohne Wärmeaustausch mit der Umgebung und ohne Änderung der äußeren Lage- und Bewegungsenergie bleibt die innere Energie unverändert. Es ergibt sich derselbe Endzustand wie beim umkehrbaren Vorgang, ohne daß während der Diffusion Arbeit nach außen abgegeben oder Wärmeenergie aus der Umgebung aufgenommen würde. Die Entropiezunahme ist nach (33) zu berechnen, und (30) gilt – genau wie bei der Drosselung – für den Verlust an Exergie. Die Temperatur, die sich nach der Mischung ergibt, wird

allgemein

$$T = \frac{m_h c_{vh} T_h + m_i c_{vi} T_i}{m_h c_{vh} + m_i c_{vi}}, \qquad (34)$$

wenn $\varkappa$ für beide Gase gleich

$$T = \frac{p_h V_h + p_i V_i}{\dfrac{p_h V_h}{T_h} + \dfrac{p_i V_i}{T_i}}. \qquad (34\text{a})$$

2. Beim Vermischen zweier Gasströme im Beharrungszustand ohne Wärmeaustausch mit der Umgebung und ohne Änderung der äußeren Lage- und Bewegungsenergie bleibt die Enthalpie unverändert. Die Temperatur des Abflußstroms wird daher

allgemein

$$T = \frac{\dot{m}_h c_{ph} T_h + \dot{m}_l c_{pl} T_l}{\dot{m}_h c_{ph} + \dot{m}_l c_{pl}}, \qquad (35)$$

wenn $\varkappa$ für beide Gase gleich

$$T = \frac{p_h \dot{V}_h + p_l \dot{V}_l}{\dfrac{p_h \dot{V}_h}{T_h} + \dfrac{p_l \dot{V}_l}{T_l}}. \qquad (35\text{a})$$

Der Volumenabflußstrom ist dabei zunächst unbestimmt; er ergibt sich nach der Zustandsgleichung (21) für den vorhandenen Gasdruck p des abfließenden Stromes.

7.5. Thermodynamik realer Gase

Bei *wirklichen Gasen* spielen die Anziehungskräfte der Moleküle untereinander sowie ihr Eigenvolumen eine Rolle. – Im folgenden werden keine Gase behandelt, deren Moleküle bei hohen Temperaturen zerfallen (Dissoziation) oder die bei Annäherung an die Sättigungslinie Molekülkomplexe bilden (Assoziation oder Polymerisation).

7.5.1. Das thermische Verhalten

7.5.1.1. Realgasfaktor Z

Für bestimmte Drücke und Temperaturen ist das spezifische Volumen v des wirklichen Gases das Z-fache des spezifischen Volumens des vollkommenen Gases, das mit v_{id} bezeichnet und nach (21a) (s. 7.4.1.) berechnet wird:

$$v = Z v_{id} = ZRT/p \qquad (36)$$

z.B.

v	Z	R	T	p
m³/kg	–	J/kg grd	°K	N/m²
oder m³/kg	–	kpm/kg grd	°K	kp/m²

Die Z-Werte sind für Wasserstoff in Tabelle 16, für Stickstoff in Tabelle 17, für CO_2-freie Luft in Tabelle 18 und für Kohlendioxid in Tabelle 19 zusammengestellt.

Tabelle 16. Z-Werte für Wasserstoff

Druck p in kp/cm²	*Temperatur t* in °C								
	–150	–100	–50	0	50	100	200	300	400
1,03	1,0002	1,0006	1,0007	1,0006	1,0006	1,0005	1,0004	1,0000	1,0000
10,3	1,0033	1,0066	1,0067	1,0062	1,0058	1,0051	1,0040	1,0033	1,0020
20,7	1,0075	1,0134	1,0135	1,0125	1,0115	1,0102	1,0081	1,0067	1,0041
41,3	1,0189	1,0281	1,0274	1,0253	1,0229	1,0204	1,0162	1,0138	1,0085
62,0	1,0335	1,0437	1,0419	1,0382	1,0343	1,0305	1,0243	1,0210	1,0130
82,7	1,0517	1,0606	1,0568	1,0514	1,0458	1,0409	1,0324	1,0281	1,0171
103,3	1,0737	1,0786	1,0723	1,0647	1,0573	1,0513	1,0405	1,0353	1,0215
206,6	–	–	1,1526	1,1337	1,1165	1,1039	1,0889	1,0734	1,0589
413,3	–	–	1,3266	1,2768	1,2383	1,2093	1,1750	1,1435	1,1226
619,9	–	–	1,5066	1,4229	1,3601	1,3156	1,2576	1,2113	–
826,6	–	–	1,6855	1,5679	1,4810	1,4196	1,3402	1,2766	–
1033,0	–	–	1,8606	1,7100	1,6003	1,5221	1,4216	1,3414	–

Tabelle 17. *Z*-Werte für Stickstoff

Druck *p* in kp/cm²	Temperatur *t* in °C							
	−50	0	50	100	150	200	300	400
1,03	0,9987	0,9995	1,0000	1,0002	1,0003	1,0003	1,0003	1,0004
10,3	0,9861	0,9956	1,0001	1,0023	1,0034	1,0039	1,0043	1,0042
20,7	0,9728	0,9919	1,0005	1,0048	1,0069	1,0081	1,0088	1,0085
41,3	0,9491	0,9863	1,0025	1,0105	1,0145	1,0166	1,0178	1,0172
62,0	0,9294	0,9835	1,0061	1,0171	1,0227	1,0256	1,0270	1,0262
82,7	0,9147	0,9833	1,0111	1,0247	1,0316	1,0349	1,0363	1,0352
103,3	0,9063	0,9851	1,0176	1,0334	1,0411	1,0447	1,0459	1,0444
206,6	0,9605	1,0355	1,0723	1,0902	1,0968	1,1033	1,101	1,0939
413,3	1,2639	1,2564	1,2530	1,2468	1,2388	1,2383	1,2152	1,1945
619,9	1,6102	1,5242	1,4709	1,4319	1,4007	1,3826	1,3357	1,2971
826,6	1,9491	1,7981	1,6974	1,6251	1,5691	1,5326	1,4586	1,4030
1033,0	2,2721	2,0670	1,9229	1,8058	1,7395	1,6855	1,5801	1,5096

Tabelle 18. *Z*-Werte für trockene Luft (CO_2-frei)

Druck *p* in kp/cm²	Temperatur *t* in °C						
	−130	−78,5	0	50	100	150	200
1,03	0,9981	0,9986	0,9994	0,9998	1,0001	1,0003	1,0003
10,3	–	–	0,9942	0,990	1,0013	1,0025	1,0032
20,7	0,8416	0,9509	0,9890	0,9983	1,0029	1,0053	1,0066
41,3	0,6355	0,9004	0,9806	0,9982	1,0068	1,0112	1,0136
62,0	0,3836	0,8541	0,9747	0,9996	1,0118	1,0179	1,0211
82,7	0,3893	0,8135	0,9712	1,0024	1,0177	1,0253	1,0291
103,3	–	0,7854	0,9704	1,0068	1,0247	1,0334	1,0376
155,0	–	–	0,9834	–	1,0476	–	1,0621
206,6	–	–	1,0094	–	1,0747	–	1,0870
310,0	–	–	1,0973	–	1,1420	–	1,1447
413,3	–	–	1,2133	–	1,2181	–	1,2082
619,9	–	–	1,4691	–	1,3959	–	1,3431
826,6	–	–	1,7330	–	1,5789	–	1,4845
1033,0	–	–	1,9908	–	1,7682	–	1,6305

Tabelle 19. *Z*-Werte für Kohlendioxid (nach Otto)

Druck *p* in kp/cm²	Temperatur *t* in °C									
	0	10	20	30	40	60	80	100	137	198
51,7	0,1043	0,1102	0,6293	0,6936	0,7364	0,8013	0,8420	0,8776	0,9128	0,9519
103,3	0,2006	0,2041	0,2119	0,2282	0,2677	0,5383	0,6707	0,7489	0,8328	0,9110
155,0	0,2930	0,2961	0,3017	0,3096	0,3266	0,3950	0,5232	0,6334	0,7660	0,8810
206,6	0,3824	0,3842	0,3878	0,3938	0,4054	0,4423	0,5070	0,5926	0,7250	0,8615
310,0	0,5562	0,5538	0,5544	0,5575	0,5622	0,5782	0,6069	0,6471	0,7329	0,8603
413,3	0,7231	0,7167	0,7136	0,6488	0,7130	0,7199	0,7344	0,7554	0,8057	0,9000
516,6	0,9843	0,8748	0,8681	0,8618	0,8577	0,8583	0,8635	0,8725	0,9009	0,9663
619,9	1,0429	1,0281	1,0180	1,0095	1,0023	0,9927	0,9910	0,9932	1,0041	1,0434
723,3	1,1979	1,1804	1,1652	1,1536	1,1427	1,1262	1,1170	1,1109	1,1086	1,1263
826,6	1,3488	1,3289	1,3114	1,2959	1,2813	1,2573	1,2399	1,2280	1,2144	1,2139
929,9	1,4988	1,4746	1,4521	1,4319	1,4157	1,3844	1,3605	1,3421	1,3190	1,3014
1033,0	1,6448	1,6144	1,5882	1,5643	1,5421	1,5049	1,4758	1,4534	–	–

1. Bei absoluten Temperaturen $T < 2{,}5 T_k$ wird für jede Isotherme bei Druckerhöhung zunächst der Wert $Z < 1$. Den Isothermenpunkt für den Kleinstwert von Z, d. h.

$$\left\{\frac{\partial(pv)}{\partial p}\right\}_T = 0,$$

bezeichnet man als *Boyle-Punkt*, weil sich dort in einem hinreichend kleinen Druckbereich das Gas wie ein vollkommenes verhält, obgleich sein spezifisches Volumen von dem des vollkommenen Gases abweicht. Den Isothermenpunkt, für den $Z = 1$ ist, nennt man *Idealpunkt*.

Für Luft von 0 °C liegt z. B. der Boyle-Punkt bei 97 at und bei $Z = 0{,}97$ und der Idealpunkt bei 191 at.

2. Für absolute Temperaturen $T > 2{,}5 T_k$ ergeben sich bei allen Drücken $p > 0$ nur Z-Werte > 1. Boyle- und Idealpunkte liegen also nur bei $p = 0$.
Wenn beim Normzustand des Gases ($p_0 = 10332{,}3$ kp/m²; $T_0 = 273{,}15$ °K) $Z = Z_0$ ist, so wird die *Kompressibilitätszahl PV* nach Amagat

$$PV = \frac{pv}{p_0 v_0} = \frac{ZT}{Z_0 T_0}\,. \tag{36a}$$

7.5.1.2. Thermische Zustandsgleichungen

Sie gelten für wirkliche Gase jeweils nur in begrenztem Druck- und Temperaturbereich. Bleibt z. B. die Änderung der spezifischen Wärme c_v mit dem spezifischen Volumen hinreichend klein und ist $v > 2v_k/3$, so gilt die 1873 von van der Waals aufgestellte Gleichung

$$(p + a/v^2)(v - b) = RT \tag{37}$$

z. B.

	p	v, b	a	R	T
	N/m²	m³/kg	N m⁴/kg²	J/kg grd	°K
oder	kp/m²	m³/kg	kp m⁴/kg²	kpm/kg grd	°K

Dabei wird a/v^2 als Kohäsionsdruck bezeichnet, der die Anziehungskräfte zwischen den Molekülen berücksichtigt, durch die der Druck auf die Wände vermindert wird. Das Eigenvolumen der Moleküle wird durch den Wert b berücksichtigt.
In einem größeren Bereich gilt diese Gleichung in der von Clausius abgeänderten Form

$$[p + a/(v + h)^2](v - b) = RT, \tag{37a}$$

wobei a eine Temperaturfunktion $a = d - mT + n/T$ und h, b, d, m und n für jedes Gas Festwerte sind. – 1903 stellte Daniel Berthelot eine nur für Drücke $p \ll p_k$ gültige Gleichung auf:

$$(p + a/Tv^2)(v - b) = RT. \tag{37b}$$

Ist die spezifische Wärme c_p als Funktion von p und T gegeben, so kann man durch zweimalige Integration zur thermischen Zustandsgleichung gelangen. Die Abhängigkeit ist jedoch nur für wenige Gase experimentell ermittelt und verwickelt, so daß derartige empirische Zustandsgleichungen für die technische Verwendung zu umständlich werden und man die thermischen und kalorischen Zustandsgrößen tabellarisch oder in Diagrammen – wie bei Dämpfen – darstellt.

Korrespondierende Zustände. Bei Verwendung des Kilomols als Mengeneinheit und thermodynamisch ähnlichen Gasen – d. h. geometrisch ähnlichen Molekülen und gleicher Abhängigkeit der zwischen den Molekülen wirkenden Kräfte von ihrem Abstand – ergeben sich in empirischen Zustandsgleichungen dieselben Festwerte, wenn man nach Kamerlingh Onnes für die Drücke, Temperaturen und spezifischen Volumen die kritischen Zustandswerte als Bezugsgrößen wählt. Es ergeben sich dann dimensionslose reduzierte Größen, und zwar für den Druck $\pi = p/p_k$, für die Temperatur $\vartheta = T/T_k$ und für das spezifische Volumen $\varphi = v/v_k$. Man bezeichnet dann Zustände mit gleichen Werten von π, ϑ und φ als *korrespondierende Zustände*.

7.5.2. Kalorische Zustandsgrößen

Die wichtigsten kalorischen Zustandsgrößen – die spezifische Entropie s und die spezifische Enthalpie i – lassen sich aus der Zustandsgleichung und der bei verschiedenen Temperaturen und Drücken gemessenen spezifischen Wärme c_p nach 7.3.4. (16) und (17) berechnen. Zweckmäßigerweise jedoch trägt man die s- und i-Werte in Zahlentafeln oder Schaubildern für verschiedene Drücke und Temperaturen auf, z. B. als t,s-Bild mit Linien für konstante Druck-, spezifische Volumen- und Enthalpiewerte.

7.6. Thermodynamik der Dämpfe

7.6.1. Naßdampf

Ein im Gleichgewicht befindliches Gemisch aus flüssiger und gasförmiger Phase eines Stoffes nennt man *Naßdampf*. Er kann nur bei Drücken, die unter den kritischen liegen, bestehen. Außer den bei Gasen verwendeten Zustandsgrößen benutzt man zur Kennzeichnung den *spezifischen Dampfgehalt x*. Für Flüssigkeit von Sättigungstemperatur ist $x = 0$, für flüssigkeitsfreien Dampf von Sättigungstemperatur (trockener Sattdampf) $x = 1$. Der spezifische Dampfgehalt x gibt die Masse des trockenen Sattdampfes je kg Naßdampf an.

7.6.1.1. Grenzkurven

Die Zustandspunkte für $x = 0$ bzw. $x = 1$ liegen im t,s-Bild (Bild 25 für Wasser) auf der linken bzw. rechten Grenzkurve, die beide im kritischen Punkt K enden. In den Dampftafeln (Tab. 20 bis 25) sind, abhängig von dem Druck bei Wasserdampf bzw. der Temperatur bei Kältemitteln, die spezifischen Volumen, die spezifischen Enthalpien und die spezifischen Entropien für die linke und rechte Grenzkurve zusammengestellt, wobei die Werte für Flüssigkeit von Sättigungstemperatur mit Index $'$ und für trockenen Sattdampf mit Index $''$ bezeichnet sind. In Tabelle 20 ist für Flüssigkeit beim Tripelpunkt willkürlich vereinbart $u' = 0$ und $s' = 0$, in den Tabellen 21 bis 25 für 0 °C $i' = 100$ kcal/kg und $s' = 1$ kcal/kg grd. Der *grundsätzliche Verlauf* der zwei Grenzkurven im t, s-Bild ist bei diesen Stoffen gleich. Bei Stoffen mit großen Atomzahlen im Molekül ($\varkappa < 1{,}195$ im vollkommenen Gaszustand) bzw. mit großen relativen Molekularmassen (z. B. Benzol) kann sich dagegen der Verlauf der rechten Grenzkurve so ändern, daß sie zwei Tangenten hat, die parallel zur Temperaturachse liegen.

Verdampfungswärme. Die zur vollständigen Verdampfung von 1 kg Flüssigkeit von Sättigungstemperatur bei konstantem Druck erforderliche Wärmeenergie ist die gesamte *Verdampfungswärme*

$$r = i'' - i'. \tag{38}$$

Den Anteil, der davon durch Volumenvergrößerung als Ausdehnungsarbeit abgegeben wird, nennt man die *spezifische äußere Verdampfungswärme* ψ_v und den Rest die *spezifische innere Verdampfungswärme* ϱ_v:

$$\psi_v = p(v'' - v') \tag{39}$$

z. B.

	ψ_v	p	v
	J/kg	N/m²	m³/kg
oder	kpm/kg	kp/m²	m³/kg

$$\varrho_v = r - \psi_v = u'' - u' \tag{40}$$

z. B.

ϱ_v, u, r, ψ_v
J/kg

ϱ_v ist die Zunahme der spezifischen inneren Energie bei der vollständigen Umwandlung von Flüssigkeit in Dampf bei konstanter Temperatur.

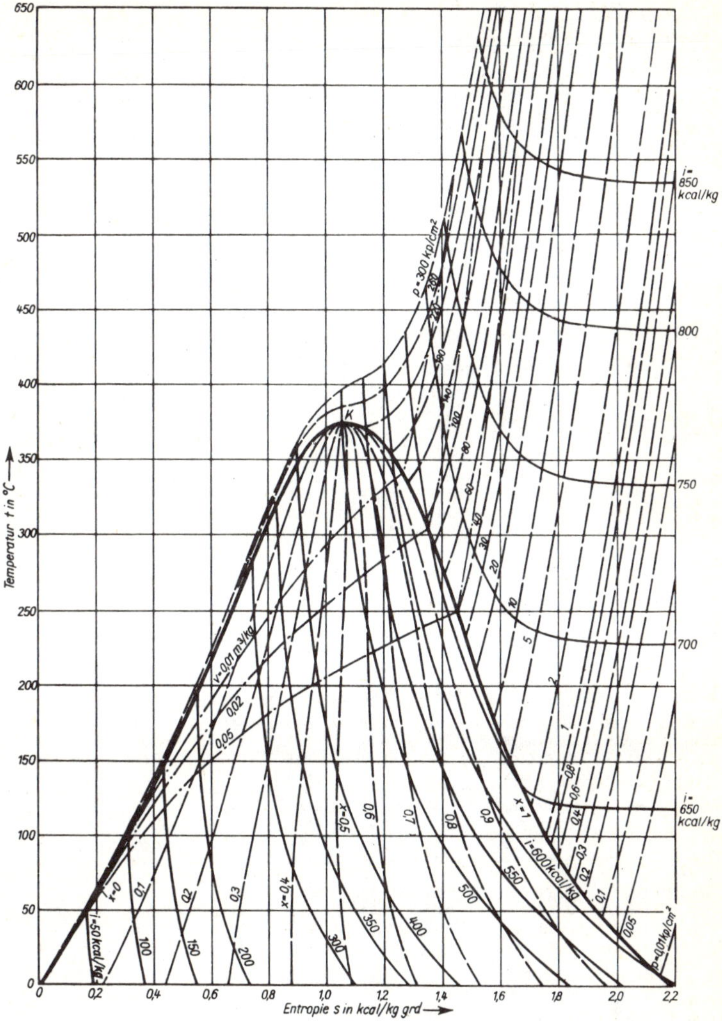

Bild 25. *t,s*-Diagramm für Wasserdampf

Tabelle 20. Zustandsgrößen von Wasser und Dampf bei Sättigung nach Wukalowitsch (Drucktafel) I Dampftafel für Wasser

Druck p	Temperatur t	Spezifisches Volumen der Flüssigkeit v'	Spezifisches Volumen des Dampfes v''	Enthalpie der Flüssigkeit i'	Enthalpie des Dampfes i''	Verdampfungswärme r	Entropie der Flüssigkeit s'	Entropie des Dampfes s''
in at[I]	in °C	in m³/kg	in m³/kg	in $\frac{kcal}{kg}$ [II]	in $\frac{kcal}{kg}$ [II]	in $\frac{kcal}{kg}$ [II]	in $\frac{kcal}{kg\,grd}$ [III]	in $\frac{kcal}{kg\,grd}$ [III]
0,010	6,698	0,0010001	131,6	6,73	600,2	593,5	0,0243	2,1451
0,015	12,737	0,0010006	89,63	12,78	602,9	590,1	0,0457	2,1100
0,020	17,204	0,0010013	68,25	17,25	604,9	587,6	0,0612	2,0851
0,025	20,776	0,0010020	55,27	20,82	606,4	585,6	0,0734	2,0657
0,030	23,772	0,0010027	46,52	23,81	607,8	584,0	0,0835	2,0501
0,035	26,359	0,0010034	40,22	26,39	608,9	582,5	0,0922	2,0369
0,040	28,641	0,0010040	35,46	28,67	609,8	581,1	0,0998	2,0255
0,045	30,69	0,0010046	31,71	30,71	610,7	580,0	0,1066	2,0154
0,050	32,55	0,0010052	28,72	32,57	611,5	578,9	0,1126	2,0065
0,060	35,82	0,0010063	24,19	35,83	612,9	577,1	0,1232	1,9909
0,070	38,66	0,0010074	20,91	38,67	614,1	575,4	0,1324	1,9779
0,080	41,16	0,0010084	18,45	41,16	615,2	574,0	0,1404	1,9667
0,090	43,41	0,0010093	16,50	43,41	616,1	572,7	0,1475	1,9568
0,10	45,45	0,0010101	14,95	45,45	617,0	571,6	0,1539	1,9480
0,12	49,06	0,0010117	12,59	49,05	618,6	569,5	0,1652	1,9326
0,15	53,60	0,0010138	10,20	53,59	620,5	566,9	0,1791	1,9140
0,20	59,67	0,0010169	7,789	59,65	623,1	563,4	0,1975	1,8902
0,25	64,56	0,0010196	6,318	64,54	625,0	560,5	0,2121	1,8718
0,30	68,68	0,0010220	5,324	68,66	626,8	558,1	0,2242	1,8568
0,40	75,42	0,0010261	4,066	75,41	629,5	554,1	0,2438	1,8333
0,50	80,86	0,0010296	3,299	80,86	631,6	550,7	0,2592	1,8152
0,60	85,45	0,0010327	2,782	85,47	633,5	548,0	0,2722	1,8004
0,70	89,45	0,0010355	2,408	89,49	635,1	545,6	0,2833	1,7879
0,80	92,99	0,0010381	2,125	93,05	636,4	543,3	0,2931	1,7772
0,90	96,18	0,0010405	1,903	96,26	637,6	541,3	0,3018	1,7677
1,0	99,09	0,0010428	1,725	99,19	638,8	539,6	0,3097	1,7593
1,1	101,76	0,0010448	1,578	101,87	639,8	537,9	0,3169	1,7517
1,2	104,25	0,0010468	1,455	104,38	640,7	536,3	0,3236	1,7447
1,3	106,56	0,0010487	1,350	106,72	641,6	534,9	0,3297	1,7382
1,4	108,74	0,0010505	1,259	108,92	642,3	533,4	0,3355	1,7323
1,5	110,79	0,0010522	1,181	110,99	643,1	532,1	0,3409	1,7268
1,6	112,73	0,0010538	1,111	112,95	643,8	530,8	0,3460	1,7217
1,8	116,33	0,0010570	0,9954	116,60	645,1	528,5	0,3554	1,7123
2,0	119,62	0,0010600	0,9018	119,94	646,3	526,4	0,3639	1,7039
2,2	122,65	0,0010627	0,8248	123,0	647,3	524,3	0,3717	1,6963
2,5	126,79	0,0010666	0,7318	127,2	648,7	521,5	0,3822	1,6862
3,0	132,88	0,0010726	0,6169	133,4	650,7	517,3	0,3976	1,6717
3,5	138,19	0,0010779	0,5338	138,9	652,4	513,5	0,4109	1,6594
4,0	142,92	0,0010829	0,4709	143,7	653,9	510,2	0,4226	1,6488
4,5	147,20	0,0010875	0,4215	148,1	655,2	507,1	0,4331	1,6394

Tabelle 20 (Fortsetzung)

Druck p	Temperatur t	Spezifisches Volumen der Flüssigkeit v'	Spezifisches Volumen des Dampfes v''	Enthalpie der Flüssigkeit i'	Enthalpie des Dampfes i''	Verdampfungswärme r	Entropie der Flüssigkeit s'	Entropie des Dampfes s''
in at^I^)	in °C	in m³/kg	in m³/kg	in $\frac{kcal}{kg}$ II)	in $\frac{kcal}{kg}$ II)	in $\frac{kcal}{kg}$ II)	in $\frac{kcal}{kg\,grd}$ III)	in $\frac{kcal}{kg\,grd}$ III)
5,0	151,11	0,001 0918	0,3817	152,1	656,3	504,2	0,4426	1,6309
5,5	154,72	0,001 0959	0,3489	155,8	657,3	501,5	0,4513	1,6234
6,0	158,08	0,001 0998	0,3214	159,3	658,3	498,9	0,4594	1,6164
6,5	161,22	0,001 1036	0,2980	162,6	659,1	496,5	0,4669	1,6100
7,0	164,17	0,001 1071	0,2778	165,7	659,9	494,2	0,4738	1,6039
7,5	166,97	0,001 1106	0,2603	168,6	660,5	491,9	0,4806	1,5983
8,0	169,61	0,001 1139	0,2448	171,4	661,2	489,8	0,4868	1,5931
8,5	172,12	0,001 1171	0,2311	174,0	661,8	487,8	0,4927	1,5882
9,0	174,53	0,001 1202	0,2189	176,5	662,3	485,8	0,4983	1,5834
9,5	176,83	0,001 1232	0,2079	178,9	662,8	483,9	0,5037	1,5791
10,0	179,04	0,001 1262	0,1980	181,3	663,3	482,1	0,5088	1,5748
10,5	181,16	0,001 1291	0,1890	183,5	663,7	480,2	0,5137	1,5708
11,0	183,20	0,001 1319	0,1808	185,7	664,1	478,4	0,5184	1,5670
11,5	185,17	0,001 1346	0,1733	187,7	664,5	476,8	0,5229	1,5633
12,0	187,08	0,001 1373	0,1663	189,8	664,9	475,1	0,5273	1,5597
12,5	188,92	0,001 1399	0,1599	191,7	665,3	473,6	0,5315	1,5563
13,0	190,71	0,001 1426	0,1540	193,6	665,6	472,0	0,5356	1,5530
14,0	194,13	0,001 1476	0,1434	197,3	666,2	468,9	0,5434	1,5468
15,0	197,36	0,001 1525	0,1342	200,7	666,7	465,9	0,5507	1,5410
16,0	200,43	0,001 1572	0,1261	204,0	667,1	463,1	0,5577	1,5354
17,0	203,35	0,001 1618	0,1189	207,2	667,5	460,3	0,5642	1,5302
18,0	206,14	0,001 1662	0,1125	210,2	667,8	457,6	0,5705	1,5253
19,0	208,81	0,001 1706	0,1067	213,1	668,2	455,1	0,5764	1,5206
20,0	211,38	0,001 1749	0,1015	215,9	668,5	452,6	0,5822	1,5161
21,0	213,85	0,001 1792	0,09676	218,6	668,7	450,1	0,5877	1,5118
22,0	216,23	0,001 1833	0,09245	221,2	668,9	447,7	0,5930	1,5077
23,0	218,53	0,001 1874	0,08849	223,8	669,0	445,2	0,5981	1,5037
24,0	220,75	0,001 1914	0,08486	226,2	669,2	443,0	0,6031	1,4998
25,0	222,90	0,001 1953	0,08150	228,6	669,3	440,7	0,6074	1,4961
26,0	224,99	0,001 1992	0,07838	230,9	669,4	438,5	0,6124	1,4925
28,0	228,98	0,001 2067	0,07282	235,4	669,5	434,1	0,6212	1,4857
30	232,76	0,001 2142	0,06797	239,6	669,6	430,0	0,6295	1,4794
32	236,35	0,001 2215	0,06370	243,7	669,6	425,9	0,6374	1,4733
34	239,77	0,001 2286	0,05995	247,6	669,5	421,9	0,6449	1,4675
36	243,04	0,001 2356	0,05654	251,3	669,4	418,1	0,6520	1,4620
38	246,17	0,001 2425	0,05352	254,9	669,2	414,3	0,6589	1,4567
40	249,18	0,001 2493	0,05077	258,4	669,0	410,6	0,6654	1,4517
45	256,23	0,001 2661	0,04495	266,6	668,4	401,8	0,6809	1,4397
50	262,70	0,001 2825	0,04026	274,3	667,5	393,2	0,6950	1,4288
55	268,69	0,001 2986	0,03639	281,5	666,6	385,1	0,7080	1,4186

Tabelle 20 (Fortsetzung)

Druck p	Temperatur t	Spezifisches Volumen der Flüssigkeit v'	Spezifisches Volumen des Dampfes v''	Enthalpie der Flüssigkeit i'	Enthalpie des Dampfes i''	Verdampfungswärme r	Entropie der Flüssigkeit s'	Entropie des Dampfes s''
in at I)	in °C	in m³/kg	in m³/kg	in $\frac{\text{kcal}}{\text{kg}}$ II)	in $\frac{\text{kcal}}{\text{kg}}$ II)	in $\frac{\text{kcal}}{\text{kg}}$ II)	in $\frac{\text{kcal}}{\text{kg grd}}$ III)	in $\frac{\text{kcal}}{\text{kg grd}}$ III)
60	274,29	0,0013147	0,03313	288,3	665,4	377,1	0,7203	1,4089
65	279,54	0,0013306	0,03036	294,8	664,0	369,2	0,7318	1,3998
70	284,48	0,0013466	0,02798	301,0	662,6	361,6	0,7428	1,3911
75	289,17	0,0013626	0,02589	307,0	661,0	354,0	0,7532	1,3827
80	293,62	0,0013787	0,02405	312,8	659,3	346,5	0,7631	1,3745
85	297,86	0,0013950	0,02243	318,4	657,6	339,2	0,7726	1,3666
90	301,92	0,0014115	0,02096	323,8	655,7	331,9	0,7818	1,3589
95	305,80	0,0014282	0,01965	329,1	653,8	324,7	0,7906	1,3514
100	309,53	0,0014453	0,01846	334,2	651,7	317,5	0,7992	1,3440
110	316,58	0,001480	0,01638	344,2	647,2	303,0	0,8158	1,3294
120	323,15	0,001517	0,01463	353,9	642,5	288,6	0,8315	1,3151
125	326,27	0,001537	0,01386	358,7	639,9	281,2	0,8392	1,3082
130	329,30	0,001557	0,01313	363,4	637,2	273,8	0,8467	1,3012
140	335,09	0,001600	0,01182	372,7	631,7	259,0	0,8614	1,2873
150	340,56	0,001644	0,01066	381,9	625,6	243,7	0,8758	1,2728
160	345,74	0,001693	0,009625	391,1	618,9	227,8	0,8901	1,2582
170	350,66	0,001748	0,008681	400,4	611,5	211,1	0,9045	1,2422
180	355,35	0,001812	0,007803	410,1	602,8	192,7	0,9192	1,2258
190	359,82	0,001890	0,00697	420,4	593,0	172,6	0,9347	1,2080
200	364,08	0,001987	0,00618	431,3	581,4	150,1	0,9514	1,1867
210	368,16	0,00213	0,00535	444,5	565,9	121,4	0,9713	1,1606
220	372,1	0,00238	0,00436	463	542,3	79,3	0,9993	1,1220
224	373,6	0,00267	0,00373	479	524,7	45,7	1,0240	1,0880
225,65	374,15	0,00326		501,5		0	1,058	

I) Zur Umrechnung in die kohärente Einheit des internationalen Einheitensystems (N/m²) sind die Zahlenwerte dieser Spalte mit $0{,}980665 \cdot 10^5$ zu multiplizieren. – II) Zur Umrechnung in die kohärente Einheit des internationalen Einheitensystems (J/kg) sind die Zahlenwerte dieser Spalte mit $4{,}1868 \cdot 10^3$ zu multiplizieren. – III) Zur Umrechnung in die kohärente Einheit des internationalen Einheitensystems (J/kg grd) sind die Zahlenwerte dieser Spalte mit $4{,}1868 \cdot 10^3$ zu multiplizieren

Wird im Naßdampfgebiet zwischen der linken und rechten Grenzkurve ein *Carnot-Kreisprozeß* mit hinreichend kleinem Temperaturunterschied $\mathrm{d}T$ zwischen der Wärmezufuhr und der Wärmeabfuhr durchgeführt (Bilder 26 und 27), so kann für die Kreisprozeßarbeit w_{th} geschrieben werden:

$$w_{\text{th}} = (v'' - v')\,\mathrm{d}p = (s'' - s')\,\mathrm{d}T.$$

Nach Abschnitt 7.3.3.

$$s'' - s' = \frac{q_T}{T} = \frac{r}{T} \quad \text{z. B.} \quad \left| \begin{array}{c|c|c} s & q, r & T \\ \hline \text{J/kg grd} & \text{J/kg} & {}^\circ\text{K} \\ \text{oder kcal/kg grd} & \text{kcal/kg} & {}^\circ\text{K} \end{array} \right|. \tag{41}$$

Tabelle 21. Dampftafel für Ammoniak nach Kältemaschinen-Regeln 2

Temperatur t in °C	Druck p in at[II]	Spezifisches Volumen der Flüssigkeit v'[I] in dm³/kg	Spezifisches Volumen des Dampfes v'' in dm³/kg	Enthalpie der Flüssigkeit i' in $\frac{kcal}{kg}$[III]	Enthalpie des Dampfes i'' in $\frac{kcal}{kg}$[III]	Verdampfungswärme r in $\frac{kcal}{kg}$[III]	Entropie der Flüssigkeit s' in $\frac{kcal}{kg\,grd}$[IV]	Entropie des Dampfes s'' in $\frac{kcal}{kg\,grd}$[IV]
−75	0,0765	1,368	12890	20,9	373,5	352,6	0,6633	2,4431
−70	0,1114	1,3788	9009	25,9	375,7	349,8	0,6878	2,4101
−64	0,1706	1,3920	6044	32,0	378,3	346,3	0,7173	2,3734
−60	0,2233	1,4010	4699	36,0	380,0	344,0	0,7366	2,3507
−54	0,3272	1,4150	3288	42,2	382,5	340,3	0,7648	2,3180
−50	0,4168	1,4245	2623	46,3	384,1	337,8	0,7882	2,2978
−44	0,5882	1,4392	1901	52,5	386,5	334,0	0,8112	2,2692
−40	0,7318	1,4493	1550	56,8	388,1	331,3	0,8295	2,2510
−35	0,9503	1,4623	1215,1	62,08	390,03	327,95	0,8520	2,2294
−30	1,2190	1,4757	963,0	67,42	391,91	324,49	0,8742	2,2090
−25	1,546	1,4895	771,2	72,78	393,72	320,94	0,8960	2,1896
−20	1,940	1,5037	623,6	78,17	395,46	317,29	0,9175	2,1710
−15	2,410	1,5185	508,7	83,59	397,12	313,53	0,9385	2,1532
−10	2,966	1,5338	418,4	89,03	398,67	309,64	0,9593	2,1362
− 5	3,619	1,5496	346,9	94,50	400,14	305,64	0,9798	2,1199
0	4,379	1,5660	289,7	100,00	401,52	301,52	1,0000	2,1041
+ 5	5,259	1,5831	243,5	105,54	402,80	297,26	1,0200	2,0889
+10	6,271	1,6008	205,8	111,11	403,95	292,84	1,0397	2,0741
+15	7,427	1,6193	174,9	116,72	404,99	288,27	1,0592	2,0598
+20	8,741	1,6386	149,4	122,38	405,93	283,55	1,0785	2,0459
+25	10,225	1,6588	128,3	128,09	406,75	278,66	1,0976	2,0324
+30	11,895	1,6800	110,7	133,84	407,43	273,59	1,1165	2,0191
+35	13,765	1,7023	95,9	139,65	407,97	268,32	1,1352	2,0061
+40	15,850	1,7257	83,3	145,52	408,37	262,85	1,1538	1,9933
+45	18,165	1,7504	72,6	151,43	408,61	257,18	1,1722	1,9807
+50	20,727	1,7775	63,5	157,38	408,72	251,34	1,1905	1,9683
+60	26,66	1,838	48,9	169,6	408,6	238,0	1,2280	1,9445
+70	33,77	1,905	37,9	182,7	407,3	224,6	1,2650	1,9196

[I]) Die Zahlenwerte weichen im Temperaturbereich zwischen −75 °C und 0 °C bis zu +0,4% und im Temperaturbereich über 0 °C und 70 °C bis zu −0,4% von den Werten ab, die angegeben sind von Planck, R.: Eine Zustandsgleichung für flüssiges Ammoniak, Kältetechnik, 12. Jahrgang (1960), S. 282/283. – [II]) Zur Umrechnung in die kohärente Einheit des internationalen Einheitensystems (N/m²) sind die Zahlenwerte dieser Spalte mit $0{,}980665 \cdot 10^5$ zu multiplizieren. – [III]) Zur Umrechnung in die kohärente Einheit des internationalen Einheitensystems (J/kg) sind die Zahlenwerte dieser Spalte mit $4{,}1868 \cdot 10^3$ zu multiplizieren. – [IV]) Zur Umrechnung in die kohärente Einheit des internationalen Einheitensystems (J/kg grd) sind die Zahlenwerte dieser Spalte mit $4{,}1868 \cdot 10^3$ zu multiplizieren

Tabelle 22. Dampftafel für R 12 (Difluordichlormethan, CF_2Cl_2) nach Kältemaschinen-Regeln 2

Temperatur t	Druck p	Spezifisches Volumen		Enthalpie		Verdampfungswärme	Entropie	
		der Flüssigkeit v'	des Dampfes v''	der Flüssigkeit i'	des Dampfes i''	r	der Flüssigkeit s'	des Dampfes s''
in °C	in at[I])	in dm³/kg	in dm³/kg	in kcal/kg [II])	in kcal/kg [II])	in kcal/kg [II])	in kcal/kg grd [III])	in kcal/kg grd [III])
−70	0,1258	0,6234	1125,9	85,84	128,88	42,99	0,94050	1,15219
−65	0,1721	0,6289	841,3	86,75	129,41	42,66	0,94500	1,15001
−60	0,2315	0,6349	639,4	87,68	130,00	42,32	0,94946	1,14806
−55	0,3065	0,6406	493,0	88,63	130,59	41,96	0,95387	1,14627
−50	0,3999	0,6468	385,4	89,59	131,18	41,59	0,95824	1,14468
−45	0,5150	0,6527	305,0	90,56	131,77	41,21	0,96256	1,14324
−40	0,6551	0,6592	244,1	91,55	132,36	40,81	0,96685	1,14193
−35	0,8238	0,6658	197,3	92,55	132,95	40,40	0,97110	1,14078
−30	1,0245	0,6725	161,3	93,57	133,54	39,97	0,97532	1,13975
−25	1,2616	0,6793	133,1	94,61	134,13	39,52	0,97950	1,13879
−20	1,5396	0,6868	110,7	95,65	134,71	39,06	0,98365	1,13798
−15	1,8622	0,6940	92,68	96,72	135,29	38,57	0,98778	1,13723
−10	2,2342	0,7018	78,13	97,80	135,87	38,07	0,99188	1,13657
− 5	2,6602	0,7092	66,35	98,89	136,43	37,54	0,99595	1,13598
0	3,1465	0,7173	56,67	100,00	136,99	36,99	1,00000	1,13546
+ 5	3,6959	0,7257	48,63	101,12	137,54	36,42	1,00402	1,13497
+10	4,3135	0,7342	42,04	102,26	138,08	35,82	1,00803	1,13455
+15	5,0076	0,7435	36,48	103,42	138,61	35,19	1,01201	1,13414
+20	5,7786	0,7524	31,75	104,59	139,12	34,53	1,01598	1,13378
+25	6,6363	0,7628	27,73	105,77	139,61	33,84	1,01993	1,13344
+30	7,5810	0,7734	24,33	106,97	140,08	33,11	1,02387	1,13310
+35	8,6264	0,7849	21,36	108,18	140,51	32,33	1,02778	1,13273
+40	9,7707	0,7968	18,82	109,41	140,94	31,53	1,03167	1,13236
+45	11,023	0,8104	16,56	110,66	141,33	30,67	1,03556	1,13197
+50	12,386	0,8244	14,59	111,94	141,73	29,79	1,03945	1,13163
+60	15,481	0,8568	11,67	114,57	142,49	27,92	1,0472	1,1311
+70	19,096	0,8936	9,19	117,29	143,09	25,80	1,0550	1,1302
+80	23,290	0,9398	7,23	120,13	143,46	23,33	1,0629	1,1290
+90	28,107	1,0009	5,64	123,12	143,41	20,29	1,0700	1,1269
+100	33,614	1,0952	4,37	126,36	142,51	16,15	1,0794	1,1227
+110	39,874	1,3513	2,66	131,44	138,89	7,45	1,0917	1,1111
+115,5	40,879	1,7934		134,75		0	1,1016	

[I]) Zur Umrechnung in die kohärente Einheit des internationalen Einheitensystems (N/m²) sind die Zahlenwerte dieser Spalte mit 0,980665 · 10^5 zu multiplizieren. – [II]) Zur Umrechnung in die kohärente Einheit des internationalen Einheitensystems (J/kg) sind die Zahlenwerte dieser Spalte mit 4,1868 · 10^3 zu multiplizieren. – [III]) Zur Umrechnung in die kohärente Einheit des internationalen Einheitensystems (J/kg grd) sind die Zahlenwerte dieser Spalte mit 4,1868 · 10^3 zu multiplizieren

Tabelle 23. Dampftafel für R 22 (Difluormonochlormethan, CHF_2Cl) nach Kältemaschinen-Regeln 2

Temperatur t in °C	Druck p in at[I])	Spezifisches Volumen der Flüssigkeit v' in dm³/kg	Spezifisches Volumen des Dampfes v'' in dm³/kg	Enthalpie der Flüssigkeit i' in kcal/kg[II])	Enthalpie des Dampfes i'' in kcal/kg[II])	Verdampfungswärme r in kcal/kg[II])	Entropie der Flüssigkeit s' in kcal/kg grd[III])	Entropie des Dampfes s'' in kcal/kg grd[III])
−100	0,0210	0,6409	8340	74,12	137,92	63,80	0,8828	1,2512
−90	0,0489	0,6510	3634	76,64	139,10	62,46	0,8970	1,2380
−80	0,1050	0,6612	1775	79,14	140,29	61,15	0,9104	1,2270
−70	0,2088	0,6714	940	81,64	141,49	59,85	0,9230	1,2176
−60	0,382	0,6824	535	84,15	142,68	58,53	0,9348	1,2094
−50	0,660	0,6950	323	86,70	143,90	57,20	0,9465	1,2028
−40	1,076	0,7086	205	89,27	145,12	55,85	0,9579	1,1974
−30	1,679	0,7235	135	91,90	146,25	54,35	0,9690	1,1925
−20	2,51	0,7405	92,9	94,58	147,35	52,77	0,9796	1,1880
−10	3,63	0,7582	65,4	97,25	148,45	51,20	0,9898	1,1844
0	5,10	0,7785	47,1	100,00	149,43	49,43	1,0000	1,1810
+10	6,99	0,8004	34,6	103,00	150,36	47,36	1,0107	1,1780
+20	9,35	0,8244	25,8	106,13	151,13	45,00	1,0214	1,1749
+30	12,26	0,8501	19,4	109,44	151,78	42,34	1,0323	1,1720
+40	15,79	0,8830	14,8	112,77	152,12	38,35	1,0429	1,1686
+50	20,00	0,9214	11,3	116,27	152,37	36,10	1,0535	1,1653

Tabelle 24. Dampftafel für Kohlendioxid (CO_2) nach Kältemaschinen-Regeln 2

Temperatur t in °C	Druck p in at[I])	Spezifisches Volumen der Flüssigkeit v' in dm³/kg	Spezifisches Volumen des Dampfes v'' in dm³/kg	Enthalpie der Flüssigkeit i' in kcal/kg[II])	Enthalpie des Dampfes i'' in kcal/kg[II])	Verdampfungswärme r in kcal/kg[II])	Entropie der Flüssigkeit s' in kcal/kg grd[III])	Entropie des Dampfes s'' in kcal/kg grd[III])
−50	6,97	0,867	55,407	75,01	155,57	80,56	0,9020	1,2631
−45	8,49	0,881	45,809	77,30	155,89	78,59	0,9120	1,2565
−40	10,25	0,897	38,164	79,59	156,17	76,58	0,9218	1,2503
−35	12,26	0,913	32,008	81,80	156,39	74,51	0,9314	1,2443
−30	14,55	0,931	27,001	84,19	156,56	72,37	0,9408	1,2385
−25	17,14	0,950	22,885	86,53	156,67	70,14	0,9501	1,2328
−20	20,06	0,971	19,466	88,93	156,78	67,79	0,9594	1,2272
−15	23,34	0,994	16,609	91,44	156,70	65,26	0,9690	1,2218
−10	26,99	1,019	14,194	94,09	156,60	62,51	0,9787	1,2163
− 5	31,05	1,048	12,141	96,91	156,41	59,50	0,9890	1,2109
0	35,54	1,081	10,383	100,00	156,13	56,13	1,0000	1,2055

Tabelle 24 (Fortsetzung)

Temperatur t in °C	Druck p in at[I]	Spezifisches Volumen der Flüssigkeit v' in dm³/kg	Spezifisches Volumen des Dampfes v'' in dm³/kg	Enthalpie der Flüssigkeit i' in $\frac{kcal}{kg}$ [II]	Enthalpie des Dampfes i'' in $\frac{kcal}{kg}$ [II]	Verdampfungswärme r in $\frac{kcal}{kg}$ [II]	Entropie der Flüssigkeit s' in $\frac{kcal}{kg\,grd}$ [III]	Entropie des Dampfes s'' in $\frac{kcal}{kg\,grd}$ [III]
+ 5	40,50	1,120	8,850	103,10	155,45	52,35	1,0103	1,1985
+10	45,95	1,166	7,519	106,50	154,59	48,09	1,0218	1,1917
+15	51,93	1,223	6,323	110,10	153,17	43,07	1,0340	1,1835
+20	58,46	1,297	5,269	114,00	151,10	37,10	1,0468	1,1734
+25	65,59	1,409	4,232	118,80	147,33	28,53	1,0628	1,1585
+30	73,34	1,680	2,979	125,90	140,95	15,05	1,0854	1,1351
+31	74,96	2,156		133,50		0	1,1098	

[I]) Zur Umrechnung in die kohärente Einheit des internationalen Einheitensystems (N/m²) sind die Zahlenwerte dieser Spalte mit $0{,}980665 \cdot 10^5$ zu multiplizieren. – [II]) Zur Umrechnung in die kohärente Einheit des internationalen Einheitensystems (J/kg) sind die Zahlenwerte dieser Spalte mit $4{,}1868 \cdot 10^3$ zu multiplizieren. – [III]) Zur Umrechnung in die kohärente Einheit des internationalen Einheitensystems (J/kg grd) sind die Zahlenwerte dieser Spalte mit $4{,}1868 \cdot 10^3$ zu multiplizieren

Damit ergibt sich die *Clausius-Clapeyronsche Gleichung*

$$\frac{r}{T} = (v'' - v')\frac{dp}{dT} \quad \text{z. B.} \quad \left|\begin{array}{c|c|c|c} r & T & v & p \\ \hline \text{J/kg} & °\text{K} & \text{m}^3/\text{kg} & \text{N/m}^2 \\ \text{oder kpm/kg} & °\text{K} & \text{m}^3/\text{kg} & \text{kp/m}^2 \end{array}\right|. \tag{42}$$

Dabei ist dp/dT der Differentialquotient der Sättigungskurve (s. 7.2.5., Bild 1, Kurve c).

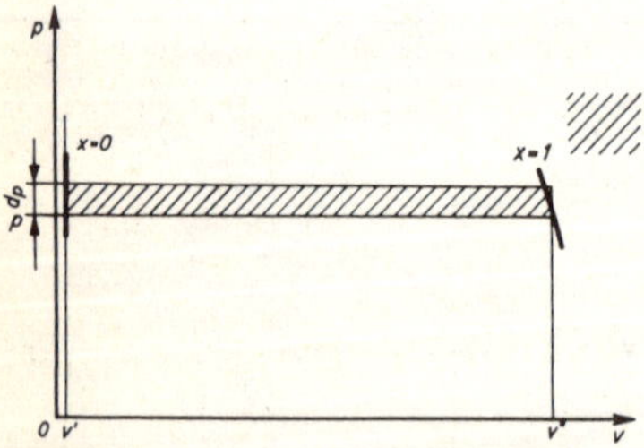

Bild 26. Carnotprozeß im Naßdampfgebiet im p,v-Bild

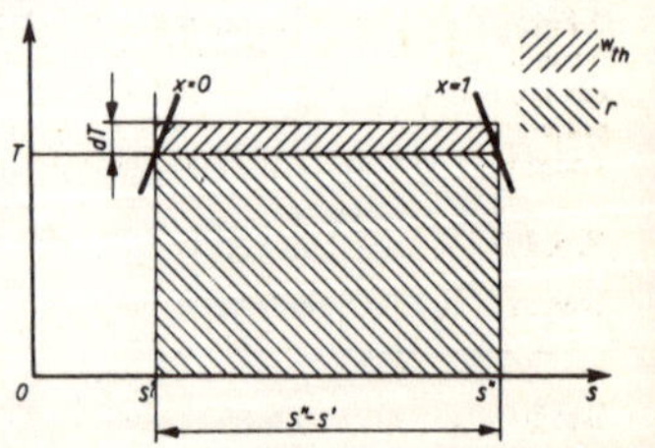

Bild 27. Carnotprozeß im Naßdampfgebiet im T,s-Bild

Die innere Energie an der linken Grenzkurve läßt sich berechnen aus

$$u' = i' - pv' \quad \text{z. B.} \quad \left|\begin{array}{c|c|c} u, i & p & v \\ \hline \text{J/kg} & \text{N/m}^2 & \text{m}^3/\text{kg} \\ \text{oder kpm/kg} & \text{kp/m}^2 & \text{m}^3/\text{kg} \end{array}\right| \tag{43}$$

Für Wasser beträgt der Unterschied zwischen u' und i' bis zu Temperaturen von 150 °C höchstens 0,1 kcal/kg.

Tabelle 25. Dampftafel für Schwefeldioxid (SO_2) nach Kältemaschinen-Regeln 2

Temperatur	Druck	Spezifisches Volumen der Flüssigkeit	Spezifisches Volumen des Dampfes	Enthalpie der Flüssigkeit	Enthalpie des Dampfes	Verdampfungswärme	Entropie der Flüssigkeit	Entropie des Dampfes
t	p	v'	v''	i'	i''	r	s'	s''
in °C	in at[I])	in dm³/kg	in dm³/kg	in $\frac{\text{kcal}}{\text{kg}}$[II])	in $\frac{\text{kcal}}{\text{kg}}$[II])	in $\frac{\text{kcal}}{\text{kg}}$[II])	in $\frac{\text{kcal}}{\text{kg grd}}$[III])	in $\frac{\text{kcal}}{\text{kg grd}}$[III])
−50	0,118	0,6423	2490,7	83,69	184,91	101,22	0,9341	1,3877
−45	0,163	0,6472	1843,6	85,34	185,56	100,22	0,9412	1,3808
−40	0,220	0,6523	1387,2	87,00	186,21	99,21	0,9485	1,3740
−35	0,294	0,6575	1058,6	88,64	186,85	98,21	0,9556	1,3680
−30	0,388	0,6627	813,3	90,27	187,47	97,20	0,9624	1,3621
−25	0,504	0,6680	640,6	91,90	188,09	96,19	0,9691	1,3567
−20	0,648	0,6739	507,1	93,53	188,70	95,17	0,9755	1,3514
−15	0,823	0,6798	405,8	95,15	189,30	94,15	0,9819	1,3466
−10	1,034	0,6859	328,0	96,76	189,89	93,13	0,9879	1,3418
− 5	1,286	0,6916	267,5	98,39	190,46	92,07	0,9942	1,3375
0	1,585	0,6974	220,0	100,00	191,02	91,02	1,0000	1,3332
+ 5	1,936	0,7035	182,4	101,63	191,57	89,94	1,0060	1,3293
+10	2,347	0,7097	152,3	103,23	192,09	88,86	1,0115	1,3253
+15	2,823	0,7163	128,0	104,85	192,61	87,76	1,0173	1,3218
+20	3,370	0,7231	108,4	106,45	193,10	86,65	1,0227	1,3183
+25	3,997	0,7301	92,3	107,99	193,52	85,53	1,0282	1,3150
+30	4,710	0,7375	79,0	109,65	194,04	84,39	1,0333	1,3117
+35	5,518	0,7453	68,0	111,26	194,49	83,23	1,0386	1,3087
+40	6,427	0,7536	58,8	112,83	194,92	82,09	1,0434	1,3057
+45	7,447	0,7622	51,1	114,41	195,32	80,91	1,0486	1,3029
+50	8,583	0,7712	44,6	116,01	195,72	79,71	1,0534	1,3001
+55	9,848	0,7808	39,1	117,64	196,09	78,45	1,0584	1,2974
+60	11,25	0,7909	34,4	119,23	196,44	77,21	1,0631	1,2949

[I]) Zur Umrechnung in die kohärente Einheit des internationalen Einheitensystems (N/m²) sind die Zahlenwerte dieser Spalte mit $0{,}980665 \cdot 10^5$ zu multiplizieren. – [II]) Zur Umrechnung in die kohärente Einheit des internationalen Einheitensystems (J/kg) sind die Zahlenwerte dieser Spalte mit $4{,}1868 \cdot 10^3$ zu multiplizieren. – [III]) Zur Umrechnung in die kohärente Einheit des internationalen Einheitensystems (J/kg grd) sind die Zahlenwerte dieser Spalte mit $4{,}1868 \cdot 10^3$ zu multiplizieren

7.6.1.2. Zustandsgrößen

Das spezifische Volumen ist

$$v = x(v'' - v') + v'. \tag{44}$$

Bei geringen Drücken ist $v' \ll v''$; $v \approx xv''$. Es werden

die spezifische *Entropie* $s = s' + x(s'' - s') = s' + xr/T$, (45)

die spezifische *Enthalpie* $i = i' + xr$, (46)

die spezifische *innere Energie* $u = u' + x\varrho_v$ oder $u = i - pv$, (47)

Einheiten wie bei (43).

7.6.1.3. Umkehrbare Zustandsänderungen

1. *Isobare und Isotherme* sind identisch und im p,v- bzw. T,s-Bild zur Abszissenachse parallele Geraden (vgl. Bilder 26 und 27). Je Kilogramm Naßdampf werden die Raumänderungs-

arbeit

$$w_{12} = p(v_2 - v_1) = p(x_2 - x_1)(v'' - v') = \psi_v(x_2 - x_1)$$

z. B.

	w, ψ_v	p	v	x
	J/kg	N/m²	m³/kg	–
oder	kpm/kg	kp/m²	m³/kg	–

die zu- bzw. abzuführende Wärmeenergie

$$q_{12} = i_2 - i_1 = r(x_2 - x_1),$$

die spezifische Entropieänderung

$$s_2 - s_1 = r(x_2 - x_1)/T.$$

2. Für *Isochore* sind je Kilogramm Naßdampf das spezifische Volumen

$$v_1 = v_2 = v = x_1(v_1'' - v_1') + v_1' = x_2(v_2'' - v_2') + v_2',$$

die zu- bzw. abzuführende Wärmeenergie

$$q_{12} = u_2 - u_1 = i_2 - i_1 - v(p_2 - p_1) = i_2' - i_1' + x_2 r_2 - x_1 r_1 - v(p_2 - p_1)$$

z. B.

	q, u, i, r	p	v	x
	J/kg	N/m²	m³/kg	–
oder	kpm/kg	kp/m²	m³/kg	–

die spezifische Entropieänderung

$$s_2 - s_1 = s_2' - s_1' + x_2 r_2/T_2 - x_1 r_1/T_1.$$

Ist Enddruck p_2 bzw. Endtemperatur T_2 vorgeschrieben, so lassen sich die erforderlichen Zustandsgrößen an den Grenzkurven und die gesamte Verdampfungswärme r aus den Dampftafeln entnehmen und mit den vorstehenden Gleichungen x_2, q_{12} und $(s_2 - s_1)$ berechnen. – Wird dagegen q_{12} vorgeschrieben, so läßt sich der Endzustand (p_2, T_2) nur durch Probieren finden.

3. Für *Isentrope* sind je Kilogramm Naßdampf die spezifische Entropie

$$s_1 = s_2 \Rightarrow s = s_1' + x_1 r_1/T_1 = s_2' + x_2 r_2/T_2,$$

die Raumänderungsarbeit

$$w_{12} = u_1 - u_2 = i_1' - i_2' + x_1 r_1 - x_2 r_2 - (p_1 v_1 - p_2 v_2),$$

die technische Arbeit

$$w_t = i_1 - i_2 = i_1' - i_2' + x_1 r_1 - x_2 r_2$$

z. B.

	w, u, i, r	x	p	v
	J/kg	–	N/m²	m³/kg
oder	kpm/kg	–	kp/m²	m³/kg

Diese Zustandsänderung läßt sich am einfachsten im t, s-Diagramm (s. Bild 25) oder Mollier-i,s-Diagramm (Bilder 28 und 29) verfolgen. Bei isentroper Ausdehnung von sehr nassem Dampf ($x_1 < 0{,}4$) nimmt der spezifische Dampfgehalt zu ($x_2 > x_1$), bei größerem Dampfgehalt wird $x_2 < x_1$. Bei Drücken unter 25 kp/cm² und Naßdampf mit $x > 0{,}75$ gelten (23) bis (26) mit $\varkappa = 1{,}035 + 0{,}1x$.

7.6.2. Heißdampf

7.6.2.1. Zustandsgrößen

Da die Berechnung aus empirischen Zustandsgleichungen sehr zeitraubend ist, werden in Abhängigkeit von Druck und Temperatur als wichtigste Zustandsgrößen das spezifische Volumen v, die Enthalpie i und die Entropie s in Zahlentafeln (Tab. 26 für Wasserdampf) oder Schaubildern zusammengestellt. Außer dem T,s-Diagramm sind Mollier-Diagramme für die Praxis besonders zweckmäßig mit der Enthalpie als Koordinate, z. B. i,s-, i,t- oder ($\lg p$),i-Diagramm. Im letztgenannten Diagramm sind nicht nur die p-Werte genau ablesbar,

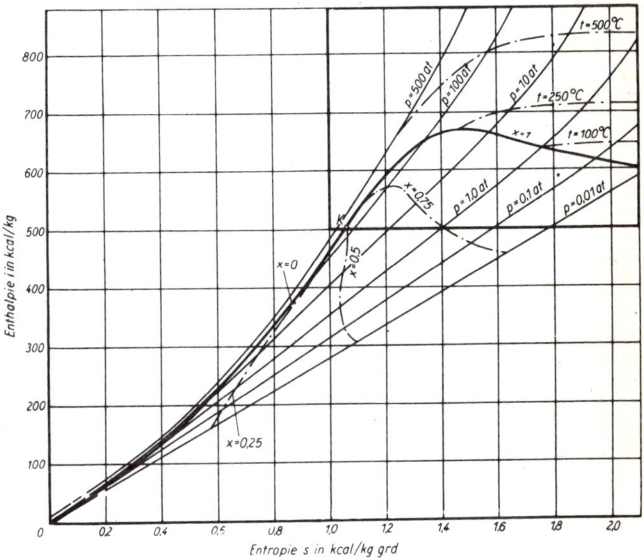

Bild 28. Mollier-i,s-Diagramm für Wasserdampf

sondern es kann auch zwischen den Isothermen linear interpoliert werden. Es ist besonders in der Kältetechnik gebräuchlich (Bild 30), während man für Dampfkraftanlagen das Mollier-i,s-Diagramm mit Isothermen, Isobaren und Isochoren bevorzugt, wobei der im Bild 28 umrandete Ausschnitt in größerem Maßstab mit v-Linien im Bild 29 (s. Beilage) dargestellt ist.

7.6.2.2. Zustandsänderungen

Insbesondere alle Zustandsänderungen, bei denen die Grenzkurve überschritten wird, lassen sich am schnellsten mit Hilfe der Mollier-Diagramme behandeln. Bei kleinen Drücken und großer Überhitzung können für Dämpfe die Gleichungen für vollkommenes Gas verwendet werden.

1. Die *Isobaren* schließen im Mollier-i,s-Diagramm an der rechten Grenzkurve ohne Knick an die Geraden des Naßdampfgebietes an und ähneln im Heißdampfgebiet mit wachsender Überhitzung immer mehr Exponentialfunktionen. Je Kilogramm Heißdampf ist die Raumänderungsarbeit $w_{12} = p(v_2 - v_1)$ und die zu- bzw. abzuführende Wärmeenergie $q_{12} = i_2 - i_1$.

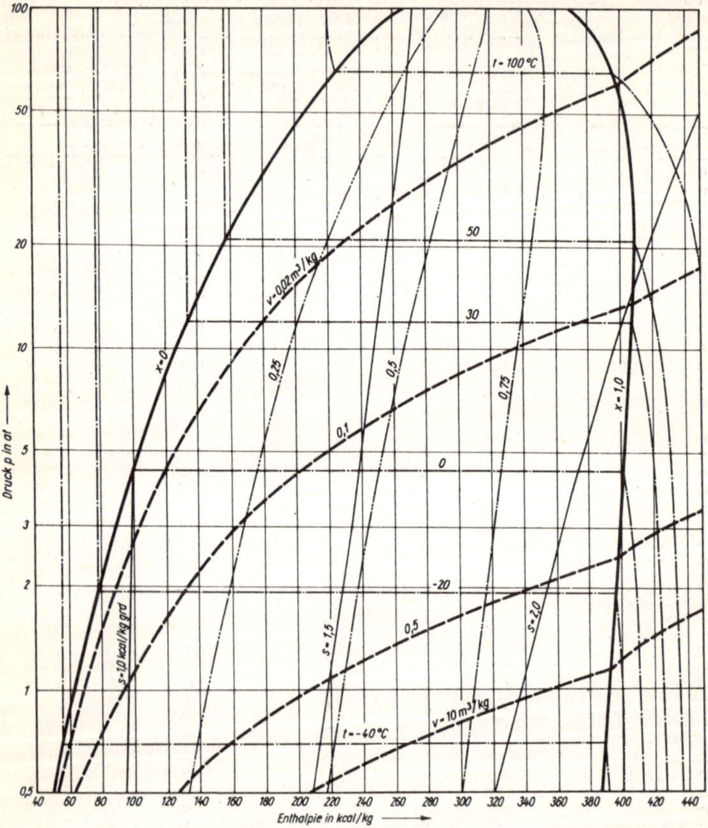

Bild 30. Mollier-(lg$p$), i-Diagramm für Ammoniak. $s_0' = 1{,}0000$ kcal/kg grd; $i_0' = 100{,}00$ kcal/kg

2. Die *Isothermen*, die im Naßdampfgebiet identisch mit den Isobaren sind, knicken an der rechten Grenzkurve ab und steigen mit wachsender Überhitzung immer weniger an.

3. Die *Isochoren* verlaufen im Heißdampfgebiet etwas steiler als die Isobaren.

4. Für *Isentropen* (reversible Adiabaten) mit Drücken bis 25 at, die ausschließlich im Heißdampfgebiet liegen, gelten (23), (23a), (23b), (24) und (26) mit $\varkappa = 1{,}30$ und die Konstruktionen nach den Bildern 10 und 12 (s. 7.4.3.), während die Beziehungen $s_1 = s_2$ und $w_t = i_1 - i_2$ allgemein gültig sind.

Tabelle 26. Zustandsgrößen für überhitzten Wasserdampf nach M. P. Wukalowitsch 1
Dampftafel für überhitzten Wasserdampf

t in °C	v in m³/kg	i in kcal/kg [II]	s in kcal/(kg grd) [III]	v in m³/kg	i in kcal/kg [II]	s in kcal/(kg grd) [III]	v in m³/kg	i in kcal/kg [II]	s in kcal/(kg grd) [III]
a)	p = 0,5 at = 0,49 bar			p = 1,0 at = 0,98 bar			p = 1,5 at = 1,47 bar		
90	3,390	636,1	1,8270	–	–	–	–	–	–
100	3,487	640,8	1,8397	1,730	639,2	1,7603	–	–	–
120	3,679	650,1	1,8639	1,830	649,0	1,7851	1,212	647,8	1,7381
140	3,870	659,3	1,8866	1,926	658,4	1,8083	1,278	657,5	1,7622
160	4,060	668,6	1,9084	2,023	667,8	1,8303	1,343	667,1	1,7847
180	4,250	677,9	1,9294	2,119	677,2	1,8515	1,408	676,5	1,8060
200	4,440	687,2	1,9494	2,214	686,6	1,8717	1,472	686,0	1,8262
220	4,629	696,6	1,9686	2,310	696,0	1,8913	1,536	695,5	1,8459
240	4,819	705,9	1,9873	2,405	705,5	1,9101	1,600	705,0	1,8649
260	5,008	715,4	2,0053	2,500	714,9	1,9284	1,664	714,5	1,8832
280	5,197	725,0	2,0228	2,595	724,5	1,9461	1,727	724,1	1,9009
300	5,387	734,6	2,0397	2,690	734,0	1,9634	1,791	733,7	1,9182
320	5,577	744,2	2,0560	2,784	743,6	1,9800	1,855	743,3	1,9348
340	5,767	753,9	2,0721	2,880	753,2	1,9961	1,918	753,2	1,9509
360	5,955	763,7	2,0876	2,975	762,9	2,0118	1,981	762,9	1,9667
380	6,144	773,5	2,1029	3,068	772,7	2,0271	2,044	772,7	1,9822
400	6,333	783,3	2,1177	3,163	782,6	2,0421	2,107	782,6	1,9972
420	6,521	793,2	2,1323	3,257	792,6	2,0567	2,170	792,6	2,0117
440	6,710	803,2	2,1467	3,352	802,6	2,0709	2,233	802,6	2,0260
460	6,898	813,2	2,1607	3,446	812,6	2,0848	2,296	812,6	2,0399
480	7,087	823,3	2,1745	3,540	822,8	2,0985	2,359	822,8	2,0536
500	7,275	833,5	2,1880	3,635	833,0	2,1119	2,422	833,0	2,0671
520	7,464	843,7	2,2014	3,729	843,2	2,1250	2,486	843,2	2,0802
540	7,652	854,1	2,2145	3,824	853,6	2,1349	2,549	853,6	2,0931
560	7,839	864,5	2,2272	3,918	864,0	2,1506	2,611	864,0	2,1058
580	8,027	874,9	2,2397	4,012	874,4	2,1629	2,674	874,4	2,1181
600	8,215	885,4	2,2519	4,107	884,8	2,1749	2,737	884,8	2,1301
620	8,403	895,9	2,2639	4,202	895,2	2,1866	2,801	895,2	2,1418
640	8,592	906,6	2,2756	4,296	905,8	2,1982	2,865	905,8	2,1534
660	8,780	917,3	2,2872	4,390	916,4	2,2098	2,927	916,4	2,1650
680	8,969	928,0	2,2986	4,484	927,2	2,2212	2,989	927,2	2,1764
700	9,157	938,8	2,3099	4,578	938,0	2,2325	3,051	938,0	2,1877
b)	p = 2,0 at = 1,96 bar			p = 2,5 at = 2,45 bar			p = 3,0 at = 2,94 bar		
120	0,9027	646,5	1,7043	–	–	–	–	–	–
140	0,9545	656,5	1,7284	0,7597	655,6	1,7024	0,6296	654,5	1,6802
160	1,003	666,4	1,7515	0,8003	665,5	1,7258	0,6643	664,7	1,7044
180	1,052	675,9	1,7732	0,8399	675,2	1,7475	0,6975	674,5	1,7263
200	1,101	685,4	1,7937	0,8790	684,8	1,7683	0,7304	684,2	1,7471
220	1,149	695,0	1,8133	0,9179	694,4	1,7882	0,7631	693,9	1,7671
240	1,197	704,5	1,8324	0,9567	704,0	1,8072	0,7956	703,6	1,7864
260	1,245	714,1	1,8509	0,9953	713,7	1,8256	0,8281	713,2	1,8048

Tabelle 26 (Fortsetzung)

t in °C	v in m³/kg	i in $\frac{kcal}{kg}$ II)	s in $\frac{kcal}{kg\,grd}$ III)	v in m³/kg	i in $\frac{kcal}{kg}$ II)	s in $\frac{kcal}{kg\,grd}$ III)	v in m³/kg	i in $\frac{kcal}{kg}$ II)	s in $\frac{kcal}{kg\,grd}$ III)
b)	p = 2,0 at = 1,96 bar			p = 2,5 at = 2,45 bar			p = 3,0 at = 2,94 bar		
280	1,293	723,8	1,8687	1,033	723,4	1,8435	0,8603	723,0	1,8227
300	1,341	733,4	1,8858	1,071	733,0	1,8609	0,8923	732,7	1,8402
320	1,389	743,1	1,9027	1,111	742,8	1,8778	0,9243	742,5	1,8572
340	1,437	753,0	1,9190	1,149	752,7	1,8941	0,9562	752,5	1,8737
360	1,485	762,8	1,9349	1,187	762,5	1,9100	0,9881	762,3	1,8896
380	1,532	772,7	1,9503	1,225	772,5	1,9255	1,020	772,2	1,9051
400	1,579	782,6	1,9652	1,262	782,4	1,9404	1,052	782,2	1,9200
420	1,626	792,6	1,9799	1,300	792,4	1,9551	1,083	792,2	1,9347
440	1,673	802,6	1,9942	1,338	802,5	1,9694	1,115	802,3	1,9490
460	1,721	812,6	2,0081	1,376	812,5	1,9834	1,147	812,3	1,9631
480	1,768	822,8	2,0218	1,414	822,7	1,9971	1,179	822,5	1,9768
500	1,815	833,0	2,0353	1,453	832,9	2,0105	1,210	832,7	1,9903
520	1,864	843,2	2,0484	1,490	843,1	2,0236	1,242	842,9	2,0035
540	1,911	853,6	2,0613	1,528	853,5	2,0365	1,273	853,3	2,0164
560	1,958	864,0	2,0740	1,566	863,9	2,0492	1,304	863,7	2,0291
580	2,005	874,4	2,0863	1,604	874,3	2,0615	1,336	874,1	2,0414
600	2,052	884,8	2,0983	1,642	884,7	2,0735	1,368	884,5	2,0534
620	2,100	895,2	2,1101	1,680	895,1	2,0854	1,399	894,9	2,0653
640	2,148	905,8	2,1217	1,718	905,7	2,0970	1,430	905,5	2,0769
660	2,196	916,4	2,1333	1,756	916,3	2,1086	1,462	916,1	2,0885
680	2,242	927,1	2,1447	1,794	927,0	2,1200	1,493	926,9	2,0999
700	2,288	937,9	2,1560	1,831	937,8	2,1313	1,525	937,7	2,1112
c)	p = 5,0 at = 4,90 bar			p = 7,5 at = 7,35 bar			p = 10 at = 9,81 bar		
160	0,3917	661,3	1,6420	–	–	–	–	–	–
180	0,4129	671,7	1,6659	0,2702	668,1	1,6147	0,1987	663,8	1,5760
200	0,4334	681,7	1,6875	0,2848	678,9	1,6381	0,2103	675,4	1,6008
220	0,4537	691,7	1,7079	0,2988	689,3	1,6594	0,2214	686,5	1,6236
240	0,4736	701,6	1,7277	0,3127	699,5	1,6798	0,2321	697,2	1,6449
260	0,4935	711,5	1,7467	0,3262	709,5	1,6991	0,2426	707,6	1,6650
280	0,5131	721,5	1,7649	0,3396	719,6	1,7176	0,2529	717,8	1,6839
300	0,5327	731,4	1,7826	0,3529	729,7	1,7355	0,2630	728,0	1,7019
320	0,5521	741,4	1,7996	0,3660	739,9	1,7529	0,2731	738,4	1,7194
340	0,5715	751,4	1,8161	0,3792	750,0	1,7698	0,2829	748,7	1,7365
360	0,5908	761,4	1,8322	0,3922	760,1	1,7861	0,2929	758,9	1,7530
380	0,6101	771,4	1,8478	0,4052	770,3	1,8019	0,3028	769,2	1,7690
400	0,6294	781,5	1,8630	0,4181	780,5	1,8172	0,3126	779,5	1,7843
420	0,6485	791,5	1,8778	0,4310	790,6	1,8321	0,3223	789,7	1,7994
440	0,6676	801,7	1,8921	0,4439	800,8	1,8466	0,3320	799,9	1,8139
460	0,6867	811,7	1,9062	0,4567	811,0	1,8607	0,3417	810,2	1,8282
480	0,7058	821,9	1,9200	0,4695	821,2	1,8746	0,3513	820,5	1,8421
500	0,7248	832,1	1,9335	0,4823	831,6	1,8881	0,3609	830,9	1,8558

Tabelle 26 (Fortsetzung)

t in °C	v in m³/kg	i in $\frac{kcal}{kg}$ II)	s in $\frac{kcal}{kg\,grd}$ III)	v in m³/kg	i in $\frac{kcal}{kg}$ II)	s in $\frac{kcal}{kg\,grd}$ III)	v in m³/kg	i in $\frac{kcal}{kg}$ II)	s in $\frac{kcal}{kg\,grd}$ III)
c)	p = 5,0 at = 4,90 bar			p = 7,5 at = 7,35 bar			p = 10 at = 9,81 bar		
520	0,7439	842,4	1,9467	0,4950	841,9	1,9014	0,3706	841,3	1,8691
540	0,7629	852,8	1,9597	0,5077	852,3	1,9144	0,3802	851,7	1,8821
560	0,7819	863,2	1,9724	0,5205	862,7	1,9271	0,3899	862,1	1,8948
580	0,8009	873,6	1,9847	0,5333	873,1	1,9396	0,3994	872,6	1,9073
600	0,8198	884,1	1,9968	0,5459	883,7	1,9517	0,4088	883,2	1,9195
620	0,8388	894,7	2,0087	0,5587	894,3	1,9637	0,4184	893,8	1,9315
640	0,8578	905,3	2,0204	0,5714	904,9	1,9754	0,4280	904,4	1,9433
660	0,8768	915,9	2,0320	0,5840	915,6	1,9870	0,4375	915,2	1,9550
680	0,8956	926,7	2,0434	0,5966	926,4	1,9984	0,4470	926,0	1,9664
700	0,9144	937,5	2,0547	0,6092	937,2	2,0097	0,4565	936,8	1,9777
d)	p = 12,5 at = 12,26 bar			p = 15 at = 14,71 bar			p = 20 at = 19,61 bar		
200	0,1654	672,2	1,5704	0,1352	668,4	1,5445	–	–	–
220	0,1748	684,0	1,5948	0,1436	681,1	1,5699	0,1043	674,4	1,5280
240	0,1837	695,0	1,6167	0,1513	692,5	1,5929	0,1108	687,2	1,5530
260	0,1924	705,6	1,6372	0,1587	703,4	1,6140	0,1168	698,9	1,5756
280	0,2010	716,0	1,6566	0,1660	714,1	1,6339	0,1225	710,2	1,5967
300	0,2093	726,3	1,6752	0,1731	724,7	1,6527	0,1281	721,3	1,6166
320	0,2173	736,8	1,6930	0,1800	735,2	1,6709	0,1334	732,4	1,6354
340	0,2252	747,2	1,7101	0,1867	745,9	1,6885	0,1386	743,4	1,6534
360	0,2332	757,6	1,7268	0,1936	756,5	1,7054	0,1438	754,1	1,6707
380	0,2413	768,1	1,7430	0,2003	767,0	1,7218	0,1491	764,8	1,6874
400	0,2492	778,5	1,7587	0,2070	777,5	1,7375	0,1542	775,5	1,7035
420	0,2571	788,7	1,7738	0,2136	787,9	1,7528	0,1592	786,1	1,7190
440	0,2649	799,1	1,7885	0,2201	798,4	1,7676	0,1642	796,6	1,7341
460	0,2727	809,5	1,8028	0,2267	808,7	1,7819	0,1692	807,1	1,7486
480	0,2804	819,9	1,8168	0,2332	819,1	1,7960	0,1741	817,7	1,7628
500	0,2881	830,3	1,8305	0,2397	829,6	1,8098	0,1790	828,3	1,7767
520	0,2959	840,7	1,8439	0,2462	840,0	1,8232	0,1840	838,8	1,7902
540	0,3037	851,1	1,8570	0,2526	850,5	1,8363	0,1888	849,4	1,8035
560	0,3115	861,6	1,8697	0,2592	861,1	1,8491	0,1938	860,0	1,8164
580	0,3192	872,1	1,8822	0,2656	871,7	1,8616	0,1987	870,6	1,8291
600	0,3267	882,7	1,8945	0,2720	882,3	1,8739	0,2035	881,3	1,8415
620	0,3344	893,3	1,9066	0,2784	892,9	1,8860	0,2084	892,0	1,8537
640	0,3421	904,0	1,9184	0,2848	903,6	1,8979	0,2132	902,8	1,8656
660	0,3497	914,8	1,9301	0,2912	914,4	1,9096	0,2180	913,6	1,8773
680	0,3573	925,6	1,9416	0,2976	925,2	1,9211	0,2228	924,5	1,8889
700	0,3649	936,5	1,9529	0,3039	936,1	1,9325	0,2276	935,5	1,9003
e)	p = 25 at = 24,52 bar			p = 30 at = 29,42 bar			p = 40 at = 39,23 bar		
240	0,08643	681,4	1,5200	0,06987	675,0	1,4900	–	–	–
260	0,09158	694,1	1,5443	0,07459	688,9	1,5167	0,05302	678,0	1,4684
280	0,09640	706,2	1,5665	0,07889	701,9	1,5405	0,05679	693,0	1,4957
300	0,1010	717,8	1,5874	0,08294	714,2	1,5624	0,06022	706,6	1,5201

Tabelle 26 (Fortsetzung)

t in °C	v in m³/kg	i in $\frac{kcal}{kg}$ II)	s in $\frac{kcal}{kg\,grd}$ III)	v in m³/kg	i in $\frac{kcal}{kg}$ II)	s in $\frac{kcal}{kg\,grd}$ III)	v in m³/kg	i in $\frac{kcal}{kg}$ II)	s in $\frac{kcal}{kg\,grd}$ III)
e)	p = 25 at = 24,52 bar			p = 30 at = 29,42 bar			p = 40 at = 39,23 bar		
320	0,1055	729,1	1,6071	0,08680	726,1	1,5827	0,06338	719,6	1,5423
340	0,1098	750,5	1,6256	0,09055	737,7	1,6019	0,06636	731,9	1,5631
360	0,1141	751,6	1,6432	0,09421	749,2	1,6202	0,06927	743,8	1,5823
380	0,1183	762,6	1,6603	0,09780	760,4	1,6376	0,07212	755,6	1,6003
400	0,1225	773,4	1,6767	0,1013	771,4	1,6542	0,07490	767,2	1,6177
420	0,1266	784,2	1,6924	0,1048	782,4	1,6703	0,07763	778,5	1,6345
440	0,1308	795,1	1,7077	0,1084	793,3	1,6858	0,08030	789,8	1,6505
460	0,1347	805,7	1,7225	0,1118	804,1	1,7008	0,08293	801,0	1,6659
480	0,1387	816,3	1,7368	0,1151	814,9	1,7153	0,08555	812,0	1,6808
500	0,1426	827,0	1,7509	0,1185	825,7	1,7295	0,08816	823,0	1,6953
520	0,1466	837,6	1,7646	0,1218	836,5	1,7432	0,09074	834,0	1,7094
540	0,1506	848,3	1,7779	0,1252	847,3	1,7566	0,09330	845,0	1,7230
560	0,1547	859,0	1,7908	0,1285	858,0	1,7697	0,09584	855,9	1,7361
580	0,1586	869,7	1,8035	0,1318	868,8	1,7825	0,09835	866,9	1,7490
600	0,1624	880,5	1,8160	0,1350	879,6	1,7950	0,1008	877,7	1,7617
620	0,1664	891,3	1,8283	0,1384	890,5	1,8073	0,1034	888,7	1,7742
640	0,1703	902,1	1,8403	0,1416	901,3	1,8194	0,1059	899,7	1,7864
660	0,1741	912,9	1,8521	0,1448	912,1	1,8313	0,1083	910,6	1,7983
680	0,1780	923,8	1,8637	0,1480	923,1	1,8430	0,1107	921,6	1,8101
700	0,1818	934,8	1,8752	0,1512	934,1	1,8545	0,1131	932,7	1,8217
f)	p = 50 at = 49,03 bar			p = 60 at = 58,84 bar			p = 80 at = 78,45 bar		
280	0,04330	682,7	1,4564	0,03405	671,0	1,4188	–	–	–
300	0,04646	698,4	1,4842	0,03711	689,0	1,4512	0,02503	667,0	1,3875
320	0,04927	712,5	1,5087	0,03976	705,1	1,4788	0,02757	688,0	1,4239
340	0,05186	725,8	1,5308	0,04213	719,6	1,5029	0,02976	705,8	1,4534
360	0,05432	738,5	1,5512	0,04432	733,1	1,5246	0,03171	721,5	1,4787
380	0,05671	750,8	1,5703	0,04642	746,1	1,5448	0,03348	735,9	1,5012
400	0,05904	762,9	1,5885	0,04845	758,7	1,5635	0,03514	749,5	1,5217
420	0,06130	774,7	1,6057	0,05052	770,9	1,5813	0,03674	762,6	1,5408
440	0,06352	786,3	1,6222	0,05233	782,7	1,5983	0,03828	775,3	1,5589
460	0,06571	797,7	1,6380	0,05420	794,3	1,6146	0,03977	787,7	1,5761
480	0,06786	809,1	1,6532	0,05604	805,9	1,6302	0,04122	799,8	1,5925
500	0,06999	820,3	1,6681	0,05785	817,5	1,6453	0,04265	811,8	1,6082
520	0,07208	831,5	1,6823	0,05962	828,9	1,6598	0,04405	823,6	1,6233
540	0,07416	842,7	1,6961	0,06138	840,2	1,6740	0,04542	835,3	1,6378
560	0,07622	853,8	1,7096	0,06315	851,4	1,6877	0,04678	846,9	1,6519
580	0,07827	864,8	1,7227	0,06488	862,6	1,7009	0,04813	858,4	1,6656
600	0,08029	875,8	1,7356	0,06658	873,8	1,7138	0,04944	869,8	1,6788
620	0,08228	886,9	1,7482	0,06827	885,0	1,7265	0,05074	881,3	1,6917
640	0,08426	897,9	1,7605	0,06995	896,2	1,7390	0,05202	892,7	1,7044
660	0,08624	908,9	1,7726	0,07161	907,3	1,7512	0,05330	904,1	1,7169
680	0,08822	920,1	1,7845	0,07328	918,5	1,7632	0,05458	915,5	1,7291
700	0,09020	931,3	1,7961	0,07494	929,9	1,7750	0,05586	927,1	1,7411

Tabelle 26 (Fortsetzung)

t in °C	v in m³/kg	i in $\frac{kcal}{kg}$ [II]	s in $\frac{kcal}{kg\,grd}$ [III]	v in m³/kg	i in $\frac{kcal}{kg}$ [II]	s in $\frac{kcal}{kg\,grd}$ [III]	v in m³/kg	i in $\frac{kcal}{kg}$ [II]	s in $\frac{kcal}{kg\,grd}$ [III]
g)	p = 100 at = 98,07 bar			p = 125 at = 122,58 bar			p = 150 at = 147,10 bar		
320	0,01988	666,0	1,3688	–	–	–	–	–	–
340	0,02210	689,2	1,4071	0,01565	663,1	1,3469	–	–	–
360	0,02397	708,0	1,4376	0,01759	688,4	1,3876	0,01307	664,0	1,3348
380	0,02560	724,6	1,4632	0,01916	708,6	1,4195	0,01474	690,3	1,3759
400	0,02709	739,8	1,4858	0,02056	726,8	1,4460	0,01613	712,1	1,4083
420	0,02848	754,1	1,5065	0,02181	743,2	1,4695	0,01732	731,2	1,4364
440	0,02981	767,8	1,5260	0,02298	757,8	1,4908	0,01840	747,1	1,4589
460	0,03109	780,9	1,5444	0,02410	771,8	1,5105	0,01941	762,3	1,4803
480	0,03232	793,6	1,5617	0,02516	785,5	1,5290	0,02037	776,9	1,5003
500	0,03352	806,1	1,5781	0,02618	798,6	1,5463	0,02127	791,0	1,5188
520	0,03469	818,2	1,5938	0,02717	811,4	1,5628	0,02215	804,6	1,5361
540	0,03584	830,3	1,6088	0,02814	824,1	1,5784	0,02300	817,7	1,5525
560	0,03697	842,2	1,6233	0,02908	836,4	1,5934	0,02383	830,5	1,5681
580	0,03807	854,0	1,6374	0,03001	848,6	1,6079	0,02463	843,1	1,5831
600	0,03916	865,8	1,6509	0,03092	860,7	1,6219	0,02541	855,6	1,5976
620	0,04022	877,5	1,6641	0,03180	872,8	1,6356	0,02618	868,0	1,6117
640	0,04128	889,2	1,6771	0,03267	884,8	1,6489	0,02693	880,4	1,6253
660	0,04223	900,9	1,6898	0,03354	896,9	1,6618	0,02767	892,8	1,6385
680	0,04337	912,6	1,7021	0,03439	908,9	1,6743	0,02841	905,1	1,6514
700	0,04440	924,3	1,7142	0,03524	920,8	1,6866	0,02913	917,3	1,6639
h)	p = 200 at = 196,13 bar			p = 250 at = 245,17 bar[I]			p = 300 at = 294,20 bar[I]		
360	–	–	–	0,001703	405,8	0,9077	0,001642	400,7	0,8960
380	0,00868	639,6	1,2770	0,00235	470,0	1,0066	0,00191	440,2	0,9569
400	0,01033	676,0	1,3327	0,00637	623,0	1,2386	0,00306	525,8	1,0859
420	0,01155	702,2	1,3710	0,00788	666,1	1,3019	0,00520	618,0	1,2218
440	0,01259	723,2	1,4008	0,00897	695,3	1,3444	0,00646	660,7	1,2829
460	0,01351	741,8	1,4266	0,00990	718,5	1,3765	0,00743	692,8	1,3280
480	0,01436	759,0	1,4498	0,01071	739,1	1,4040	0,00824	718,1	1,3623
500	0,01513	775,0	1,4709	0,01142	757,8	1,4286	0,00894	739,2	1,3897
520	0,01586	790,0	1,4903	0,01208	774,7	1,4509	0,00955	758,3	1,4147
540	0,01656	804,4	1,5082	0,01270	790,5	1,4711	0,01013	776,0	1,4371
560	0,01724	818,3	1,5251	0,01330	805,7	1,4895	0,01067	792,6	1,4572
580	0,01790	831,9	1,5413	0,01386	820,4	1,5067	0,01118	808,6	1,4757
600	0,01854	845,3	1,5567	0,01441	834,8	1,5231	0,01167	824,1	1,4933
620	0,01916	858,6	1,5716	0,01494	848,9	1,5389	0,01214	839,1	1,5102
640	0,01976	871,7	1,5860	0,01546	862,8	1,5540	0,01259	853,8	1,5262
660	0,02035	884,7	1,5999	0,01595	876,5	1,5685	0,01302	868,1	1,5415
680	0,02093	897,4	1,6134	0,01644	889,8	1,5826	0,01345	882,1	1,5562
700	0,02150	910,1	1,6265	0,01692	903,0	1,5962	0,01387	895,8	1,5705
i)	p = 350 at = 343,23 bar[I]			p = 400 at = 392,27 bar[I]			p = 500 at = 490,33 bar[I]		
360	0,001592	396,8	0,8867	0,00155	394,3	0,8797	0,001489	390,0	0,8677
380	0,001778	430,4	0,9385	0,00170	424,7	0,9267	0,00160	417,6	0,9104
400	0,00217	478,6	1,0105	0,00194	464,1	0,9852	0,00175	450,0	0,9582

Tabelle 26 (Fortsetzung)

t in °C	v in m³/kg	i in $\frac{\text{kcal}}{\text{kg}}$ II)	s in $\frac{\text{kcal}}{\text{kg grd}}$ III)	v in m³/kg	i in $\frac{\text{kcal}}{\text{kg}}$ II)	s in $\frac{\text{kcal}}{\text{kg grd}}$ III)	v in m³/kg	t in $\frac{\text{kcal}}{\text{kg}}$ II)	s in $\frac{\text{kcal}}{\text{kg grd}}$ III)
i)	p = 350 at = 343,23 bar I)			p = 400 at = 392,27 bar I)			p = 500 at = 490,33 bar I)		
420	0,00329	559,1	1,1300	0,00243	518,2	1,0651	0,00196	487,4	1,0125
440	0,00461	620,7	1,2180	0,00334	578,8	1,1534	0,00232	528,1	1,0716
460	0,00563	664,2	1,2786	0,00431	630,8	1,2251	0,00282	572,0	1,1344
480	0,00646	695,4	1,3214	0,00513	668,7	1,2767	0,00343	616,1	1,1932
500	0,00715	719,4	1,3528	0,00582	698,7	1,3166	0,00402	656,8	1,2464
520	0,00775	741,1	1,3806	0,00639	723,8	1,3486	0,00455	688,3	1,2874
540	0,00829	761,0	1,4055	0,00691	745,8	1,3762	0,00502	714,7	1,3205
560	0,00879	779,3	1,4279	0,00739	765,8	1,4002	0,00545	738,5	1,3495
580	0,00926	796,6	1,4480	0,00784	784,5	1,4220	0,00585	760,2	1,3749
600	0,00971	813,2	1,4667	0,00825	802,3	1,4423	0,00622	780,2	1,3978
620	0,01014	829,2	1,4845	0,00864	819,3	1,4613	0,00657	799,0	1,4188
640	0,01055	844,7	1,5014	0,00902	835,5	1,4790	0,00690	817,0	1,4385
660	0,01094	859,6	1,5176	0,00938	851,2	1,4958	0,00721	834,2	1,4570
680	0,01132	874,2	1,5330	0,00972	866,4	1,5118	0,00751	850,7	1,4743
700	0,01169	888,5	1,5476	0,01007	881,2	1,5271	0,00781	866,6	1,4907

I) Bei überkritischen Drücken läßt sich der Übergang zwischen flüssiger und gasförmiger Phase nicht angeben. – II) Zur Umrechnung in die kohärente Einheit des internationalen Einheitensystems (J/kg) sind die Zahlenwerte dieser Spalte mit $4{,}1868 \cdot 10^3$ zu multiplizieren. – III) Zur Umrechnung in die kohärente Einheit des internationalen Einheitensystems (J/kg grd) sind die Zahlenwerte dieser Spalte mit $4{,}1868 \cdot 10^3$ zu multiplizieren.

Beispiel 1. – 1 kg Wasserdampf von 100 at = $98{,}1 \cdot 10^5$ N/m² und 460 °C expandiert a) isentrop auf 20 at = $19{,}6 \cdot 10^5$ N/m² bzw. b) 1 at = $0{,}981 \cdot 10^5$ N/m². Zu bestimmen sind der Endzustand und die technische Arbeit. – Für den Anfangszustand ergibt sich aus Tabelle 26

$$v_1 = 0{,}03109 \text{ m}^3/\text{kg}; \quad i_1 = 780{,}9 \text{ kcal/kg};$$
$$s_1 = 1{,}544 \text{ kcal/kg grd};$$

in kohärenten Einheiten des internationalen Einheitensystems wird

$$i_1 = 780{,}9 \cdot 4{,}1868 \cdot 10^3 \text{ J/kg} = 3270 \cdot 10^3 \text{ J/kg};$$
$$s_1 = 1{,}5444 \cdot 4{,}1868 \cdot 10^3 \text{ J/kg grd} = 6{,}466 \cdot 10^3 \text{ J/kg grd}.$$

a) Für den Endzustand $s_2 = s_1 = 1{,}5444$ kcal/kg grd und $p_2 = 20$ at wird nach Tabelle 20 $s'' = 1{,}5161$ kcal/kg grd. Da $s'' < s_2$, müssen die Werte für den Endzustand im Heißdampfgebiet liegen und aus Tabelle 26 entnommen werden:

$$s = 1{,}5530 \text{ kcal/kg grd}; \quad t = 240\ °\text{C}; \quad i = 687{,}2 \text{ kcal/kg}; \quad v = 0{,}1108 \text{ m}^3/\text{kg};$$
$$s = 1{,}5280 \text{ kcal/kg grd}; \quad t = 220\ °\text{C}; \quad i = 674{,}4 \text{ kcal/kg}; \quad v = 0{,}1043 \text{ m}^3/\text{kg}$$

durch Interpolation ergibt sich für $s_2 = 1{,}5444$ kcal/kg grd

$$t_2 = 220\ °\text{C} + \frac{0{,}0164 \cdot 20 \text{ grd}}{0{,}0250} = 233{,}1\ °\text{C};$$

$$i_2 = 674{,}4 \text{ kcal/kg} + \frac{0{,}0164 \cdot 12{,}8 \text{ kcal/kg}}{0{,}0250} = 682{,}8 \text{ kcal/kg}$$
$$= 682{,}8 \cdot 4{,}1868 \cdot 10^3 \text{ J/kg} = 2859 \cdot 10^3 \text{ J/kg};$$

$$v_2 = 0{,}1043 \text{ m}^3/\text{kg} + \frac{0{,}0164 \cdot 0{,}0065 \text{ m}^3/\text{kg}}{0{,}0250} = 0{,}1086 \text{ m}^3/\text{kg}.$$

Die technische Arbeit ist

$$w_t = i_1 - i_2 = (780{,}9 - 682{,}8)\ \text{kcal/kg} = 98{,}1\ \text{kcal/kg} = 98{,}1 \cdot 427\ \text{kpm/kg}$$
$$= 41890\ \text{kpm/kg} = (3270 \cdot 10^3 - 2859 \cdot 10^3)\ \text{J/kg} = 411 \cdot 10^3\ \text{J/kg} = 41890 \cdot 9{,}81\ \text{J/kg}.$$

Selbst bei diesen hohen Drücken weichen die nach (23), (23b) und (26) berechneten Werte nur wenig von vorstehend aus der Dampftafel ermittelten Werten ab.

$$v_2 = \left(\frac{p_1}{p_2}\right)^{1/\varkappa} \cdot v_1 = \left(\frac{100\ \text{at}}{20\ \text{at}}\right)^{1/1,3} \cdot 0{,}03109\ \text{m}^3/\text{kg} = 0{,}1072\ \text{m}^3/\text{kg};$$

$$T_2 = \left(\frac{p_2}{p_1}\right)^{(\varkappa-1)/\varkappa} T_1 = \frac{733{,}2\ °\text{K}}{\left(\dfrac{100\ \text{at}}{20\ \text{at}}\right)^{0,3/1,3}} = 505{,}7\ °\text{K} = 232{,}5\ °\text{C};$$

$$w_t = \frac{\varkappa}{\varkappa - 1}\, p_1 v_1 \left[1 - \left(\frac{p_2}{p_1}\right)^{(\varkappa-1)/\varkappa}\right]$$
$$= \frac{1{,}3}{0{,}3} \cdot 100 \cdot 10^4\ \text{kp/m}^2 \cdot 0{,}03109\ \text{m}^3/\text{kg} \cdot \left[1 - \left(\frac{20\ \text{at}}{100\ \text{at}}\right)^{0,3/1,3}\right]$$
$$= 41790\ \text{kpm/kg} = 410{,}0 \cdot 10^3\ \text{J/kg}.$$

b) Für den Endzustand $s_2 = s_1 = 1{,}5444$ kcal/kg grd und $p_2 = 1$ at wird nach Tabelle 20 $s_2'' = 1{,}7593$ kcal/kg grd $> s_2$. Die Werte für den im Naßdampfgebiet liegenden Endzustand können nach (45), (46) und (44) berechnet werden, wobei die benötigten Werte der Tabelle 20 zu entnehmen sind:

$$x_2 = \frac{s_2 - s_2'}{s_2'' - s_2'} = \frac{(1{,}5444 - 0{,}3097)\ \text{kcal/kg grd}}{(1{,}7593 - 0{,}3097)\ \text{kcal/kg grd}} = 0{,}852;$$

$$i_2 = i_2' + x_2 r_2 = 99{,}19\ \text{kcal/kg} + 0{,}852 \cdot 539{,}6\ \text{kcal/kg} = 559{,}0\ \text{kcal/kg}$$
$$= 559{,}0 \cdot 4{,}1868 \cdot 10^3\ \text{J/kg} = 2340 \cdot 10^3\ \text{J/kg};$$

$$v_2 = x_2(v_2'' - v_2') + v_2' = 0{,}852 \cdot (1{,}725 - 0{,}001)\ \text{m}^3/\text{kg} + 0{,}001\ \text{m}^3/\text{kg} = 1{,}470\ \text{m}^3/\text{kg}.$$

Die technische Arbeit wird dann

$$w_t = i_1 - i_2 = (780{,}9 - 559{,}0)\ \text{kcal/kg} = 221{,}9\ \text{kcal/kg}$$
$$= 221{,}9 \cdot 427\ \text{kpm/kg} = 94750\ \text{kpm/kg} = (3270 \cdot 10^3 - 2340 \cdot 10^3)$$
$$\text{J/kg} = 930 \cdot 10^3\ \text{J/kg} = 94750 \cdot 9{,}81\ \text{J/kg}.$$

5. Für die Drosselung gilt bei Vernachlässigung des Unterschiedes der äußeren Strömungsgeschwindigkeiten nach (8c) $i_1 = i_2$.

Beispiel 2. – Naßdampf von 10 at wird auf 1 at gedrosselt, wobei er die Temperatur von 113,0 °C erreicht. Zu bestimmen sind der spezifische Dampfgehalt x_1 vor dem Drosseln und die Entropiezunahme durch das Drosseln, wenn der Unterschied der äußeren Strömungsgeschwindigkeiten vor und nach dem Drosseln vernachlässigbar klein ist. – Um den Endzustand festzulegen, entnimmt man der Tabelle 26 für 1 at:

$$t = 120\ °\text{C};\quad i = 649{,}0\ \text{kcal/kg};\quad s = 1{,}7851\ \text{kcal/kg grd};$$
$$t = 100\ °\text{C};\quad i = 639{,}2\ \text{kcal/kg};\quad s = 1{,}7603\ \text{kcal/kg grd}.$$

Durch Interpolation ergibt sich für $t_2 = 113{,}0$ °C

$$i_2 = 645{,}6\ \text{kcal/kg} \quad \text{und} \quad s_2 = 1{,}7764\ \text{kcal/kg grd}.$$

Für den Anfangszustand von 10 at und $i_1 = i_2 = 645{,}6$ kcal/kg ergibt sich mit den Werten aus Tabelle 20 nach (45) und (46)

$$x_1 = \frac{i_1 - i_1'}{r_1} = \frac{645{,}6\ \text{kcal/kg} - 181{,}3\ \text{kcal/kg}}{482{,}1\ \text{kcal/kg}} = 0{,}963;$$

$$s_1 = s_1' + x_1(s_1'' - s_1') = 0{,}5088\ \text{kcal/kg grd}$$
$$+\ 0{,}963\ \ (1{,}5748 - 0{,}5088)\ \text{kcal/kg grd} = 1{,}5354\ \text{kcal/kg grd}.$$

Die Entropiezunahme durch das Drosseln ist

$$s_2 - s_1 = (1{,}7764 - 1{,}5354)\ \text{kcal/kg grd} = 0{,}2410\ \text{kcal/kg grd}$$
$$= 0{,}2410 \cdot 4{,}1868 \cdot 10^3\ \text{J/kg grd} = 1{,}009 \cdot 10^3\ \text{J/kg grd}.$$

7.6.2.3. Clausius-Rankine-Kreisprozeß

Idealprozeß für Dampfkraftanlagen mit zwei Isobaren und zwei Isentropen; für Wasserdampf s. Bilder 31 und 32. – Der Prozeß wird in mehreren getrennten Bauteilen durchgeführt.

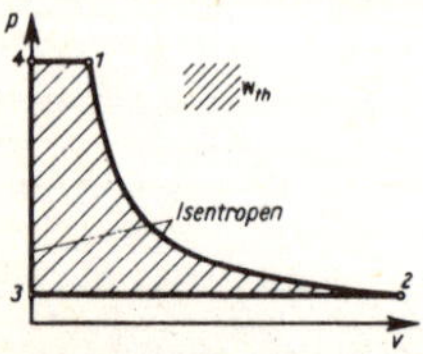

Bild 31. Clausius-Rankine-Prozeß im p,v-Bild

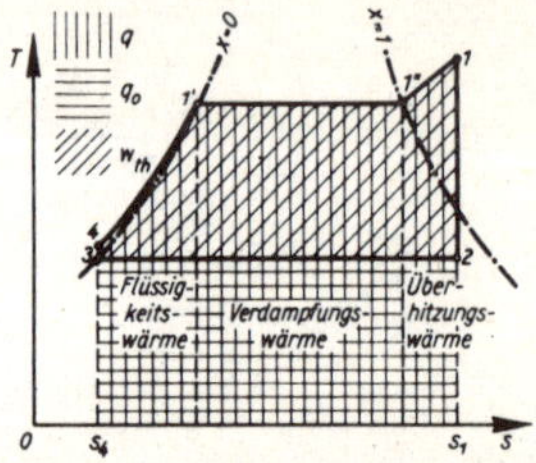

Bild 32. Clausius-Rankine-Prozeß im T,s-Bild

1. Im vollkommenen Dampferzeuger wird isobar beim Druck p_1 einem Kilogramm Flüssigkeit (spezifisches Volumen v_4 im p,v-Bild 31 von der Ordinatenachse nicht zu unterscheiden, da gegenüber dem Heißdampfvolumen v_1 außerordentlich klein) die Flüssigkeits-, Verdampfungs- und Überhitzungswärme $q = i_1 - i_4$ zugeführt, die im Bild 32 durch die Fläche $s_4\ 4\ 1'\ 1''\ 1 s_1$ dargestellt wird.
In der Idealanlage ändert sich der Dampfzustand zwischen Austritt am Überhitzer und Eintritt in die Dampfkraftmaschine (Turbine oder Kolbendampfmaschine) nicht.

2. In der vollkommenen Dampfkraftmaschine treten keine nichtumkehrbaren Vorgänge auf und der Heißdampf expandiert isentrop bis auf den Kondensatordruck p_2. Er gibt je Kilogramm die technische Arbeit $w_t = i_1 - i_2$ nach außen ab.
In der Idealanlage ändert sich der Dampfzustand zwischen Austritt aus der Kraftmaschine und Eintritt in den Kondensator nicht.

3. Im vollkommenen Kondensator wird isobar der Abdampf verflüssigt. Dazu ist einem Kilogramm Abdampf die Wärmeenergie $q_0 = i_2 - i_3$ zu entziehen (Punkt 3 liegt auf der linken Grenzkurve, $x_3 = 0$). Im Bild 32 wird q_0 durch die Fläche $s_1\ 2\ 3 s_4$ dargestellt.

4. Durch vollkommene Kondensat- und Kesselspeisepumpe wird das flüssige Wasser isentrop vom Kondensator in den Dampferzeuger gefördert. Die je Kilogramm Kondensat aufzuwendende technische Arbeit wird $w_{tp} = -\int_3^1 v_w\, dp = -(i_4 - i_3)$ (als aufzuwendende Arbeit negativ eingesetzt); die Kompressibilität des Wassers ist vernachlässigbar, so daß man v_w durch v_3' ersetzen kann: $w_{tp} = -v_3'(p_1 - p_2)$. Der thermische Wirkungsgrad des Clausius-Rankine-Kreisprozesses wird.

$$\eta_{th} = (w_t - w_{tp})/q = (q - q_0)/q = 1 - (q_0/q) = 1 - (i_2 - i_3)/(i_1 - i_4)$$

z. B.

	η_{th}	w, q, i
	–	J/kg
oder	–	kcal/kg

. (48)

Solange der Druck p_1 beträchtlich kleiner als der kritische Druck p_k ist, sind die Enthalpiezunahme des Wassers in den Pumpen und die Pumpenarbeit w_{tp} gegenüber der Maschinenarbeit vernachlässigbar klein. Dann wird der thermische Wirkungsgrad des Clausius-Rankine-Kreisprozesses:

$$\eta_{th} = w_t/q = (i_1 - i_2)/(i_1 - i_4). \tag{48a}$$

In der ausgeführten Dampfkraftanlage (vgl. 7.3.2.) wird infolge der irreversiblen Zustandsänderungen die von einem Kilogramm Zudampf in der Kraftmaschine an die Laufschaufeln bzw. die Kolben abgegebene Innenarbeit w_i kleiner als w_t. Beim Austritt aus der ausgeführten Kraftmaschine hat deshalb der Dampf beim Druck p_2 die spezifische Entropie $s_a > s_1$ und die spezifische Enthalpie $i_a > i_2$ (vgl. 7.7.1., Bild 37). Sind die äußeren Lässigkeitsverluste und die Verluste durch unvollkommene Wärmeisolation vernachlässigbar klein, so gilt jedoch (8f) (s. 7.3.1.2.), d. h. $w_i = i_1 - i_a$. Infolge des Arbeitsbedarfs der für den Betrieb erforderlichen Hilfseinrichtungen und der mechanischen Reibungsverluste wird die nach außen abgegebene Nutzarbeit w_e kleiner als die Innenarbeit w_i. Wird die vollkommene Dampfkraftmaschine mit vollständiger isentroper Expansion als Vergleichsgrundlage verwendet, so bezeichnet man als Gütegrad η_g das Verhältnis $\eta_g = w_i/w_t = (i_1 - i_a)/(i_1 - i_2)$.
Der mechanische Wirkungsgrad η_m ist:

$$\eta_m = w_e/w_i.$$

Für die ausgeführte Dampfkraftmaschine werden der thermische Innenwirkungsgrad η_{ti}:

$$\eta_{ti} = \frac{w_i}{q} = \frac{i_1 - i_a}{i_1 - i_4} = \frac{w_t}{q}\,\frac{w_i}{w_t} = \eta_{th}\eta_g \tag{48b}$$

und der thermische Nutzwirkungsgrad η_{te}:

$$\eta_{te} = \frac{w_e}{q} = \frac{w_e}{i_1 - i_4} = \eta_{ti}\eta_m = \eta_{th}\eta_g\eta_m. \tag{48c}$$

In der Praxis rechnet man statt mit den Arbeiten w_t, w_i und w_e mit ihren Kehrwerten, die man als spezifischen Dampfverbrauch in Kilogramm je Arbeitseinheit angibt. Die kohärente Einheit des internationalen Einheitensystems (kg/J) für den spezifischen Dampfverbrauch wird noch nicht verwendet, sondern man benutzt als Arbeitseinheit die Kilowattstunde und erhält damit den Dampfverbrauch in kg/k Wh. Der spezifische Dampfverbrauch der vollkommenen Dampfkraftmaschine ist:

$$^*d_{th} = \frac{3{,}6 \cdot 10^6}{w_t} = \frac{3{,}6 \cdot 10^6}{i_1 - i_2} \qquad \left|\frac{d_{th}}{\text{kg/kWh}}\right|\frac{w_t,\, i}{\text{J/kg}}\right| \tag{48d}$$

oder

$$^*d_{th} = \frac{860}{w_t} = \frac{860}{i_1 - i_2} \qquad \left|\frac{d_{th}}{\text{kg/kWh}}\right|\frac{w_t,\, i}{\text{kcal/kg}}\right|. \tag{48e}$$

7.6.3. Mischung von Wasserdampf und Luft (feuchte Luft)

In der *Klimatechnik* wird nur ein Druck- und Temperaturbereich benötigt, in dem Luft und Wasserdampf als vollkommene Gase mit konstanten spezifischen Wärmen anzusehen sind und das *Gesetz von Dalton* 7.4.6. gilt. Der Teildruck p_d des Wasserdampfs in der Mischung mit dem Gesamtdruck p kann höchstens gleich dem der Temperatur entsprechenden Sättigungsdruck p_s werden (Tab. 27). Bei gesättigter Luft enthält 1 kg Trockenluft die Wasserdampfmasse x_s kg. Bei ungesättigter Luft ist der Teildruck des Wasserdampfs $p_d < p_s$ und der Wasserdampfgehalt $x_f < x_s$.
In der *Meteorologie* gibt man die relative Luftfeuchtigkeit φ_f der Luft an mit $\varphi_f = p_d/p_s$, für *technische Zwecke* meist den Sättigungsgrad $\psi_f = x_f/x_s$. Zwischen dem Sättigungsgrad ψ_f und der relativen Feuchtigkeit φ_f gilt die Beziehung

$$\psi_f = \varphi_f(p - p_s)/(p - \varphi_f p_s). \tag{49}$$

Für $p \gg p_s$ ist $\psi_f \approx \varphi_f$. Ist der Wassergehalt für 1 kg trockene Luft $x_f > x_s$, so muß der Teil $(x_f - x_s)$ bei Temperaturen über 0 °C in flüssiger und bei Temperaturen unter 0 °C in fester Form als Tropfen, Niederschlag oder Kristall in der Luft enthalten sein.

7.6.3.1. Zustandsgrößen

Die Dichte ϱ_d des Wasserdampfs in der feuchten Luft bezeichnet man als *absolute Feuchtigkeit*. Werte für die Dichte ϱ_s des Wasserdampfs in gesättigter Luft bzw. die absolute Feuchtig-

Tabelle 27. Sättigungsdruck p_s des Dampfes, absolute Feuchtigkeit ϱ_s, Dampfgehalt x_s und Enthalpie i_{1+x_s} für gesättigte feuchte Luft. p_s bei Temperaturen unter 0 °C über Eis; x_s und i_{1+x_s} für Gesamtdruck $p = 10^4$ kp/m² = 735,5 Torr

t in °C	Sättigungsdruck p_s in Torr	in kp/m² II)	ϱ_s in g/m³	x_s I) in g/kg	i_{1+x_s} in kcal/kg III)
−40	0,093	1,264	0,115	0,0786	−9,55
−35	0,167	2,270	0,203	0,1412	−8,32
−30	0,280	3,807	0,333	0,2369	−7,60
−25	0,471	6,40	0,548	0,398	−5,77
−20	0,772	10,50	0,881	0,654	−4,42
−15	1,238	16,83	1,38	1,048	−2,98
−10	1,946	26,46	2,14	1,650	−1,42
− 8	2,321	31,56	2,53	1,969	−0,75
− 6	2,761	37,54	2,99	2,343	−0,05
− 4	3,276	44,54	3,52	2,781	+0,70
− 2	3,879	52,74	4,13	3,30	1,49
0	4,58	62,28	4,84	3,90	2,33
2	5,29	71,93	5,55	4,51	3,18
4	6,10	82,9	6,36	5,20	4,08
6	7,01	95,3	7,25	5,98	5,03
8	8,05	109,3	8,26	6,88	6,05
10	9,21	125,1	9,39	7,88	7,14
12	10,52	142,9	10,65	9,02	8,32
14	11,99	162,9	12,05	10,30	9,58
16	13,63	185,3	13,62	11,74	10,94
18	15,48	210,3	15,35	13,37	12,42
20	17,54	238,3	17,27	15,19	14,01
22	19,83	269,4	19,39	17,24	15,75
24	22,38	304,1	21,75	19,51	17,63
25	23,76	322,9	23,01	20,77	18,64
30	31,82	432,5	30,32	28,14	24,40
35	42,18	573,3	37,05	37,9	31,65
40	55,32	752,0	51,03	50,6	40,75
45	71,88	977,1	65,26	67,4	52,45
50	92,51	1258	87,72	89,5	67,5
55	118,0	1605	103,93	118,9	87,2
60	149,4	2031	129,54	158,5	113,4
65	187,5	2550	160,24	212,9	149,1
70	233,7	3177	196,7	289,7	199,2
75	289,1	3931	239,9	403	272,6
80	355,1	4829	290,6	580	387,0
85	433,6	5894	349,7	894	589,3
90	528,8	7149	418,3	1559	1017,3
95	633,9	8619	497,5	3880	2510
100	760,0	10332	588,4	–	–

I) In (53), (53a) und (53b) müssen die Werte in kg/kg eingesetzt werden, vgl. Beispiele 1, 2 und 3 in 7.6.3.3. – II) Zur Umrechnung in die kohärente Einheit des internationalen Einheitensystems (N/m²) sind die Zahlenwerte dieser Spalte mit 9,80665 zu multiplizieren. – III) Zur Umrechnung in die kohärente Einheit des internationalen Einheitensystems (J/kg) sind die Zahlenwerte dieser Spalte mit $4{,}1868 \cdot 10^3$ zu multiplizieren

keit gesättigter Luft s. Tabelle 27. Die Dichte des Wasserdampfs in ungesättigter Luft wird

$$\varrho_d \qquad {}_d/R_d T = \varphi_f \varrho_s \quad \text{z. B.} \tag{50}$$

	ϱ	p	R	T	φ_f
	kg/m³	N/m²	J/kg grd	°K	–
oder	kg/m²	kp/m²	kpm/kg grd	°K	–

mit der Gaskonstanten für Wasserdampf $R_d = 461{,}5$ J/kg grd $= 0{,}110$ kcal/kg grd $= 47{,}06$ kpm/kg grd. Die *Dichte* ungesättigter Luft ergibt sich als Summe der Dichten der trockenen Luft mit dem Teildruck $(p - p_d)$ und des Wasserdampfs:

$$\varrho = \frac{p - p_d}{R_L T} + \varrho_d = \frac{p}{R_L T} - \frac{\varphi_f p_s}{(759{,}0\ \text{J/kg grd})\ T}$$

$$= \frac{(1 + x_f) p}{(461{,}5\ \text{J/kg grd})\ (0{,}622 + x_f)\ T}$$

z. B. (51)

ϱ	p	R	T	φ_f	x_f
kg/m³	N/m²	J/kg grd	°K	–	kg/kg

mit der Gaskonstanten für trockene Luft $R_L = 287{,}1$ J/kg und

$$\frac{1}{R_L} - \frac{1}{R_d} = \frac{1}{759{,}0\ \text{J/kg grd}}.$$

Bei Verwendung der bisher gebräuchlichen Einheiten wird:

$$\varrho = \frac{p - p_d}{R_L T} + \varrho_d = \frac{p}{R_L T} - \frac{\varphi_f p_s}{(77{,}4\ \text{kpm/kg grd})\ T}$$

$$= \frac{(1 + x_f)\, p}{(47{,}06\ \text{kpm/kg grd})\ (0{,}622 + x_f)\ T} \tag{51a}$$

mit der Gaskonstanten für trockene Luft $R_L = 29{,}27$ kpm/kg grd und

$$\frac{1}{R_L} - \frac{1}{R_d} = \frac{1}{77{,}4\ \text{kpm/kg grd}}.$$

Für gesättigte feuchte Luft gelten dieselben Beziehungen mit $\varphi_f = 1$ und $x_f = x_s$. Da das Volumen des Nebels vernachlässigbar klein gegenüber dem des Dampf-Luft-Gemisches ist, wird bei $x_f > x_s$

$$\varrho = \frac{(1 + x_f)\, p}{(461{,}5\ \text{J/kg grd})(0{,}622 + x_s)\ T} = \frac{(1 + x_f)\, p}{(47{,}06\ \text{kpm/kg grd})\ (0{,}622 + x_s)\ T}. \tag{51b}$$

Wasserdampfgehalt je kg trockener Luft:

$$x_f = \frac{R_L p_d}{R_d (p - p_d)} = \frac{0{,}622 \varphi_f p_s}{p - \varphi_f p_s}. \tag{52}$$

Die Enthalpie der trockenen Luft und die Enthalpie des flüssigen Wassers bei 0 °C werden gleich Null gesetzt. Die Enthalpie des Gemisches von 1 kg trockener Luft und der Wasserdampfmasse x_f kg (ungesättigte Luft):

$$i_{1+x_f} = c_{pL} t + x_f (c_{pd} t + r_0)$$

$$= (1{,}005 \cdot 10^3\ \text{J/kg grd})\ t + x_f[(1{,}926 \cdot 10^3\ \text{J/kg grd})\ t + 2501 \cdot 10^3\ \text{J/kg}]$$

$$= (0{,}24\ \text{kcal/kg grd})\ t + x_f[(0{,}46\ \text{kcal/kg grd})\ t + 597{,}3\ \text{kcal/kg}]. \tag{53}$$

Dieselbe Beziehung gilt auch für die Enthalpie der Masse $(1 + x_s)$ kg gesättigter Luft mit $x_f = x_s$. – Enthalpie der Masse $(1 + x_f)$ kg feuchter Luft mit flüssigem Wasser:

$$i_{1+x_f} = i_{1+x_s} + (x_f - x_s)\, i_w \tag{53a}$$

mit $i_w = c_{pw} t$; $c_{pw} = 4{,}187 \cdot 10^3$ J/kg grd $= 1$ kcal/kg grd. Enthalpie der Masse $(1 + x_f)$ kg feuchter Luft mit Eis (Reif):

$$i_{1+x_f} = i_{1+x_s} - (x_f - x_s)\,[(334{,}9 \cdot 10^3\ \text{J/kg}) - (2{,}093 \cdot 10^3\ \text{J/kg grd})\, t]$$

$$= i_{1+x_s} - (x_f - x_s)\,[(80\ \text{kcal/kg}) - (0{,}5\ \text{kcal/kg grd})\, t]. \tag{53b}$$

Für konstante Temperatur ist die Enthalpie stets eine lineare Funktion von x_f.

7.6.3.2. Mollier-i,x_f-Diagramm

Die Enthalpie i_{1+x_f} wird über dem Wassergehalt x_f in schiefwinkligen Koordinaten aufgetragen (Bild 33). Die Neigung der Abszissenachse erhält den Wert $(-2501 \cdot 10^3$ J/kg$)$

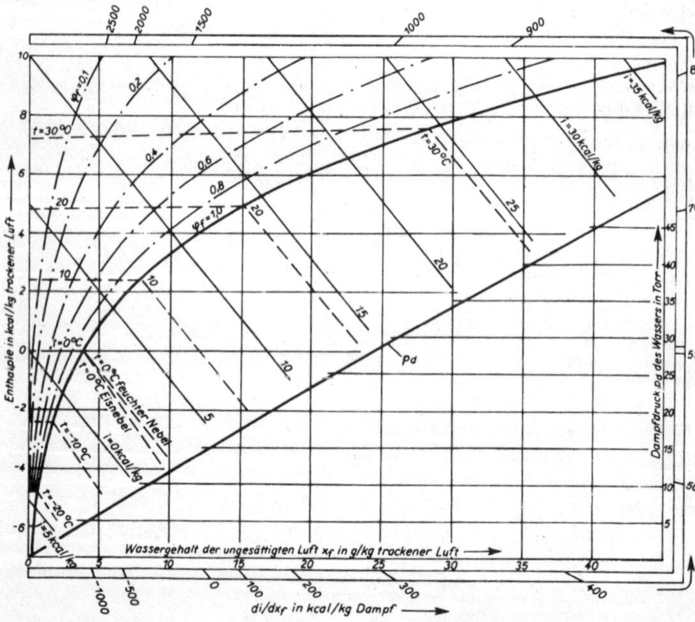

Bild 33. Mollier-i,x_f-Diagramm für feuchte Luft. $p = 735{,}5$ Torr; $t = -29$ bis $+40$ °C

$= -597{,}3$ kcal/kg, so daß die Isotherme für 0 °C im ungesättigten Gebiet senkrecht zu den Geraden für $x_f =$ konst steht. Auf Parallelen zur Isotherme für 0 °C (Bild 33) liegen im ungesättigten Gebiet die Werte $[i_{1+x_f} - (597{,}3\ \text{kcal/kg})\, x_f]$, die zur Interpolation besonders geeignet sind. Für zweckmäßig gewählten Gesamtdruck p (z. B. 10^4 kp/m² in Bild 33 oder 760 Torr) können Linien gleicher relativer Feuchtigkeit φ_f eingetragen werden. Die Grenzkurve ($\varphi_f = 1$) trennt das Gebiet der ungesättigten Luft vom Nebelgebiet. An diesen Stellen knicken die Isothermen – entsprechend (53a) bzw. (53b) – ab. Den Randmaßstab di/dx_f benötigt man, um Zustandsänderungen zu behandeln, bei denen der feuchten Luft Wasser (flüssig oder dampfförmig) mit bestimmter Enthalpie i_w zugesetzt wird. Im unteren Teil des Diagramms ist die Kurve für den Dampfdruck p_s in Torr des Wassers in Abhängigkeit von den x_f-Werten aufgetragen. Mit dem zur Temperatur t gehörenden Sättigungsdruck p_s (s. Tab. 27) ergibt sich dann die relative Feuchtigkeit φ_f.

7.6.3.3. Zustandsänderungen

Für alle im folgenden besprochenen Zustandsänderungen ist konstanter Gesamtdruck p vorausgesetzt, die Behandlung geschieht am einfachsten mit Hilfe des Mollier-i,x_f-Diagramms.

1. Erwärmen bzw. Abkühlen feuchter Luft, x_f unveränderlich. Die für die Masse $(1 + x_f)$ kg feuchte Luft (mit 1 kg trockener Luft) zu- bzw. abzuführende Wärmeenergie ist

$$q = (i_{1+x_f})_2 - (i_{1+x_f})_1 . \tag{54}$$

Die Temperatur, bei der beim Abkühlen die Grenzkurve ($\varphi_f = 1$) erreicht wird, bezeichnet man als *Taupunkt*. Beim weiteren Abkühlen ändert der gasförmige Teil seinen Zustand längs der Grenzkurve ($\varphi_f = 1$), und es wird für $t > 0$ °C je kg trockener Luft $w = x_f - x_{s2}$ als flüssiges Wasser abgeschieden.

Beispiel 1. Die Masse $(1 + x_f)$ kg feuchte Luft mit 10^4 kp/m² Gesamtdruck, 35 °C und $\varphi_f = 0{,}47$ soll auf 14 °C abgekühlt werden. Zu ermitteln sind der Taupunkt, die abzuführende Wärmeenergie und die ausgeschiedene Wassermasse. – Nach (52) und Tabelle 27 ist

$$x_f = \frac{0{,}622\varphi_f p_s}{p - \varphi_f p_s} = \frac{0{,}622 \cdot 0{,}47 \cdot 573{,}3}{10000 - 0{,}47 \cdot 573{,}3} = 0{,}0173 \text{ kg/kg}.$$

Mit (53) wird

$$(i_{1+x_f})_1 = [1{,}005 \cdot 10^3 \cdot 35 + 0{,}0173 \cdot (1{,}926 \cdot 10^3 \cdot 35 + 2501 \cdot 10^3)] \text{ J/kg}$$
$$= 79{,}5 \cdot 10^3 \text{ J/kg}$$

bzw.

$$(i_{1+x_f})_1 = [0{,}24 \cdot 35 + 0{,}0173 \cdot (0{,}46 \cdot 35 + 597{,}3)] \text{ kcal/kg} = 19{,}0 \text{ kcal/kg}$$

Taupunkt (aus Tab. 27) $x_f = x_s$ für $t = 22$ °C. Die bei 14 °C ausgeschiedene Wassermasse beträgt

$$x_f - x_s = 0{,}0173 - 0{,}0103 = 0{,}0070 \text{ kg/kg}.$$

Nach (53a) und Tabelle 27 ist

$$(i_{1+x_f})_2 = [1{,}005 \cdot 10^3 \cdot 14 + 0{,}0103 \cdot (1{,}926 \cdot 10^3 \cdot 14 + 2501 \cdot 10^3)] \text{ J/kg} = 40{,}5 \text{ J/kg}$$

bzw.

$$(i_{1+x_f})_2 = [0{,}24 \cdot 14 + 0{,}0103 \cdot (0{,}46 \cdot 14 + 597{,}3) + (0{,}0173 - 0{,}0103) \cdot 1 \cdot 14] \text{ kcal/kg}$$
$$= 9{,}68 \text{ kcal/kg}.$$

Die Wärmeenergie $q = (40{,}5 - 79{,}5) \cdot 10^3 \text{ J/kg} = -39{,}0 \cdot 10^3 \text{ J/kg} = (9{,}68 - 19{,}0) \text{ kcal/kg} = -9{,}32 \text{ kcal/kg}$ wird negativ, d. h., sie ist abzuführen.

2. Mischung zweier feuchter Luftmengen ohne Wärmeaustausch mit der Umgebung. Die Masse m_{L1} trockener Luft mit $(x_{f1} m_{L1})$ Wasser und der Temperatur t_1 wird gemischt mit der Masse m_{L2} trockener Luft mit $(x_{f2} m_{L2})$ Wasser und der Temperatur t_2. Luftzustand

nach der Mischung:

$$x_{fm} = \frac{m_{L1}x_{f1} + m_{L2}x_{f2}}{m_{L1} + m_{L2}} \tag{55}$$

$$i_{1+x_{fm}} = \frac{m_{L1}i_{1+x_{f1}} + m_{L2}i_{1+x_{f2}}}{m_{L1} + m_{L2}}. \tag{56}$$

Die Mischungstemperatur t ist nach (53), (53a) oder (53b) zu ermitteln.

$$(x_{fm} - x_{f2})/(x_{f1} - x_{fm}) = m_{L1}/m_{L2}. \tag{55a}$$

Nach (55a) läßt sich der Zustand nach der Mischung im Mollier-i,x_f-Diagramm auf der Geraden durch die Punkte 1 und 2 als Punkt 3 sofort eintragen (Bild 34).

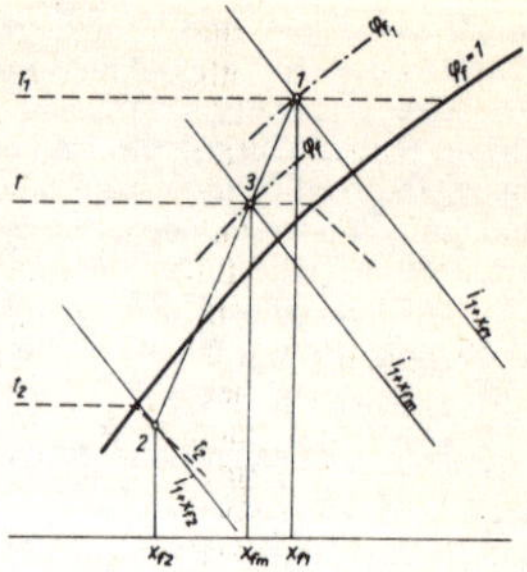

Bild 34. Mischung zweier Luftmengen

Beispiel 2. – Gesucht wird der Luftzustand, wenn eine feuchte Luftmasse ($p = 10^4$ kp/m²; $t_1 = 25$ °C; $\varphi_{f1} = 0{,}5$; $x_{f1} = 10{,}2$ g/kg; $i_{1+x_{f1}} = 12{,}21$ kcal/kg) mit $m_{L1} = 6{,}4$ kg Trockenluft und eine nebelhaltige Luftmasse ($p = 10^4$ kp/m²; $t_2 = 4$ °C; $x_{f2} = 5{,}5$ g/kg; $i_{1+x_{f2}} = 4{,}08$ kcal/kg) mit $m_{L2} = 3{,}2$ kg Trockenluft gemischt werden. – Nach (55) bzw. (56) ist

$$x_{fm} = \frac{(6{,}4 \cdot 10{,}2 + 3{,}2 \cdot 5{,}5)\ \text{g}}{(6{,}4 + 3{,}2)\ \text{kg}} = 8{,}64\ \text{g/kg Trockenluft.}$$

$$i_{1+x_{fm}} = \frac{(6{,}4 \cdot 12{,}21 + 3{,}2 \cdot 4{,}08)\ \text{kcal}}{(6{,}4 + 3{,}2)\ \text{kg}} = 9{,}5\ \text{kcal/kg Trockenluft}$$

$$= 9{,}5 \cdot 4{,}1868 \cdot 10^3\ \text{J/kg Trockenluft} = 39{,}77 \cdot 10^3\ \text{J/kg Trockenluft.}$$

Aus (53) ergibt sich

$$t = \frac{i_{1+x_{fm}} - x_{fm}r_0}{c_{pL} + x_{fm}c_{pd}} = \frac{(9{,}5 - 0{,}00864 \cdot 597{,}3)\ \text{kcal/kg}}{(0{,}24 + 0{,}00864 \cdot 0{,}46)\ \text{kcal/kg grd}} = 17{,}4\ \text{°C};$$

mit $p_s = 204{,}3$ kp/m² wird schließlich

$$\varphi_f = \frac{p x_{fm}}{p_s(0{,}622 + x_{fm})} = 0{,}671.$$

3. Mischung von feuchter Luft mit Wasser oder Wasserdampf ohne Wärmeaustausch mit der Umgebung. Die Menge m_L trockener Luft mit $(x_f m_L)$ Wasser und der Temperatur t wird der Wassermenge m_w (flüssig oder dampfförmig) mit der spezifischen Enthalpie i_w zugesetzt. Luftzustand nach der Mischung:

$$x_{fm} = \frac{m_L x_f + m_w}{m_L}; \quad i_{1+x_{fm}} = \frac{m_L i_{1+x_f} + m_w i_w}{m_L}; \tag{57; 58}$$

$$(i_{1+x_{fm}} - i_{1+x_f})/(x_{fm} - x_f) = i_w. \tag{58a}$$

Im Mollier-i,x_f-Diagramm liegt der Endzustand stets auf einer durch den Anfangsluftzustand gezogenen Parallelen G_2 zu der Geraden G_1, die durch den Koordinatenanfang 0 und den Enthalpiewert i_w des Randmaßstabs bestimmt wird (Bild 35).

4. Verdunstung. Läßt man feuchte Luft von gegebenem Anfangszustand (t_1, φ_{f1}, x_{f1}) über eine Wasser- oder Eisoberfläche streichen, so verdunstet ein Teil des Wassers, wenn x_{f1} kleiner ist, als dem Sättigungszustand an der Wasseroberfläche entspricht. Die Temperatur

der Wasseroberfläche ändert sich so lange, bis sie auf derjenigen Nebelisotherme liegt, die in ihrer Verlängerung den Zustandspunkt (t_1, x_{f1}) der Luft trifft (vgl. Bild 35). Man bezeichnet diese Temperatur als *Kühlgrenztemperatur* t_g (Enthalpie i_g). Unmittelbar über der Wasseroberfläche ist auch die Lufttemperatur t_g vorhanden und $\varphi_f = 1$ (gesättigte Luft). Es gelten (57), (58) und (58a) mit $x_{fm} = x_s$ und $i_w = i_g$. Die Kühlgrenztemperatur t_g wird angezeigt am feuchten Thermometer eines gut belüfteten Psychrometers nach Aßmann. Dieses Gerät dient zur Bestimmung der Luftfeuchtigkeit. Es besteht aus zwei Thermometern, wobei das trockene Thermometer die Lufttemperatur t_1 anzeigt, während das zweite mit einem Stoffbezug versehen ist, der mit destilliertem Wasser angefeuchtet wird. Wenn an ihm die Luft mit etwa 3 m/s vorbeistreicht, zeigt es im Temperaturbereich zwischen 0 und 40 °C die Kühlgrenztemperatur t_g an (zugehöriger Sättigungsdruck des Wasserdampfs p_{sg} vgl. Tab. 27).

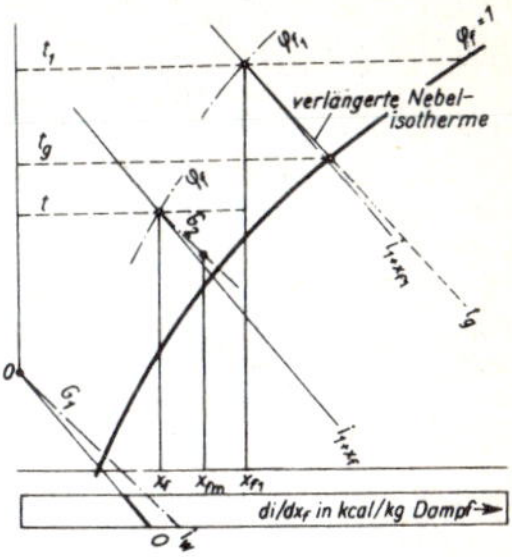

Bild 35. Mischung von feuchter Luft mit Wasser

Der Teildruck des Wasserdampfs p_d beim Gesamtdruck p und der Temperatur t_1 ergibt sich nach der Formel von Sprung[1]), bei der alle Drücke in Torr eingesetzt werden müssen.

$$*p_d = p_{sg} - \frac{0{,}508p(t_1 - t_g)}{760}.$$

Die Psychrometerkonstante 0,508 gilt für $t_1 = 20$ °C und ändert sich etwas mit der Temperatur.

Beispiel 3. – Bei 1 at Gesamtdruck ($p = 735{,}5$ Torr) werden am trockenen Thermometer eines Psychrometers die Lufttemperatur $t_1 = 30$ °C und am feuchten Thermometer $t_g = 20$ °C gemessen. Zu bestimmen ist die relative Luftfeuchtigkeit φ_f nach der Formel von Sprung, mit dem Mollier-i,x_f-Diagramm und mit Gl. (52), (53) und (58a).

Aus Tabelle 27 für gesättigte Luft von 20 °C $p_{sg} = 17{,}54$ Torr und von 30 °C $p_s = 31{,}82$ Torr. Nach der Formel von Sprung

$$*p_d = (17{,}54 - \frac{0{,}508 \cdot 735{,}5 \cdot 10}{760} = 12{,}63$$

$$\varphi_f = \frac{p_d}{p_s} = \frac{12{,}63 \text{ Torr}}{31{,}82 \text{ Torr}} = 0{,}397.$$

Aus dem Mollier-i,x_f-Diagramm ergibt sich auf der verlängerten Nebelisotherme für 20 °C beim Schnittpunkt mit der Isotherme von 30 °C $x_f = 11{,}2$ g/kg, $i_{1+x_f} = 13{,}9$ kcal/kg und die relative Feuchtigkeit $\varphi_f = 0{,}40$.

Aus Tabelle 27 für gesättigte Luft von 20 °C:

$$x_s = 15{,}19 \text{ g/kg}; \quad i_{1+x_s} = 14{,}01 \text{ kcal/kg}$$

und für 30 °C: $p_s = 31{,}82$ Torr. Mit $i_g = 20$ kcal/kg nach (58a) und (53):

$$(i_{1+x_s} - i_{1+x_f})/(x_s - x_f) = i_g;$$

$$i_{1+x_f} = i_{1+x_s} - i_g(x_s - x_f) = c_{pL}t + x_f(c_{pd}t + r_0).$$

Eingesetzt: 14,01 kcal/kg − 20 kcal/kg · (0,01519 − x_f) = 0,24 · 30 kcal/kg + x_f(0,46 · 30 + 597,3) kcal/kg. Daraus ergibt sich zunächst

$$x_f = 6{,}5062/591{,}1 = 0{,}01101 \text{ kg/kg}.$$

[1]) *Sprung*, Das Wetter 5 (1888) S. 105

Nunmehr wird

$$i_{1+x_t} = 14{,}01\ \text{kcal/kg} - 20\ \text{kcal/kg}\ (0{,}01519 - 0{,}01101) = 13{,}93\ \text{kcal/kg} = 58{,}3 \cdot 10^3\ \text{J/kg}.$$

Mit (52):

$$\varphi_t = \frac{p x_t}{p_s(0{,}622 + x_t)} = \frac{735{,}5\ \text{Torr} \cdot 0{,}01101}{31{,}83\ \text{Torr} \cdot (0{,}622 + 0{,}01101)} = 0{,}402.$$

7.7. Strömende Bewegung von Gasen und Dämpfen

vgl. auch Kapitel 6. MECHANIK DER FLÜSSIGKEITEN UND GASE

7.7.1. Grundlagen

Behandelt werden nur stationäre, d. h. zeitlich unveränderliche Strömungsvorgänge kompressibler Stoffe, die mit thermischen Vorgängen gekoppelt sind. In beliebigem Querschnitt A eines Strömungskanals hat der Stoff den durch Druck p, spezifisches Volumen v, Temperatur t, Entropie s, Enthalpie i und mittlere äußere Strömungsgeschwindigkeit v_a festgelegten Zustand. Es fließt durch jeden Querschnitt der gleiche Massestrom $\dot{m}$ (Masse je Zeiteinheit), während der Volumenstrom $\dot{V}$ sich ändert. Es gilt die Stetigkeitsgleichung (*Kontinuitätsgleichung*)

$$\dot{V} = \dot{m}v = Av_a. \tag{59}$$

Differenziert:

$$\mathrm{d}A/A = \mathrm{d}v/v - \mathrm{d}v_a/v_a. \tag{59a}$$

1. Sowohl für reibungsbehaftete wie reibungsfreie Strömungen gilt der erste Hauptsatz, vgl. (8) bis (8f) in 7.3.1.2. Bei Strömungen mit Reibung erhöht die von der Reibung der Teilchen an der Wand und untereinander herrührende Reibungswärme q_R, die an das Gas übergeht, die Enthalpie i_A, und entsprechend vermindert sich die Strömungsgeschwindigkeit v_{aA} nach (8b) und (8c).

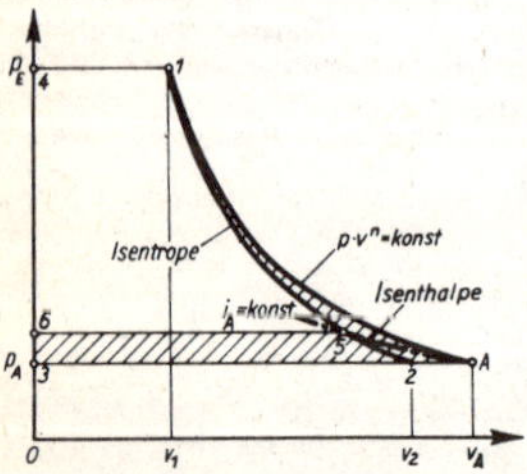

Bild 36. Expansionsströmung im p,v-Bild

2. Bei der Strömung *ohne Wärmeaustausch mit der Umgebung* mit Reibung sind das spezifische Volumen v abhängig vom Druck für Expansionsströmung in Bild 36 und die spezifische Enthalpie abhängig von der Entropie für Expansionsströmung in Bild 37 und für Verdichtungsströmung in Bild 38 aufgetragen. Für diese Abhängigkeit wird häufig die Polytropengleichung (23) mit Exponenten $n < \varkappa$ bei Expansionsströmungen und $n > \varkappa$ bei Kompressionsströmungen verwendet. Es handelt sich dabei aber um *nichtumkehrbare* Zustandsänderungen. Die in Bild 36 durch die Fläche 4 1 A 3 dargestellte Arbeit $-\int_{p_E}^{p_A} v\,\mathrm{d}p$ dient zur Änderung der äußeren Lageenergie, äußeren Bewegungsenergie und zum Überwinden der Reibung. Tritt je Kilogramm des Stoffstroms die Reibungsarbeit q_R auf, so gilt

$$-\int_{p_E}^{p_A} v\,\mathrm{d}p = g(h_A - h_E) + (v_{aA}^2 - v_{aE}^2)/2 + q_R$$

$$\text{z. B.} \quad \left|\frac{v}{\text{m}^3/\text{kg}}\right|\frac{p}{\text{N/m}^2}\left|\frac{g}{\text{m/s}^2}\right|\frac{h}{\text{m}}\left|\frac{v_a}{\text{m/s}}\right|\frac{q_R}{\text{J/kg}}\right|. \tag{60}$$

Meist sind die Änderung der äußeren Lageenergie und bei Expansionsströmungen die Eintrittsgeschwindigkeit v_{aE} belanglos klein; dann wird nach (8c) die Austrittsgeschwindigkeit

$$v_{aA} = \sqrt{2(i_E - i_A)} \quad \text{z. B.} \quad \left|\frac{v_A}{\text{m/s}}\right|\frac{i}{\text{J/kg}}\right|. \tag{61}$$

Bei Verwendung der bisher üblichen nichtkohärenten Einheiten des internationalen Einheitensystems wird durch Einsetzen von 4,1868 · 10^3 J/kcal aus (61) die Zahlenwertgleichung:

$$*v_{aA} = 91{,}5\sqrt{i_E - i_A} \qquad \left|\frac{v_a}{\text{m/s}}\right|\frac{i}{\text{kcal/kg}}\right|. \qquad (61\,\text{a})$$

Mit dieser Gleichung und der Stetigkeitsgleichung (59) kann bei vorgeschriebenem Massestrom $\dot{m}$ der erforderliche Querschnitt A in Abhängigkeit vom Druck p berechnet werden.

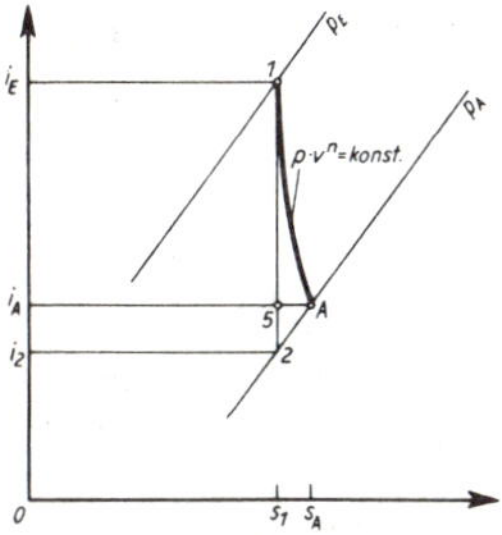

Bild 37. Expansionsströmung im Mollier-i,s-Bild

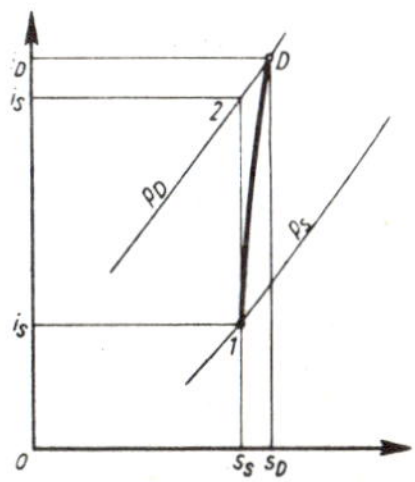

Bild 38. Verdichtungsströmung im Mollier-i,s-Bild

Die in Strömungsmaschinen auftretenden Vorgänge lassen sich als reibungsbehaftete Strömung ohne Wärmeaustausch mit der Umgebung behandeln. Bei der Expansionsströmung (beschleunigte Strömung der Dampf- bzw. Gasturbinen) wird zunächst durch Düsen oder feststehende Leitschaufelkränze die äußere Geschwindigkeit des Stromes erhöht und dieser dann durch bewegte Laufschaufelkränze zu einer Richtungsänderung gezwungen, wobei der Arbeitsstoff mechanische Arbeit an die Laufschaufeln abgibt und seine äußere Strömungsgeschwindigkeit vermindert. Bei der Gleichdruckturbine, bei der vor und hinter den Laufschaufeln der Gasdruck unverändert ist, ergibt sich der beste Gütegrad (vgl. 7.6.2.3.), wenn die Schaufelgeschwindigkeit etwa gleich der halben Umfangskomponente der absoluten Stromgeschwindigkeit bei Eintritt in das Laufrad ist. Da jedoch die Schaufelgeschwindigkeit mit Rücksicht auf die durch die Fliehkräfte verursachten Beanspruchungen begrenzt ist, muß man zur Erzielung bestmöglicher Wirkungsgrade die Turbinen mehr- bzw. vielstufig ausführen. Bild 39 zeigt das Mollier-i,s-Bild einer vierstufigen Dampfturbine mit Verlusten, wobei der Anfangsdruck der 2., 3. und 4. Stufe p_{z2}, p_{z3} und p_{z4} so gewählt wurde, daß der isentrope Enthalpieunterschied jeder Stufe der gleiche ist, d. h. $(i_A - i_{21}) = (i_{A1} - i_{22}) = (i_{A2} - i_{23}) = (i_{A3} - i_{24})$ (s. Bild 39). Da im Mollier-i,s-Bild die Isobaren nicht wie beim vollkommenen Gas äquidistante Kurven sind, ergibt sich ein geringer Rückgewinn der Verlustwärme der ersten bis dritten Stufe in der zweiten bis vierten Stufe und die Summe der isentropen Enthalpieunterschiede der Einzelstufen $4\,(i_E - i_{21})$ wird größer als der gesamte isentrope Enthalpieunterschied $(i_E - i_2)$ der Turbine. Dadurch wird der Gütegrad der gesamten Turbine $(i_E - i_A)/(i_E - i_2)$ etwas besser als der Gütegrad der einzelnen Stufen $(i_E - i_{A1})/(i_E - i_{21})$.

Moderne Dampfturbinen arbeiten nicht als Gleichdruckturbinen, sondern von dem Gesamtenthalpieunterschied einer Stufe nützt man in den Leitschaufeln nur mindestens 50% zur Erhöhung der äußeren Strömungsgeschwindigkeit aus, so daß der Dampfdruck auch im Laufschaufelkanal abnimmt (Überdruckturbine).

Bei der Verdichtungsströmung (verzögerte Strömung) der Kreiselverdichter ist die Gefahr der Strahlablösung im erweiterten Teil der Laufschaufelkanäle und damit eines starken Wirkungsgradabfalls viel größer als bei der Expansionsströmung. Mit befriedigendem Wirkungsgrad läßt sich daher in einer Stufe einer Turbine eine erheblich größere Geschwindigkeits- und Druckänderung ausführen als bei einem Verdichter. Bild 40 zeigt das Mollier-i,s-Bild eines vierstufigen Verdichters ohne Zwischenkühlung mit Verlusten. Bei gleichem isentropen Enthalpieunterschied in jeder Stufe $(i_{21} - i_S) = (i_{22} - i_{D1}) = (i_{23} - i_{D2}) = (i_{24} - i_{D3})$ (Bild 40) und gleichem isentropen Innenwirkungsgrad η_{s-i} der Einzelstufen $(i_{21} - i_S)/(i_{D1} - i_S)$ wird der isentrope Innenwirkungsgrad des Verdichters $(i_2 - i_S)/(i_D - i_S)$ (für vollkommenes Gas vgl. 7.4.3.4.) schlechter als der der Einzelstufen, da $4(i_{21} - i_S)$ größer als $(i_2 - i_S)$ ist.

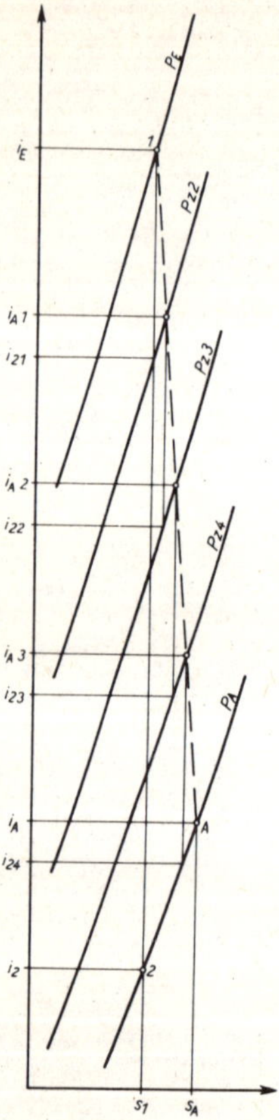

Bild 39. Mollier-i,s-Bild einer vierstufigen Dampfturbine mit Verlusten

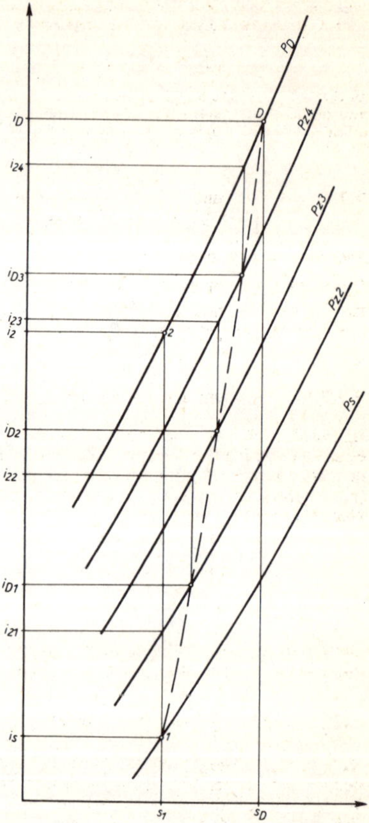

Bild 40. Mollier-i,s-Bild eines vierstufigen Kreiselverdichters ohne Zwischenkühlung mit Verlusten

3. Bei reibungsfreier Expansionsströmung ohne Wärmeaustausch mit der Umgebung wird die Expansionslinie eine Isentrope (vgl. Bilder 36 und 37), und die Austrittsgeschwindigkeit ergibt sich zu

$$v_{as} = \sqrt{2(i_E - i_2)} \quad \text{z. B.} \quad \left|\frac{v_a}{\text{m/s}}\right|\frac{i}{\text{J/kg}}\right| \tag{61 b}$$

bzw.

$$^*v_{as} = 91{,}5 \cdot \sqrt{i_E - i_2} \quad \left|\frac{v_a}{\text{m/s}}\right|\frac{i}{\text{kcal/kg}}\right|. \tag{61 c}$$

Wenn im Bild 36 durch A eine *Isenthalpe* (i_A = konst, nur bei vollkommenen Gasen zugleich Isotherme) bis zum Schnittpunkt 5 mit der Isentrope gelegt wird, läßt sich der durch die Reibung bedingte Verlust

$$(v_{as}^2 - v_{aA}^2)/2 = (i_A - i_2)$$

anschaulich als Fläche 6 5 2 3 darstellen. Weil die Reibungswärme die Enthalpie des strömenden Stoffes während der Expansion erhöht, ist dieser Verlust etwas kleiner als die beim Vorgang auftretende Reibungsarbeit q_R, die nach (60) in Bild 36 schraffiert wurde.

7.7.2. Strömung eines vollkommenen Gases (mit konstanten spezifischen Wärmen) durch Düsen und Mündungen

Vorbemerkung. Die Betrachtungen gelten auch näherungsweise für wirkliche Gase und Dämpfe bei kleinem Druckbereich mit entsprechend eingesetztem Isentropenexponent $\varkappa = -\frac{v}{p}\left(\frac{\partial p}{\partial v}\right)_s$ (vgl. 7.4.3.4. Bild 10). Bei realem Gas weicht $\varkappa$ vom Verhältnis c_p/c_v ab, z. B. ist bei Wasserdampf von 300 bar und 600 °C $\varkappa = 1{,}257$, dagegen $c_p/c_v = 1{,}506$.

7.7.2.1. Reibungsfreie Strömung

Im Behälter (Bild 41 a) befindet sich das Gas im Zustand (p_E, T_E, v_E, i_E) in Ruhe ($v_{aE} = 0$), es strömt reibungsfrei (isentrope Zustandsänderung) durch eine Düse in einen Raum mit dem kleineren Druck p_0. Im Austrittsquerschnitt der Düse A_A erreicht das Gas den Zustand ($p_A = p_0$, v_s, T_s, i_s, v_{as}). Die Werte von v_s und T_s sind nach (23) und (23 b) zu berechnen. Nach (61 b) wird

$$v_{as} = \sqrt{2\frac{\varkappa}{\varkappa - 1} p_E v_E \left[1 - \left(\frac{p_A}{p_E}\right)^{(\varkappa - 1)/\varkappa}\right]}$$

$$\text{z. B.} \quad \left|\frac{v_a}{\text{m/s}}\right|\frac{\varkappa}{-}\left|\frac{p}{\text{N/m}^2}\right|\frac{v}{\text{m}^3/\text{kg}}\right|. \qquad (61\,\text{d})$$

Der Austrittsquerschnitt ist nach (59) $A_A = \dot{m} v_s / v_{as}$.

Drücke. Für $p_A \to 0$ (absolutes Vakuum) gilt $v_s \to \infty$ und $T_s \to 0$ °K, ferner

$$v_{as\,max} = \sqrt{2\frac{\varkappa}{\varkappa - 1} p_E v_E}, \qquad (61\,\text{e})$$

$A_A \to \infty$. Für beliebige Zwischendrücke p können entsprechend die zugehörigen Werte für v, v_a und A berechnet werden, Verlauf vgl. Bild 41 b. Da bei niedrigen Drücken das spezifische Volumen v stärker als die Strömungsgeschwindigkeit v_a zunimmt, ergibt sich bei einem bestimmten Druck p_1 ein Kleinstwert A_1, für den

$$dA_1/A_1 = dv_1/v_1 - dv_{a1}/v_{a1} = 0 \qquad (59\,\text{b})$$

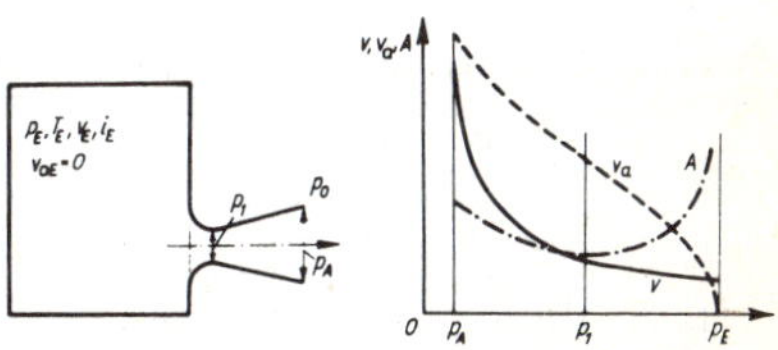

Bild 41. Ausfluß durch Düse. Abhängigkeit des spezifischen Volumens v, der Geschwindigkeit v_a und des Querschnittes A vom Druck p bei reibungsfreier Strömung

gilt. Das kritische oder *Laval-Druckverhältnis* beträgt

$$p_1/p_E = \left(\frac{2}{\varkappa + 1}\right)^{\varkappa/(\varkappa - 1)} \qquad (62)$$

Geschwindigkeiten. Die Strömungsgeschwindigkeit v_{a1} ist beim *Laval-Druckverhältnis* gleich der Schallgeschwindigkeit v_{Sch} bei dem in diesem Querschnitt herrschenden Zustand:

$$v_{a1} = v_{Sch} = \sqrt{\varkappa p_1 v_1} = \sqrt{\varkappa R T_1} = \sqrt{2\frac{\varkappa}{\varkappa+1} p_E v_E} = \sqrt{2\frac{\varkappa}{\varkappa+1} R T_E}$$

$$\text{z. B.}\quad \left|\frac{v_a,\, v_{Sch}}{\text{m/s}}\right|\frac{\varkappa}{-}\left|\frac{p}{\text{N/m}^2}\right|\frac{v}{\text{m}^3\text{/kg}}\left|\frac{R}{\text{J/kg grd}}\right|\frac{T}{{}^\circ\text{K}}\Big| . \tag{63}$$

Zweckmäßigerweise bezieht man die Geschwindigkeit v_{as} nach (61 b) im Austrittsquerschnitt A_A auf die Schallgeschwindigkeit v_{a1} nach (63). Das Verhältnis wird

$$\frac{v_{as}}{v_{a1}} = \frac{\sqrt{2\frac{\varkappa}{\varkappa-1} p_E v_E \left[1-\left(\frac{p_A}{p_E}\right)^{(\varkappa-1)/\varkappa}\right]}}{\sqrt{2\frac{\varkappa}{\varkappa+1} p_E v_E}} = \sqrt{\frac{\varkappa+1}{\varkappa-1}\left[1-\left(\frac{p_A}{p_E}\right)^{(\varkappa-1)/\varkappa}\right]} . \tag{63a}$$

Der Wert v_{as}/v_{a1} ist unabhängig von dem spezifischen Volumen bzw. der Dichte des Gases. Er ist für verschiedene $\varkappa$-Werte und Druckverhältnisse p_A/p_E zwischen 0 und 0,5 in Tabelle 28 angegeben.

Tabelle 28. Geschwindigkeitsverhältnis v_{as}/v_{a1} und Querschnittsverhältnis A_A/A_1 für $\varkappa$ = 1,4; 1,3 und 1,135 und verschiedene Druckverhältnisse p_A/p_E

p_A/p_E	$\varkappa$ = 1,40		$\varkappa$ = 1,30		$\varkappa$ = 1,135	
	v_{as}/v_{a1}	A_A/A_1	v_{as}/v_{a1}	A_A/A_1	v_{as}/v_{a1}	A_A/A_1
0	2,45	∞	2,77	∞	3,98	∞
0,01	2,10	8,13	2,24	9,71	2,58	13,80
0,02	2,01	5,16	2,14	5,97	2,43	7,98
0,05	1,86	2,90	1,96	3,22	2,18	3,97
0,10	1,72	1,94	1,78	2,08	1,92	2,44
0,25	1,40	1,21	1,45	1,26	1,55	1,35
0,50	1,04	1,005	1,07	1,01	1,12	1,02

Für $p_A \to 0$ ergibt sich die Höchstgeschwindigkeit $v_{as\,max}$. Das Verhältnis der Höchstgeschwindigkeit $v_{as\,max}$ zur Schallgeschwindigkeit v_{a1} ist nur von $\varkappa$ abhängig (Tab. 29):

$$v_{as\,max}/v_{a1} = \sqrt{(\varkappa+1)/(\varkappa-1)} . \tag{63b}$$

Tabelle 29. Kritisches Druckverhältnis p_1/p_E, Verhältnis der Höchstgeschwindigkeit $v_{as\,max}$ zur Schallgeschwindigkeit v_{a1} und Größtwert ψ_{max} der Ausflußfunktion (65a) für verschiedene $\varkappa$-Werte

$c_p/c_v = \varkappa$	p_1/p_E	$v_{as\,max}/v_{a1}$	ψ_{max}
1,1	0,585	4,58	0,444
1,135	0,577	3,98	0,450
1,15	0,574	3,79	0,452
1,20	0,564	3,32	0,459
1,25	0,555	3,00	0,465
1,30	0,546	2,77	0,472
1,35	0,537	2,59	0,478
1,40	0,528	2,45	0,484

Düsenverengung und Massestrom. Für $v_{as}/v_{a1} < 1$ verengt sich die Düse in Richtung der Strömungsgeschwindigkeit. Die Schallgeschwindigkeit läßt sich nur mit einer erweiterten Düse überschreiten, während im Endquerschnitt A_A einer nicht erweiterten Düse beim Außendruck $p_0 < p_1$ sich nur der Druck p_1 einstellt und erst nach dem Austritt aus der Düse der Strahl unter starken Schallschwingungen (Geräusch) nichtumkehrbar expandiert. Diese nichtumkehrbare Expansion tritt auch mit einer erweiterten Düse auf, wenn $p_A > p_0$. Ist dagegen $p_A < p_0$, so ergibt sich ein Verdichtungsstoß, bei dem die Geschwindigkeit auf Unterschallgeschwindigkeit sinkt.

1. Der ausfließende Massestrom $\dot{m}_s$ wird bei einer Düse, in der die Schallgeschwindigkeit nicht überschritten wird ($p_A \geqq p_1$),

$$\dot{m}_s = A_A \sqrt{2\frac{\varkappa}{\varkappa-1}\cdot\frac{p_E}{v_E}\left[\left(\frac{p_A}{p_E}\right)^{2/\varkappa} - \left(\frac{p_A}{p_E}\right)^{(\varkappa+1)/\varkappa}\right]}$$

$$= A_A\psi_s\sqrt{2p_E/v_E} = A_A\psi_s p_E\sqrt{2/RT_E}$$

z. B. (64)

$\dot{m}_s$	A	$\varkappa$	p	v	R	T
kg/s	m²	–	N/m²	m³/kg	J/kg grd	°K

mit der *Ausflußfunktion* ψ_s, die nur vom Druckverhältnis p_A/p_E und von $\varkappa$ abhängt:

$$\psi_s = \sqrt{\frac{\varkappa}{\varkappa-1}\left[\left(\frac{p_A}{p_E}\right)^{2/\varkappa} - \left(\frac{p_A}{p_E}\right)^{(\varkappa+1)/\varkappa}\right]}. \tag{65}$$

Der Größtwert ψ_{max} (vgl. Tab. 29 und Bild 42) wird beim kritischen Druckverhältnis p_1/p_E erreicht. Mit (62) wird

$$\psi_{max} = \left(\frac{2}{\varkappa+1}\right)^{1/(\varkappa-1)}\sqrt{\frac{\varkappa}{\varkappa+1}}. \tag{65a}$$

2. Den Massestrom bei einer erweiterten Düse, in deren Kleinstquerschnitt A_1 die Schallgeschwindigkeit erreicht wird, bezieht man auf den engsten Querschnitt:

$$\dot{m}_s = A_1\psi_{max}\sqrt{2p_E/v_E} = A_1\psi_{max}p_E\sqrt{2/RT_E}. \tag{64a}$$

Maßeinheiten wie bei (64).
Der Massestrom ist unabhängig von der Strömung hinter dem engsten Querschnitt. Der Austrittsquerschnitt ergibt sich zu

$$A_A = A_1\psi_{max}/\psi_s. \tag{66}$$

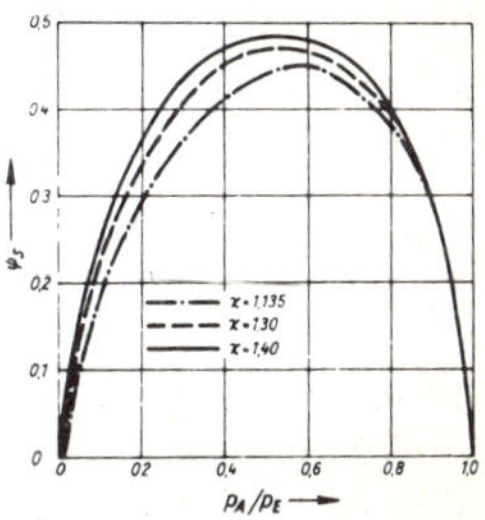

Bild 42. Ausflußfunktion ψ_s

In Tabelle 28 ist für verschiedene $\varkappa$-Werte und Druckverhältnisse p_A/p_E zwischen 0 und 0,5 auch das Verhältnis A_A/A_1 des erforderlichen Austrittsquerschnitts A_A einer erweiterten Düse bei reibungsfreier Strömung zum Kleinstquerschnitt A_1 nach (66), (65a) und (65) angegeben.

7.7.2.2. Berücksichtigung der Reibung

Die Austrittsgeschwindigkeit ist $v_{aA} < v_{as}$ infolge der Reibung, die verschieden berücksichtigt wird. Der Geschwindigkeitsbeiwert $\varphi = v_{aA}/v_{as}$ liegt bei gut abgerundeten Düsen zwischen 0,98 und 0,95, bei Strahlapparaten zwischen 0,98 und 0,90, je nach umgesetztem Enthalpieunterschied ($i_E - i_s$) und nach der Oberflächenrauhigkeit der Düse.

Der Gütegrad der Umsetzung in Strömungsenergie beträgt

$$\eta_g = (i_E - i_A)/(i_E - i_s) = (v_{aA}/v_{as})^2 = \varphi^2 \tag{67}$$

bzw. die Verlustzahl

$$\zeta = 1 - (i_E - i_A)/(i_E - i_s) = 1 - \eta_g = 1 - \varphi^2. \tag{67a}$$

Ändert sich das spezifische Volumen mit dem Druck nach der Polytropengleichung (23) mit dem Exponenten n, so wird

$$v_{aA} = \sqrt{2\frac{\varkappa}{\varkappa-1} p_E v_E \left[1 - \left(\frac{p_A}{p_E}\right)^{(n-1)/n}\right]} \quad \text{z. B.} \left|\frac{v_a}{\text{m/s}}\right|\frac{\varkappa, n}{-}\left|\frac{p}{\text{N/m}^2}\right|\frac{v}{\text{m}^3/\text{kg}}\right|, \tag{68}$$

und zwischen dem Geschwindigkeitsbeiwert φ und dem Exponenten n besteht die Beziehung

allgemein

$$\varphi^2 = \frac{1 - (p_A/p_E)^{(n-1)/n}}{1 - (p_A/p_E)^{(\varkappa-1)/\varkappa}}, \tag{69}$$

bei $p_A/p_E \to 1$

$$\varphi^2 \to \frac{(n-1)\varkappa}{(\varkappa-1)n}. \tag{69a}$$

Düsenverengung und Massestrom. Im kleinsten Querschnitt A_1 ist das Druckverhältnis größer als bei reibungsfreier Strömung:

$$\frac{p_1}{p_E} = \left(\frac{2}{n+1}\right)^{n/(n-1)}, \tag{70}$$

die Geschwindigkeit v_{a1} ist kleiner als die Schallgeschwindigkeit v_{Sch}:

$$v_{a1} = \sqrt{\varkappa\frac{(n-1)}{(\varkappa-1)} p_1 v_1} = \sqrt{2\frac{\varkappa}{(n+1)} \cdot \frac{(n-1)}{(\varkappa-1)} p_E v_E}$$

$$\text{z. B.} \left|\frac{v_a}{\text{m/s}}\right|\frac{\varkappa, n}{-}\left|\frac{p}{\text{N/m}^2}\right|\frac{v}{\text{m}^3/\text{kg}}\right|. \tag{71}$$

Der ausfließende Massestrom $\dot{m}$ wird bei $p_a \geqq p_1$

$$\dot{m} = \mu\varphi\dot{m}_s = \mu A_A \sqrt{2\frac{\varkappa}{\varkappa-1} \cdot \frac{p_E}{v_E}\left[\left(\frac{p_A}{p_E}\right)^{2/n} - \left(\frac{p_A}{p_E}\right)^{(n+1)/n}\right]}$$

$$\text{z. B.} \left|\frac{\dot{m}}{\text{kg/s}}\right|\frac{\mu, \varphi, \varkappa, n}{-}\left|\frac{A}{\text{m}^2}\right|\frac{p}{\text{N/m}^2}\left|\frac{v}{\text{m}^3/\text{kg}}\right|. \tag{72}$$

Das Verhältnis des Querschnitts des austretenden Strahles zum Düsenquerschnitt A_A bezeichnet man als *Kontraktionszahl* μ. Bei gut abgerundeten Mündungen wird $\mu = 1$, während bei zugeschärften Eintrittskanten (Meßblenden) μ bis 0,65 absinkt. Das Produkt $\mu\varphi$ nennt man *Ausflußzahl.*

Der Massestrom bei einer erweiterten Düse ($p_A < p_1$) wird auf den Kleinstquerschnitt A_1 bezogen, für den $\mu = 1$ gesetzt werden kann:

$$\dot{m} = \varphi A_1 \psi_{max} p_E \sqrt{\frac{2}{RT_E}} = A_1 p_E \left(\frac{2}{n+1}\right)^{1/(n-1)} \sqrt{\frac{\varkappa(n-1)}{(n+1)(\varkappa-1)}} \sqrt{\frac{2}{RT_E}}$$

$$\text{z. B.} \left|\frac{\dot{m}}{\text{kg/s}}\right|\frac{\varphi, \psi, \varkappa, n}{-}\left|\frac{A}{\text{m}^2}\right|\frac{p}{\text{N/m}^2}\left|\frac{R}{\text{J/kg grd}}\right|\frac{T}{°\text{K}}\right|. \tag{72a}$$

7.8. Wärmeübertragung

7.8.1. Überblick

Beim Übertragen der Wärmeenergie sind drei Arten zu unterscheiden, für die verschiedene Gesetze gelten: Wärmeleitung, konvektive Wärmeübertragung und Wärmeübertragung durch Strahlung.
Bei der *Wärmeleitung* in festen oder unbewegten flüssigen und gasförmigen Körpern gibt ein Molekül mit höherer Temperatur an das angrenzende mit tieferer Temperatur Wärmeenergie ab. Für diese Wärmeübertragung ist die *Wärmeleitzahl* λ des Körpers wichtig. Sie ist eine von der Temperatur abhängige Stoffeigenschaft. Bei den meisten Metallen und Flüssigkeiten nimmt sie mit steigender Temperatur ab (Ausnahme z. B. Wasser zwischen 0 und 80 °C); bei Gasen bei konstantem Druck jedoch zu. Nichtmetalle zeigen unterschiedliches Verhalten.

Es wird im folgenden nur der einfachste Fall, die *stationäre Wärmeleitung*, behandelt (s. 7.8.2.), bei der die Temperaturen zwar örtlich verschieden sind, aber an einer bestimmten Stelle zeitlich unverändert bleiben.

Die *konvektive Wärmeübertragung* tritt bei Flüssigkeiten oder Gasen auf, die sich mit der äußeren Strömungsgeschwindigkeit v_a bewegen. Die örtlich verschiedenen Temperaturen ergeben sich nicht nur dadurch, daß Wärmeenergie – wie oben besprochen – von Molekül zu Molekül geleitet wird, sondern auch dadurch, daß durch die Strömung makroskopischer Stoffteilchen Wärmeenergie mitgeführt wird (*Konvektion*). Die Wärmeübertragung in strömenden Stoffen ist daher nicht von der Strömung selbst zu trennen. Die exakte mathematische Behandlung ist nur in wenigen, besonders einfachen Fällen möglich; viele Probleme sind nur durch Experimente zu klären.

1. Der für die Technik wichtigste Fall der konvektiven Wärmeübertragung ist der *Wärmeübergang* von einer festen Wandfläche an einen strömenden flüssigen oder gasförmigen Stoff.

a) Wenn sich beim konvektiven Wärmeübergang der Aggregatzustand des strömenden Stoffes *nicht ändert* (s. 7.8.3.), ändern sich auch die für den Vorgang maßgebenden Stoffeigenschaften nicht sprunghaft, und unter Benutzung dimensionsloser Kenngrößen lassen sich Versuchsergebnisse übertragen. Man unterscheidet als Grenzfälle den Wärmeübergang bei aufgezwungener laminarer oder turbulenter Strömung und den Wärmeübergang bei freier Strömung, bei der nur der thermische Auftrieb die Strömung verursacht.

b) Wesentlich schwieriger ist die Behandlung des konvektiven Wärmeübergangs, wenn sich der Aggregatzustand des strömenden Stoffes *ändert* (s. 7.8.4.), wobei sich auch die maßgebenden Stoffeigenschaften sprunghaft ändern. Beim Übergang von der dampfförmigen in die flüssige Phase muß der zu kondensierende Dampf an die Phasengrenzfläche herangeschafft, dort niedergeschlagen und die dabei frei werdende Kondensationswärme durch die gekühlte Wand abgeführt werden. Bei der Kondensation kann an der Wand ein Flüssigkeitsfilm entstehen, der laminar oder turbulent abströmt, oder es können sich unzusammenhängende Tropfen bilden.

2. Oft soll Wärme von einem strömenden Stoff, der durch eine feste Wand von einem zweiten strömenden Stoff getrennt ist, übertragen werden. Dieser Vorgang wird als *Wärmedurchgang* bezeichnet. Unter 7.8.5. ist der stationäre Wärmedurchgang behandelt.

Bei der *Wärmeübertragung durch Strahlung* wird aus der fühlbaren Wärme eines Körpers ein kontinuierliches Spektrum elektromagnetischer Wellen erzeugt (Emission), die bei der Absorption in einem zweiten Körper wieder in fühlbare Wärme verwandelt werden, ohne daß zwischen beiden Körpern ein materieller Träger benötigt wird (s. 7.8.6.).

In den folgenden Gleichungen wird die Zeit mit τ *bezeichnet und für die vom Eispunkt gezählten Celsius-Temperaturen das Formelzeichen* t *beibehalten.*

7.8.2. Stationäre Wärmeleitung

7.8.2.1. Grundlagen

Die durch stationäre Wärmeleitung zwischen zwei parallelen Flächen A (Abstand dx), deren Temperaturen sich um dt (vgl. 7.8.5.1., Bild 43) unterscheiden, in der Zeit τ übertragene Wärmeenergie Q ist mit der Wärmeleitzahl λ nach dem *Fourierschen Gesetz*

$$Q = -\lambda A \tau \, \mathrm{d}t/\mathrm{d}x, \quad \text{z. B.} \tag{73}$$

Q	λ	A	τ	dt	dx
J	W/m grd	m^2	s	grd	m
oder kcal	kcal/m h grd	m^2	h	grd	m

Das negative Vorzeichen muß geschrieben werden, weil die Wärme in Richtung abnehmender Temperaturen strömt. Das Temperaturgefälle dt/dx ist in der zur Fläche A senkrechten Richtung des Wärmestroms einzusetzen. Die *Wärmeleistung* (Wärmestrom) in W; kcal/h wird

$$P_Q = Q/\tau$$

und die *Wärmestromdichte* oder Heizflächenbelastung in W/m^2; kcal/m^2 h

$$(P_Q/A) = Q/\tau A.$$

Die *Wärmeleitzahl* λ hängt bei festen Körpern und Flüssigkeiten nur wenig vom Druck ab, dagegen ändert sie sich bei Gasen in bestimmten Druckbereichen beträchtlich; z. B. nimmt sie bei trockener Luft bei Abnahme des Druckes von 10 Torr auf 0,01 Torr stark ab.
Der Kehrwert von λ wird als *spezifischer Wärmeleitwiderstand* bezeichnet.

7.8.2.2. Wärmeleitung durch eine ebene Wand

Die Wärmeleistung senkrecht zur Wandfläche A ist (vgl. 7.8.5.1., Bild 43)

$$P_Q = \lambda A (t_{w1} - t_{w2})/s \quad \text{z. B.} \tag{73a}$$

P_Q	λ	A	t	s
W	W/m grd	m^2	°C	m
oder kcal/h	kcal/m h grd	m^2	°C	m

λ Wärmeleitzahl; t_{w1} und t_{w2} Oberflächentemperaturen; s Wanddicke.

Mit dem Wärmeleitwiderstand $R_\lambda = s/\lambda A$ ergibt sich eine dem *Ohmschen Gesetz* der Elektrotechnik entsprechende Schreibweise:

$$P_Q = (t_{w1} - t_{w2})/R_\lambda.$$

Bei einer aus mehreren hintereinanderliegenden Schichten (mit verschiedenen λ-Werten) bestehenden Wand addieren sich die Wärmeleitwiderstände:

$$P_Q = (t_{w1} - t_{w2})/\sum R_\lambda \quad \text{z. B.} \tag{73b}$$

P_Q	t	R_λ
W	°C	grd/W
oder kcal/h	°C	h grd/kcal

7.8.2.3. Wärmeleitung durch eine zylindrische Wand (Rohrwand)

Die Wärmeleistung senkrecht zur Rohrachse für die Rohrlänge l (Innendurchmesser d_i mit hoher Temperatur t_i, Außendurchmesser d_a mit niedriger Temperatur t_a) ist

$$P_Q = 2\pi\lambda l (t_i - t_a)/\ln(d_a/d_i) \quad \text{z. B.} \tag{73c}$$

P_Q	λ	l	t
W	W/m grd	m	°C
oder kcal/h	kcal/m h grd	m	°C

Die Temperatur in der Wand nimmt also nach einer logarithmischen Linie ab.

Tabelle 30. Wärmeleitzahlen λ fester Körper

a) Metalle und Legierungen bei 20 °C

Stoff	Reinheit bzw. Zusammensetzung	Wärmeleitzahl λ in kcal/m h grd[1])	Stoff	Reinheit bzw. Zusammensetzung	Wärmeleitzahl λ in kcal/m h grd[1])
Aluminium	99,75	197	Kupfer	99,9 %	330
Aluminium	99 %	180	Messing	70 % Cu, 30 % Zn	96
Blei (rein)	–	30	Nickel	99,94 %	72
Bronze	10 % Sn, 90 % Cu	36	Nickel	98 %	50
Eisen	99,92 %	62	Rotguß	86 % Cu, 7 % Zn, 6,4 % Sn	52
Grauguß	3,5 % C, 1 % Si	50			
Stahl	0,2 % C	40	Silber	99,98 %	360
Nickeleisen	5 % Ni	30	Zink (rein)	–	97
Chromstahl	0,8 % Cr, 0,2 % C	34	Zinn (rein)	–	56
Chromnickelstahl, nichtrostend	18 % Cr, 8 % Ni	12,5			

b) Bau- und feuerfeste Stoffe

Stoff	Temperatur t in °C	Dichte ϱ in kg/m³	Wärmeleitzahl λ in kcal/m h grd[1])
Basalt	20	2900	1,44
Beton, lufttrocken	20	1600 ··· 2400	0,7 ··· 1,2
Holz, lufttrocken			
Fichte ⊥ Faser	20	400	0,08 ··· 0,12
Fichte ∥ Faser	20	400	bis 0,22
Eiche ⊥ Faser	20	600 ··· 800	0,15 ··· 0,18
Eiche ∥ Faser	20	600 ··· 800	0,32 ··· 0,36
Kiefer ⊥ Faser	20	550 ··· 600	0,12
Kiefer ∥ Faser	20	550 ··· 600	0,32
Sandstein	20	2100 ··· 2300	1,4 ··· 1,8
Schamottestein	200	1650 ··· 2200	0,51 ··· 0,88
Schamottestein	600	1650 ··· 2200	0,66 ··· 0,98
Schamottestein	1000	1650 ··· 2200	0,82 ··· 1,03
Silikatsteine	200	1510 ··· 2100	0,55 ··· 0,95
Silikatsteine	600	1510 ··· 2100	0,88 ··· 1,17
Silikatsteine	1000	1510 ··· 2100	1,19 ··· 1,39
Silikatsteine	1400	1510 ··· 2100	1,5 ··· 1,6
Ziegelsteine, lufttrocken	20	1600 ··· 1800	0,35 ··· 0,45
Ziegelmauer, normalfeucht, Innenwand	20	1400 ··· 1800	0,60 ··· 0,65
Ziegelmauer, Außenwand	20	1400 ··· 1800	0,75 ··· 0,80
Hohlziegelstein	20	600 ··· 1100	0,1 ··· 0,2
Hohlziegelmauer	20	1300	0,35

c) Isolierstoffe

Stoff	Temperatur t in °C	Dichte ϱ in kg/m³	Wärmeleitzahl λ in kcal/m h grd[1])
Asbestpapier	20	500	0,06
Asbestpapier	20	1000	0,13
Asbestplatte	20	2000	0,6

Tabelle 30 (Fortsetzung)

Stoff	Temperatur t in °C	Dichte ϱ in kg/m³	Wärmeleitzahl λ in kcal/m h grd [I])
Asbestschnur	50	300	0,085
Asbestschnur	300	300	0,11
Asbestwolle	50	300	0,077
Asbestwolle	300	300	0,113
Glaspulver mit 1 % Feuchtigkeit	20	1200	0,14
Glaspulver mit 10 % Feuchtigkeit	20	–	0,34
Glaswolle	0	200	0,03
Glaswolle	300	200	0,09
Kieselgur, gebrannt	50	300 ··· 700	0,061 ··· 0,12
Kieselgur, gebrannt	200	300 ··· 700	0,082 ··· 0,135
Kieselgur, Pulver	50	200	0,046
Kieselgur, Pulver	300	200	0,068
Korkplatte	50	300	0,06
Korkplatte	0	200	0,04

d) Weitere feste Stoffe

Stoff	Temperatur t in °C	Dichte ϱ in kg/m³	Wärmeleitzahl λ in kcal/m h grd [I])
Eis	0	917	1,9
Erde, grobkiesig	20	2000	0,45
Erde, lehmig	20	2000	2,0
Glas	20	2300 ··· 2700	0,7 ··· 0,9
Quarzglas	20	2200	1,2
Gummi, weich	20	1100	0,11 ··· 0,20
Hartgummi	50	1200	0,137
Kesselstein, gipsreich	20	2500 ··· 2800	1,0 ··· 2,1
Kesselstein, kalkreich	20	1500 ··· 2000	0,37 ··· 0,84
Kesselstein, siliziumreich	20	500 ··· 1000	0,08 ··· 0,15
Ruß	40	165	0,06 ··· 0,10

[I]) Zur Umrechnung in die kohärente Einheit des internationalen Einheitensystems (W/m grd) sind die Zahlenwerte dieser Spalte mit 1,163 zu multiplizieren

Tabelle 31. Kinematische Zähigkeit ν, Wärmeleitzahl λ, Temperaturleitzahl a und Prandtl-Zahl Pr von Flüssigkeiten und Gasen (nach Schmidt 3 und Gröber-Erk-Grigull [4])

a) *Flüssigkeiten.* Wasser bei 1 kp/cm², alle anderen Flüssigkeiten bei 760 Torr bzw. bei dem zur Temperatur gehörenden Sättigungsdruck > 760 Torr [gekennzeichnet durch[I])]

Stoff	Temperatur t in °C	$10^6\nu$ in m²/s	λ in $\frac{\text{kcal}}{\text{m h grd}}$ [II])	$10^4 a$ in m²/h [III])	Pr
Äthylenglykol $C_2H_4(OH)_2$	20	19,5	0,215	3,39	203
	60	4,89	0,223	3,36	52,4
	100	2,27	0,226	3,28	24,9
Benzol	20	0,740	0,132	3,62	7,33
Ammoniak NH_3	0[I])	0,376	0,464	6,54	2,07
	20[I])	0,361	0,425	6,11	2,12

Tabelle 31 (Fortsetzung)

Stoff	Temperatur t in °C	$10^6 \nu$ in m^2/s	λ in $\frac{kcal}{m\,h\,grd}$ II)	$10^4 a$ in m^2/h III)	Pr
Kohlendioxid CO_2	20I)	0,062	0,075	1,12	2,00
Quecksilber Hg	20	0,115	8	180	0,023
Schwefeldioxid SO_2	−20	0,313	0,192	4,25	2,65
	0I)	0,257	0,182	3,91	2,36
	20I)	0,220	0,171	3,72	2,14
Spindelöl	20	15,0	0,124	3,22	168
	40	7,93	0,123	3,10	92,0
	80	3,40	0,121	2,90	42,1
	120	1,91	0,119	2,72	25,3
Transformatorenöl	20	36,5	0,107	2,73	481
	40	16,7	0,106	2,61	230
	80	5,2	0,103	2,36	79,4
Wasser	0	1,792	0,475	4,72	13,67
	10	1,307	0,497	4,97	9,47
	20	1,004	0,514	5,15	7,01
	30	0,801	0,528	5,31	5,43
	40	0,658	0,540	5,45	4,35
	50	0,554	0,551	5,59	3,57
	60	0,475	0,560	5,70	3,00
	80	0,365	0,575	5,90	2,23
	100I)	0,295	0,586	6,07	1,75
	120I)	0,2485	0,589	6,16	1,45
	160I)	0,1890	0,586	6,23	1,09
	200I)	0,1579	0,572	6,16	0,92
	240I)	0,1420	0,546	5,90	0,87
	300I)	0,1298	0,465	4,66	1,0
	360I)	0,1306	0,300	1,80	2,6

b) *Gase* bei 760 Torr

Stoff	Temperatur in °C	$10^6 \nu$ in m^2/s	λ in $\frac{kcal}{m\,h\,grd}$ II)	$10^4 a$ in m^2/h III)	Pr
Ammoniak NH_3	0	12,5	0,0189	489	0,92
	100	24,1	0,0258	896	0,97
Kohlendioxid CO_2	0	7,2	0,0123	325	0,80
	100	13,2	0,0183	591	0,80
	200	20,8	0,0243	926	0,81
Trockene Luft	−150	3,11	0,0103	151	0,74
	−100	5,96	0,0142	298	0,72
	− 50	9,55	0,0177	481	0,715
	0	13,30	0,0209	673	0,711
	20	15,11	0,0221	763	0,713
	60	18,90	0,0245	960	0,709
	100	23,06	0,0270	1180	0,704
	200	34,63	0,0332	1820	0,685

Tabelle 31 (Fortsetzung)

Stoff	Temperatur in °C	$10^6\nu$ in m²/s	λ in $\frac{\text{kcal}}{\text{m h grd}}$ II)	10^4a in m²/h III)	*Pr*
	400	62,53	0,0443	3310	0,68
	600	95,57	0,0534	4970	0,69
	800	132,8	0,0607	6690	0,715
	1000	173	0,0662	8460	0,735
Schwefeldioxid SO_2	0	4,1	0,0072	171	0,86
Wasserstoff H_2	0	97	0,151	5110	0,68
	100	162	0,197	8980	0,65
	200	241	0,237	13600	0,64
	300	336	0,255	17700	0,64
Wasserdampf	100	22,1	0,0208	706	1,12
	200	36,8	0,0282	1356	0,97
	300	54,1	0,0367	2055	0,95
	400	74,4	0,0474	3060	0,88
	500	97,5	0,0647	4520	0,78

Anm. zu Tabelle 31b: I) Für vollkommene zwei- bzw. dreiatomige Gase *Pr* = 0,70 bzw. 0,89. *Pr* bei Gasen nicht vom Druck abhängig. – II) Zur Umrechnung in die kohärente Einheit des internationalen Einheitensystems (W/m grd) sind die Zahlenwerte dieser Spalte mit 1,163 zu multiplizieren. – III) Zur Umrechnung in die kohärente Einheit des internationalen Einheitensystems (m²/s) sind die Zahlenwerte dieser Spalte durch 3600 zu dividieren

7.8.3. Konvektiver Wärmeübergang ohne Änderung des Aggregatzustandes des strömenden Stoffes

7.8.3.1. Grundlagen

Die von einer festen Wandfläche A mit der Oberflächentemperatur t_w an einen strömenden flüssigen oder gasförmigen Stoff mit der mittleren Temperatur t_f übergehende Wärmeleistung ist

$$P_Q = \alpha A(t_w - t_f) = (t_w - t_f)/R_\alpha$$

z. B.

P_Q	α	A	t	R_α
W	W/m² grd	m²	°C	grd/W
oder kcal/h	kcal/m² h grd	m²	°C	h grd/kcal

. (73d)

$R_\alpha = 1/\alpha A$ Wärmeübergangswiderstand; $1/\alpha$ spezifischer Wärmeübergangswiderstand; α mittlere Wärmeübergangszahl oder Wärmeübergangsbeiwert. α ist keine Stoffeigenschaft, sondern faßt alle die Strömung *und* den Wärmetransport beeinflussenden Größen zusammen und läßt sich meist nur durch Versuche ermitteln.

Um das Ergebnis eines Versuchs auf eine Reihe ähnlicher Fälle zu übertragen, führt man *dimensionslose Kenngrößen* ein. Dabei sind außer der Form und Beschaffenheit (Rauhigkeit, Poren usw.) der festen Wandflächen folgende Stoffeigenschaften des strömenden Mediums bei der mittleren Temperatur t_f bzw. einer zwischen t_f und t_w liegenden Temperatur maßgebend: das spezifische Volumen v bzw. die Dichte ϱ, die spezifische Wärme c_p, die Wärmeleitzahl λ, die Raumausdehnungszahl β, die dynamische Zähigkeit η, die kinematische Zähigkeit $\nu = \eta/\varrho$ und die auch bei nichtstationärer Wärmeleitung benötigte Temperaturleitzahl a.

$$a = \lambda v/c_p$$

1. Der Quotient aus der kinematischen Zähigkeit ν und der Temperaturleitzahl a ist die dimensionslose *Prandtl-Zahl* (vgl. Tab. 31), die nur Stoffeigenschaften enthält und maßgebend ist für die Beziehungen zwischen dem Geschwindigkeitsfeld und dem Temperaturfeld:

$$Pr = \nu/a = c_p\eta/\lambda \quad \text{z. B.} \quad \left|\frac{Pr}{-}\right|\frac{\nu}{\mathrm{m^2/s}}\left|\frac{a}{\mathrm{m^2/s}}\right|\frac{c_p}{\mathrm{J/kg\ grd}}\left|\frac{\eta}{\mathrm{Ns/m^2}}\right|\frac{\lambda}{\mathrm{W/m\ grd}}\right| \qquad (74)$$

$1\ \mathrm{Ns/m^2} = 10$ Poise

Bei Verwendung der bisher üblichen nichtkohärenten Einheiten des internationalen Einheitensystems wird:

$$^{*}Pr = 3600\nu/a = 35304 c_p\eta/\lambda$$

$$\left|\frac{Pr}{-}\right|\frac{\nu}{\mathrm{m^2/s}}\left|\frac{a}{\mathrm{m^2/h}}\right|\frac{c_p}{\mathrm{kcal/kg\ grd}}\left|\frac{\eta}{\mathrm{kps/m^2}}\right|\frac{\lambda}{\mathrm{kcal/m\ h\ grd}}\right|. \qquad (74\,a)$$

2. Die *Reynolds-Zahl Re* (vgl. MECHANIK DER FLÜSSIGKEITEN UND GASE 6.3.3.5.) gibt für Strömungsvorgänge das Verhältnis von Trägheitskraft und Reibungskraft an. Für die mittlere äußere Strömungsgeschwindigkeit v_a und eine die Strömung kennzeichnende Längenabmessung l_0 (z. B. bei Rohrströmungen der Rohrdurchmesser d) ist:

$$Re = v_a l_0/\nu. \qquad (75)$$

Fließt der Massestrom $\dot{m}$ mit dem spezifischen Volumen v durch z Kreisrohre mit dem Innendurchmesser d_i, so wird mit $\eta = \nu\varrho$

$$Re = \frac{4\dot{m}v}{\pi z d_i \nu} = \frac{4\dot{m}}{\pi z d_i \eta}; \qquad (75\,a)$$

dabei sind einzusetzen $\dot{m}$ Massestrom in kg/s, d_i Innendurchmesser in m, η dynamische Zähigkeit in N s/m² ≡ kg/ms. Nur bei vollkommenen Gasen ist η unabhängig vom Druck, bei wirklichen Gasen wird η bei höheren Drücken größer.

3. Das Produkt aus der *Prandtl-Zahl Pr* und der *Reynolds-Zahl Re* ist die dimensionslose *Péclet-Zahl*, die für den Wärmeübergang maßgebend ist:

$$Pe = Pr\ Re. \qquad (76)$$

4. Außerdem benötigt man noch die dimensionslose *Grashof-Zahl Gr*, wenn durch die thermischen Auftriebskräfte (freie Konvektion) das Geschwindigkeitsfeld verändert wird:

$$Gr = g\beta l_0^3(t_w - t_f)/\nu^2. \qquad (77)$$

g Fallbeschleunigung.

Sollen nicht nur geometrisch ähnliche Fälle behandelt werden, z. B. verschiedene Rohrlängen l oder verschiedene Krümmungsradien r bei gleichem Rohrdurchmesser d, so muß man als dimensionslosen Kennwert noch das Verhältnis der Abmessungen l/d wählen.

Bei Rohren mit nichtkreisförmigen Querschnitten, z. B. rechteckigen oder kreisringförmigen Kanälen, läßt sich der gleichwertige Kreisrohrdurchmesser d_{gl} (vgl. MECHANIK DER FLÜSSIGKEITEN UND GASE 6.3.4.3.) ermitteln nach

$$d_{gl} = 4A/U, \qquad (78)$$

wobei A die Querschnittsfläche und U der Teil des Umfangs, durch den die Wärmeübertragung erfolgt, sind.

5. Durch Multiplikation von l_0/λ wird die Wärmeübergangszahl α zur dimensionslosen *Nußelt-Zahl Nu*, die keine unabhängige Kenngröße ist:

$$Nu = \alpha l_0/\lambda. \qquad (79)$$

Dabei ist l_0 eine für die Strömung kennzeichnende Längenabmessung wie in (75), (76) und (77). Die Versuchsergebnisse lassen sich dann z. B. für Rohre mit Durchmesser d und Länge l folgendermaßen schreiben:

$$Nu = f(Pr, Re, Gr, l/d). \qquad (80)$$

Häufig ist bei erzwungener Strömung das Geschwindigkeitsfeld unabhängig vom Temperaturfeld, weil es durch die thermischen Auftriebskräfte nicht merklich verändert wird. Dann spricht man von *aufgezwungener Strömung*, für die gilt

$$Nu = f(Pr, Re, l/d). \qquad (80a)$$

Beim Wärmeübergang bei freier Strömung ergibt sich dagegen

$$Nu = f(Pr, Gr, l/d). \qquad (80b)$$

Meist lassen sich in großen Bereichen die Funktionen durch Potenzen mit konstanten Exponenten gut wiedergeben, wenn der strömende Stoff seinen Aggregatzustand nicht ändert.

7.8.3.2. Wärmeübertragung bei aufgezwungener Strömung

Laminarströmung im geraden Rohr ($Re \leqq 2320$) *von Gasen und Flüssigkeiten.* Nach HAUSEN[1]) gilt unter der Voraussetzung, daß die parabolische Geschwindigkeitsverteilung beim Beginn der thermischen Einwirkung bereits vorhanden ist.

$$Nu = \left[3{,}65 + \frac{0{,}0668 Pe\, d/l}{1 + 0{,}045 (Pe\, d/l)^{2/3}}\right]\left(\frac{\eta_f}{\eta_w}\right)^{0{,}14} \qquad (81)$$

Nach SIEDER und TATE (GRÖBER-ERK-GRIGULL [4] S. 207) wird die mittlere *Nußelt-Zahl* zwischen Rohranfang und der Länge l für $Pe\, d/l \geqq 7{,}17$

$$Nu = 1{,}86 (Pe\, d/l)^{1/3} (\eta_f/\eta_w)^{0{,}14}. \qquad (81\,a)$$

In (81) und (81a) sind die Stoffwerte auf die mittlere Flüssigkeitstemperatur t_f zu beziehen. Nur die dynamische Zähigkeit η_w der Flüssigkeit bei der Oberflächentemperatur t_w der Wand wird zusätzlich benötigt. Durch den Faktor $(\eta_f/\eta_w)^{0{,}14}$ wird der Einfluß der Richtung des Wärmestroms (Wärmeabgabe entweder von der Wand an die Flüssigkeit oder von der Flüssigkeit an die Wand) berücksichtigt; bei Gasen ist $\eta_f/\eta_w = 1$ zu setzen.

Turbulente Strömung im geraden Rohr. Bei turbulenter Strömung wird der Wärmeübergangsbeiwert wesentlich größer als bei Laminarströmung. Er läßt sich durch Anwendung von Rührwerken noch weiter erheblich steigern.

1. Für Längen l größer als die Anlaufstrecke $l' = 0{,}015\, d\, Pe$ gilt nach PRANDTL[2]) in einer von HOFMANN[3]) abgewandelten Form

$$Nu = 0{,}04\, Pe \cdot \frac{Re^{-1/4}}{1 + 1{,}5 Re^{-1/8}\, Pr^{-1/6} (Pr - 1)}. \qquad (82)$$

Nach KRAUSSOLD[4]) gilt für $Pr = 0{,}7 \cdots 370$, $Re = 4500 \cdots 90000$ bei Ölen und $Re < 500000$ bei Wasser, $l/d = 100 \cdots 400$

$$Nu = 0{,}032 Pr^m\, Re^{0{,}8} (d/l)^{0{,}054} \qquad (82\,a)$$

---

[1]) *Hausen, H.:* Darstellung des Wärmeübergangs in Rohren durch verallgemeinerte Potenzbeziehungen. Z. VDI Beih. Verfahrenstechn. (1943) Nr. 4, S. 91 bis 98

[2]) *Prandtl, L.:* Bemerkung über den Wärmeübergang im Rohr. Phys. Z. Bd. 29 (1928) S. 487 bis 489

[3]) *Hofmann, E.:* Der Wärmeübergang bei der Strömung im Rohr. Z. ges. Kälteind. Bd. 44 (1937) S. 99 bis 107 bzw. Über die Gesetzmäßigkeiten der Wärme- und der Stoffübertragung auf Grund des Vorgangs im Rohr. Forsch. Ing.-Wes. Bd. 11 (1940) S. 159 bis 169

[4]) *Kraußold, H.:* Der konvektive Wärmeübergang. Technik Bd. 3 (1948) S. 205 bis 213 und S. 257 bis 261

mit $m = 0{,}37$ beim Aufheizen und $m = 0{,}30$ beim Abkühlen des strömenden Stoffes. Die Stoffwerte sind auf den arithmetischen Mittelwert von t_w und t_f zu beziehen.
Nach HAUSEN[1]) ist

$$Nu = 0{,}116(Re^{2/3} - 125)\, Pr^{1/3}[1 + (d/l)^{2/3}]\,(\eta_f/\eta_w)^{0,14}. \qquad (82\,b)$$

Die Stoffwerte sind auf die mittlere Flüssigkeitstemperatur t_f bezogen. Erläuterung von $(\eta_f/\eta_w)^{0,14}$ s. o.

2. Ist die Rohrlänge $l < l'$, so sind die nach (82) bis (82b) mit Hilfe von (79) zu errechnenden α-Werte mit ζ zu multiplizieren (Tab. 32).

Tabelle 32. Umrechnungsfaktor ζ für $l < l'$ (nach Schmidt [12])

l/l'	0,01	0,05	0,1	0,2	0,4	0,6	0,8
ζ	1,26	1,16	1,12	1,08	1,05	1,03	1,01

Für gekrümmte Rohre (d Rohrdurchmesser, r Krümmungshalbmesser) sind nach Versuchen von Jeschke[2]) die α-Werte des geraden Rohres mit $1(1 + 1{,}77d/r)$ und die Werte für den Druckabfall mit $1/(1 + 1{,}87d/r)$ zu multiplizieren.
Für *Wasser in Rohren* mit 10 ··· 100 mm Dmr. gilt nach Schack [10]

$$^*\alpha_w = 2900 v_a^{0,85}(1 + 0{,}014 t_f) \quad \left| \frac{v_a}{\mathrm{m/s}} \middle| \frac{t_f}{\mathrm{^\circ C}} \middle| \frac{\alpha_w}{\mathrm{kcal/m^2\,h\,grd}} \right|. \qquad (83)$$

Für andere Flüssigkeiten sind bei 20 °C die Werte mit α/α_w nach Tabelle 33 zu multiplizieren.

Tabelle 33. Korrektur der Formel (83) für andere Flüssigkeiten als Wasser

Stoff	Benzol, Alkohol	Glyzerin	Olivenöl	Petroleum	Quecksilber
α/α_w	0,31	0,03	0,05	0,23	7,2

Senkrecht zur Achse angeströmte (umspülte) Rohre. Nach *Merkel*[3]) gilt für Einzelrohre

$$Nu = 0{,}092 Pe^{0,75} \qquad (84)$$

und für Rohrbündel mit 2 bis 10 versetzten Rohrreihen

$$Nu = 0{,}075\xi\, Pe^{0,75}. \qquad (84\,a)$$

Die ζ-Werte sind der Tabelle 34 zu entnehmen. Für die Strömungsgeschwindigkeit v_a in Pe gemäß (76) ist die Geschwindigkeit an der engsten Stelle zwischen zwei nebeneinanderliegenden Rohren einzusetzen. Die Stoffwerte werden auf den arithmetischen Mittelwert von t_f und t_w bezogen.

Tabelle 34. ζ-Werte für (84a) für Rohrbündel mit 2 bis 10 versetzten Rohrreihen

Rohrreihen	2	4	6	8	10
ζ	1	1,23	1,36	1,43	1,47

[1]) *Hausen, H.:* Zit. Fußnote 1, S. 152
[2]) *Jeschke, H.:* Wärmeübergang und Druckverlust in Rohrschlangen. Z. VDI Bd. 69 (1925) Ergänzungsheft „Technische Mechanik" (VDI-Sonderheft) S. 24 bis 28
[3]) *Merkel, F.:* Die Grundlagen der Wärmeübertragung. 234 S. Dresden: Th. Steinkopff 1927

Tabelle 35. Werte C und m für (85) in Abhängigkeit von Re

Re	1 ⋯ 4	4 ⋯ 40	40 ⋯ 4000	$4 \cdot 10^3 \cdots 4 \cdot 10^4$	$4 \cdot 10^4 \cdots 4 \cdot 10^5$
C	0,891	0,821	0,615	0,174	0,0239
m	0,330	0,385	0,466	0,618	0,805

Nach HILPERT[1]) gilt für Luft von 20 °C beim Einzelrohr mit 100 °C Wandtemperatur

$$Nu = C\,Re^m, \tag{85}$$

wobei C und m in Abhängigkeit von der Reynolds-Zahl in Tabelle 35 angegeben sind.

Für *Flächen mit aufgesetzten Rippen*, z. B. Rippenrohre, können die nach (81) bis (85) ermittelten Wärmeübergangszahlen Nu zum Berechnen der Wärmeleistung verwendet werden, wenn die Rippenfläche nur mit 40% (bei langen Rippen) bzw. bis 60% (bei kurzen Rippen) ihres Wertes eingesetzt wird.

Strömung längs einer ebenen Platte. Länge der Platte in Richtung der Strömung l, Geschwindigkeit $v_a > 5$ m/s. Dann gilt

$$Nu = \frac{al}{\lambda} = 0{,}075 Pe^{3/4}. \tag{86}$$

Für $Re < 1{,}5 \cdot 10^5$ ist nach ECKERT und DREWITZ[2])

$$Nu = 0{,}664 Re^{1/2}\, Pr^{1/3}. \tag{86a}$$

Die Stoffwerte sind auf den arithmetischen Mittelwert von t_w und t_f zu beziehen.

7.8.3.3. Wärmeübergang bei freier Strömung

Als Bezugstemperatur für die Stoffwerte wird stets der arithmetische Mittelwert von t_w und t_f verwendet.
Waagerechtes Rohr. Nach SENFTLEBEN[3]) gilt Tabelle 36. Für $(Pr\,Gr) > 10^5$ entspricht dies der Beziehung

$$Nu = 0{,}41(Pr\,Gr)^{1/4}. \tag{87}$$

Tabelle 36. Abhängigkeit der Nußelt-Zahl vom Produkt aus Prandtl-Zahl und Grashof-Zahl für waagerechte Rohre

$Pr\,Gr$	10^{-5}	10^{-4}	10^{-3}	10^{-2}	10^{-1}	1	10
Nu	0,338	0,408	0,497	0,616	0,785	1,03	1,42

$Pr\,Gr$	10^2	10^3	10^4	10^5	10^6	10^7	10^8
Nu	2,04	3,10	4,92	8,14	13,8	23,9	41,8

[1]) *Hilpert, R.:* Wärmeabgabe von geheizten Drähten und Rohren im Luftstrom. Forsch. Ing.-Wes. Bd. 4 (1933) S. 215 bis 224

[2]) *Eckert, E.* und *Ö. Drewitz:* Wärmeübergang an einer längs angeströmten Platte. Forsch. Ing.-Wes. Bd. 11 (1940) S. 116 bis 124

[3]) *Senftleben, H.:* Die Wärmeabgabe von Körpern verschiedener Form in Flüssigkeiten und Gasen bei freier Strömung. Z. angew. Physik Bd. 3 (1951) S. 361 bis 373 (auch *Gröber-Erk-Grigull* [4])

Lotrechte Platte. Nach GRÖBER-ERK-GRIGULL [4] ergibt sich für

$$1700 < (Pr\,Gr) < 10^8 \qquad Nu = 0{,}55(Pr\,Gr)^{1/4}, \tag{88}$$

für

$$(Pr\,Gr) > 10^8 \qquad Nu = 0{,}13(Pr\,Gr)^{1/3}. \tag{88a}$$

7.8.4. Konvektiver Wärmeübergang beim Ändern des Aggregatzustandes des strömenden Stoffes

7.8.4.1. Kondensierender Dampf

Filmkondensation. Das Kondensat bildet an der lotrechten Kühlfläche eine zusammenhängende Schicht (Filmdicke δ). Für die Kondensationsgeschwindigkeit ist der Wärmedurchgangswiderstand des Films bestimmend.
Laminarströmung. Bei nicht zu großer Länge l der lotrechten Wand strömt der Film laminar mit der mittleren Geschwindigkeit v_a ab. An einer ebenen Wand oder einem Rohr wird die mittlere Wärmeübergangszahl nach NUSSELT [5] (unter Benutzung gesetzlicher Einheiten)

$$\alpha_{Nu} = 7{,}3\left(\frac{g\varrho\lambda^3(i_d - i')}{\nu l(t_d - t_w)}\right)^{1/4}$$

z. B.

α_{Nu}	λ	g	ϱ	ν	l	$t_d - t_w$	i
W/m² grd	W/m grd	m/s²	kg/m³	m²/s	m	grd	J/kg
kcal/m² h grd	kcal/m h grd	m/h²	kg/m³	m²/h	m	grd	kcal/kg

. (89)

λ Wärmeleitzahl des Kondensats; g Fallbeschleunigung; ϱ Dichte; ν kinematische Zähigkeit; l Rohrlänge bzw. Höhe der Wand; t_d bzw. t_w Temperatur des eintretenden Dampfes bzw. der Wand; i_d bzw. i' spezifische Enthalpie des eintretenden Dampfes bzw. des abfließenden Kondensats.

Die Stoffwerte sind auf das Kondensat beim arithmetischen Mittelwert der Temperaturen t_d und t_w zu beziehen.
Turbulenz. Bei großen Wandhöhen tritt im abströmenden Kondensat nach einem laminaren Anfangsstück Turbulenz auf, wenn $Re = v_a\delta/\nu > 350$. Dann wird $\alpha > \alpha_{Nu}$ nach GRIGULL[1])

$$\alpha = 3{,}0 \cdot 10^{-3}\left(\frac{g\lambda^3 l(t_d - t_w)}{\varrho\nu^3(i_d - i')}\right)^{1/2}. \tag{90}$$

Bezeichnungen und Maßeinheiten wie bei (89).

Im Gegensatz zum laminar abströmenden Film steigt die Wärmeübergangszahl mit wachsendem l und wachsendem Temperaturunterschied $(t_d - t_w)$ an.
Für waagerechtes Rohr mit dem Außendurchmesser d und der Länge l gilt

$$\alpha_w = 0{,}77\alpha_{Nu}(l/d)^{1/4}. \tag{91}$$

Bei untereinanderliegenden waagerechten Rohren bleibt die Wärmeübergangszahl nahezu unverändert, weil das auftropfende Kondensat die Flüssigkeitsschicht durchwirbelt und damit die Wirkung des höheren Wärmeleitwiderstands ungefähr ausgeglichen wird. Durch Anwesenheit nicht kondensierbarer Gase im Dampf wird die Wärmeübergangszahl vermindert, weil das Temperaturgefälle im Flüssigkeitsfilm geringer wird. Auf der Filmoberfläche stellt sich die Sättigungstemperatur ein, die dem Teildruck des Dampfes entspricht.

[1]) *Grigull, U.:* Wärmeübergang bei Filmkondensation. Forsch. Ing.-Wes. Bd. 18 (1952) S. 10 bis 12

Beispiel. An einer lotrechten Wand, Wandtemperatur $t_w = 145$ °C, von $l = 4$ m Höhe kondensiert trocken gesättigter Wasserdampf von $t_d = 155$ °C. Die mittlere Wärmeübergangszahl α ist zu ermitteln. Alle Stoffwerte sind für 150 °C einzusetzen. – Für $(i_d - i')$ ergibt sich die gesamte Verdampfungswärme nach Tabelle 20 zu $r = 505{,}0$ kcal/kg und die Dichte $\varrho = 1/v = 918{,}5$ kg/m³. Nach Tabelle 31a werden die Wärmeleitzahl $\lambda = 0{,}587$ kcal/m h grd und die kinematische Zähigkeit $\nu = 0{,}201 \cdot 10^{-6}$ m²/s $= 0{,}724 \cdot 10^{-3}$ m²/h. Mit $g = 9{,}81$ m/s² $= 127{,}1 \cdot 10$ m/h² eingesetzt in (89):

$$\alpha_{Nu} = 0{,}943 \left[\frac{127{,}1 \cdot 10^6 \cdot 918{,}5 \cdot 0{,}587^3 \cdot 505{,}0}{0{,}724 \cdot 10^{-3} \cdot 4(155 - 145)}\right]^{1/4} = 4240 \text{ kcal/m}^2 \text{ h grd}$$

$$= 4240 \cdot 1{,}163 \text{ W/m}^2 \text{ grd} = 4931 \text{ W/m}^2 \text{ grd}$$

bzw. in (90)

$$\alpha = 3{,}0 \cdot 10^{-3} \left[\frac{127{,}1 \cdot 10^6 \cdot 0{,}587^3 \cdot 4 \cdot (155 - 145)}{918{,}5 \cdot 0{,}724^3 \cdot 10^{-9} \cdot 505{,}5}\right]^{1/2} = 7260 \text{ kcal/m}^2 \text{ h grd}$$

$$= 7260 \cdot 1{,}163 \text{ W/m}^2 \text{ grd} = 8443 \text{ W/m}^2 \text{ grd}.$$

Bei dieser Wandhöhe tritt im abströmenden Kondensatfilm Turbulenz auf, wobei $\alpha > \alpha_{Nu}$.

Tropfenkondensation. Das Kondensat kann sich nur in Form kleinster Tröpfchen niederschlagen, wenn es eine glatte Wand unvollständig benetzt, z. B. bei Wasserdampf ein dünner Ölfilm an der Wand vorhanden ist. Die Tröpfchen vergrößern sich durch Nachkondensation rasch, bis sie unter dem Einfluß der Schwerkraft an der Wand herabfließen. Es ergeben sich wesentlich größere mittlere Wärmeübergangszahlen als bei Filmkondensation, die je nach Wandmetall, Impfstoff und Dampfgeschwindigkeit zwischen 17500 und 350000 W/m² grd bzw. 15000 und 300000 kcal/m² h grd liegen, wobei die oberen Grenzwerte nur bei inertgasfreiem Dampf erreicht werden.

Praktisch treten bei Wasserdampf häufig Film- und Tropfenkondensation gleichzeitig auf (Mischkondensation). Wird der Kondensator nach den für Filmkondensation maßgebenden Gleichungen berechnet, so reichen die Abmessungen stets aus.

7.8.4.2. Siedende Flüssigkeit

Die unmittelbar an der Wand befindliche Flüssigkeit wird über die Sättigungstemperatur t_s nahezu bis auf die Übertemperatur t_w der Wand erhitzt. Es entsteht eine Auftriebsströmung, und an Wandrauheiten oder Poren bilden sich kleine Dampfblasen, die sich beim Aufsteigen durch Verdampfen aus der umgebenden überhitzten Flüssigkeit vergrößern und eine kräftige Rührwirkung auf die Flüssigkeit ausüben. Mit steigender Heizflächenbelastung (P_a/A) wächst die Zahl der Dampfblasen und die Wärmeübergangszahl, bis sich auf der Heizfläche eine instabile Dampfschicht bildet, die den Wärmeübergang behindert. Es gilt [s. 7.8.3.1., (73d)] $P_Q/A = \alpha(t_w - t_s)$.

Für Verdampfung an waagerechten Heizflächen gilt

nach Jakob und Linke[1])	nach Fritz[2])
für $(P_Q/A) < 15000$ kcal/m² h	für $(P_Q/A) = 15000 \cdots 200000$ kcal/m² h
$^*\alpha = 152(P_Q/A)_s^{0{,}26}$ (92)	$^*\alpha = 1{,}48(P_Q/A)_s^{0{,}75}$ (92a)

α ergibt sich in kcal/m² h grd. Bei Verdampfung in lotrechten Rohren sind die Werte nach (92) mit 1,25 zu multiplizieren. – Nach *Fritz*[2]) ergeben sich für siedendes Wasser von 100 °C die Werte der Tabelle 37.

[1]) *Jakob, M.*, und *W. Linke:* Der Wärmeübergang beim Verdampfen von Flüssigkeiten an senkrechten und waagerechten Flächen. Phys. Z. Bd. 36 (1935) S. 267 bis 280

[2]) *Fritz, W.:* Wärmeübergang an siedende Flüssigkeiten. Z. VDI Beih. Verfahrenstechnik (1937) S. 149 bis 155

Tabelle 37. Wärmeübergangszahlen α in Abhängigkeit von der Heizflächenbelastung (P_Q/A)

(P_Q/A) in $\frac{\text{kcal}}{\text{m}^2\,\text{h}}$ I)	α in kcal/m² h grd II)		(P_Q/A) in $\frac{\text{kcal}}{\text{m}^2\,\text{h}}$ I)	α in kcal/m² h grd II)	
	Waagerechte Platte (Pfanne ohne Rührer)	Lotrechte Rohre bis 2 m lang 30 ··· 60 mm l. W.		Waagerechte Platte (Pfanne ohne Rührer)	Lotrechte Rohre bis 2 m lang 30 ··· 60 mm l. W.
10000	1700	2100	100000	8300	10300
20000	2500	3300	150000	11300	13700
40000	4200	5400	200000	14000	–
60000	5700	7200	250000	16500	–
80000	7000	8800			

I) Zur Umrechnung in die kohärente Einheit des internationalen Einheitensystems (W/m²) sind die Zahlenwerte dieser Spalte mit 1,163 zu multiplizieren. – II) Zur Umrechnung in die kohärente Einheit des internationalen Einheitensystems (W/m²/grd) sind die Zahlenwerte dieser Spalte mit 1,163 zu multiplizieren

7.8.5. Stationärer Wärmedurchgang

7.8.5.1. Wärmedurchgangszahl

Ebene Wand aus mehreren Schichten. Die Wärme wird von einem strömenden Stoff mit der Temperatur t_i durch eine aus mehreren Schichten bestehende Wand (Oberflächentemperaturen t_{wi} und t_{wa}, Wanddicken s_1, s_2 usw., Wärmeleitzahlen λ_1, λ_2 usw.) an einen zweiten strömenden Stoff mit der Temperatur t_a übertragen (Bild 43). Es sind Wärmeleitvorgänge [s. 7.8.2.2., (73a)] und zwei Wärmeübergänge [s. 7.8.3.1., (73d)] (Wärmeübergangszahlen α_i und α_a) hintereinandergeschaltet. – Die Wärmeleistung wird im Beharrungszustand

$$P_Q = \alpha_i A(t_i - t_{wi}) = \frac{\lambda_1}{s_1} A(t_{wi} - t_{w2}) = \frac{\lambda_2}{s_2} A(t_{w2} - t_{wa}) = \alpha_a A(t_{wa} - t_a)$$
$$= kA\,(t_i - t_a)$$

z. B.

P_Q	α, k	A	t	λ	s
W	W/m² grd	m²	°C	W/m grd	m
oder kcal/h	kcal/m²h grd	m²	°C	kcal/mh grd	m

(93)

Dabei ist die Wärmedurchgangszahl

$$k = 1\Big/\left(\frac{1}{\alpha_i} + \Sigma\frac{s}{\lambda} + \frac{1}{\alpha_a}\right). \tag{94}$$

Sind die Wanddicken s_1, s_2 usw., die zugehörigen Wärmeleitzahlen λ_1, λ_2 usw., die Wärmeübergangszahlen α_1 bzw. α_2 und die Temperaturen t_i und t_a in hinreichender Entfernung von der ebenen Wand bekannt, so lassen sich in der aus Bild 43 ersichtlichen Weise die Wandtempe-

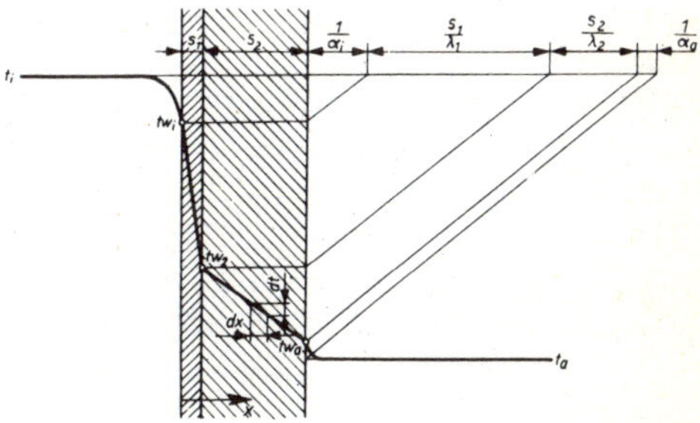

Bild 43. Temperaturverlauf durch eine ebene Wand aus zwei Schichten ($\lambda_1 \ll \lambda_2$)

raturen t_{w1}, t_{w2} usw. bis t_{wa} ermitteln. Damit ist der lineare Temperaturverlauf in der Wand bekannt. Die wirklichen Temperaturen der strömenden Stoffe in Wandnähe hängen jedoch von den vorhandenen Strömungszuständen ab. Der Temperaturverlauf folgt einer gekrümmten Linie. Die Neigungen der Temperaturkurve beiderseits der Wand verhalten sich umgekehrt wie die Wärmeleitfähigkeit der die Oberfläche berührenden Stoffe, weil die an der Wandfläche haftende Schicht des strömenden Stoffes die Wärme nur durch Leitung aufnehmen kann. An der Wandoberfläche ergibt sich damit ein Knick im Temperaturverlauf.

Rohrwand aus mehreren Schichten (Bild 44). Man bezieht die Wärmedurchgangszahl k_R auf 1 m Rohrlänge. Die Wärmeleistung wird für die Rohrlänge l

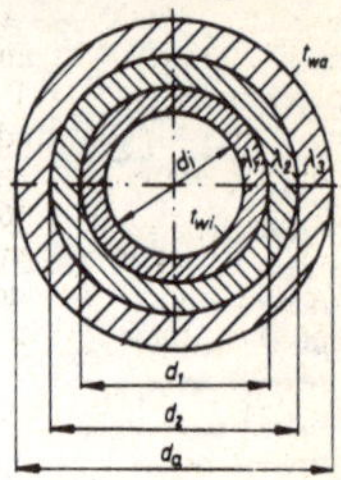

Bild 44. Rohrwand aus mehreren Schichten

$$P_Q = k_R l (t_i - t_a) \tag{95}$$

mit

$$k_R = \frac{\pi}{\dfrac{1}{\alpha_i d_i} + \dfrac{1}{2\lambda_1} \ln \dfrac{d_1}{d_i} + \dfrac{1}{2\lambda_2} \ln \dfrac{d_2}{d_1} + \cdots + \dfrac{1}{\alpha_a d_a}}$$

z. B.

P_Q	k_R	l, d	t	α	λ
W	W/m grd	m	°C	W/m² grd	W/m grd
oder kcal/h	kcal/m h grd	m	°C	kcal/m² h grd	kcal/m h grd

. (96)

Für verschiedene Verhältnisse d_2/d_1 enthält die Tabelle 38 die Werte $\ln(d_2/d_1)$.

Tabelle 38. Werte für $\ln(d_a/d_i)$ in (96)

d_a/d_i	1,05	1,1	1,2	1,3	1,4	1,5	1,6
$\ln(d_a/d_i)$	0,0488	0,095	0,182	0,260	0,336	0,405	0,470
d_a/d_i	1,8	2,0	2,2	2,4	2,6	2,8	3,0
$\ln(d_a/d_i)$	0,588	0,693	0,788	0,876	0,956	1,030	1,099

Bei großer Wärmeleitzahl λ der Rohrwand und im Verhältnis zum Durchmesser kleiner Wanddicke genügt die Berechnung nach (93) für ebene Wände, wobei man die äußere Rohrfläche bei $\alpha_a \ll \alpha_i$ (z. B. Wasserrohre der Dampferzeuger), die mittlere Rohrfläche bei $\alpha_a \approx \alpha_i$ (z. B. Überhitzerrohre der Dampferzeuger) und die innere Rohrfläche bei $\alpha_a \gg \alpha_i$ (z. B. Rauchrohre der Dampferzeuger) einsetzt.

7.8.5.2. Wärmetauscher

Ohne daß sich die Aggregatzustände der Stoffe ändern, soll längs der Heizfläche A die Wärmeleistung P_Q von dem wärmeabgebenden Massestrom $\dot{m}_H$ an den wärmeaufnehmenden Massestrom $\dot{m}_K$ übertragen werden. Die Wärmeleistung, die benötigt wird, um die Temperatur eines Stoffstroms $\dot{m}$ bei konstantem Druck um ein Grad zu ändern, wird als Wasserwert $(P_Q/\Delta t)$ bezeichnet. Bei chemisch einheitlichen Stoffen mit konstanter spezifischer Wärme c_p ist

$$(P_Q/\Delta t) = \dot{m} c_p .$$

Der Temperaturverlauf längs der Heizfläche hängt von der Strömungsrichtung (Bild 45) und dem Verhältnis der Wasserwerte $(P_Q/\Delta t)_H/(P_Q/\Delta t)_K$ ab. Es ändern sich die Temperaturen längs der Heizfläche von den Anfangswerten t'_H bzw. t'_K auf die Endwerte t''_H bzw. t''_K und meist auch die Temperaturdifferenzen $(t_H - t_K)$. Trotzdem benutzt man (93) bis (94) und führt für die Temperaturdifferenz einen geeigneten Mittelwert Δt_m ein. Bild 46 zeigt die verschiedenen Möglichkeiten für Gleich- und Gegenstrom. Wird der Temperaturunterschied an der Eintrittsstelle des wärmeabgebenden Massestroms $\dot{m}_H$ mit Δt_E und an der Austrittstelle mit Δt_A bezeichnet, so gilt

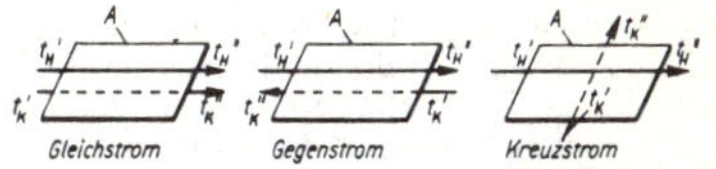

Bild 45. Strömungsrichtungen bei Wärmetauschern

$$\Delta t_m = \frac{\Delta t_A - \Delta t_E}{\ln (\Delta t_A/\Delta t_E)} = \frac{\Delta t_E - \Delta t_A}{\ln (\Delta t_E/\Delta t_A)} = \psi \Delta t_E \tag{97}$$

mit

$$\psi = \left(1 - \frac{\Delta t_A}{\Delta t_E}\right) \Big/ \ln \frac{\Delta t_E}{\Delta t_A}. \tag{97a}$$

Die ψ-Werte sind für verschiedene Verhältnisse $\Delta t_A/\Delta t_E$ aus Tabelle 39 zu entnehmen.

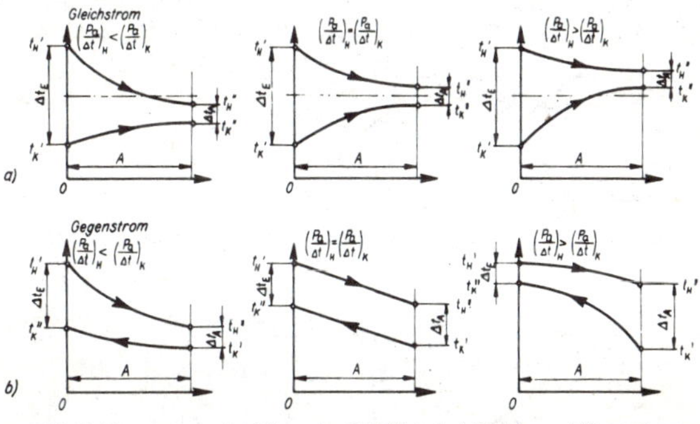

Bild 46. Temperaturverlauf längs der Heizfläche bei Gleich- und Gegenstrom
a) Gleichstrom $\Delta t_E = t'_H - t'_K > \Delta t_A = t''_H - t''_K$
b) Gegenstrom für $(P_Q/\Delta t)_H \lesseqgtr (P_Q/\Delta t)_K : \Delta t_E = t'_H - t''_K \lesseqgtr \Delta t_A = t''_H - t'_K$

Tabelle 39. Werte für ψ nach (97a)

$\Delta t_A/\Delta t_E$	0,05	0,06	0,07	0,08	0,10	0,12	0,14	0,16	0,18	
ψ	0,317	0,334	0,350	0,364	0,391	0,415	0,437	0,458	0,478	

$\Delta t_A/\Delta t_E$	0,20	0,25	0,30	0,35	0,40	0,50	0,60	0,70	0,80	0,90
ψ	0,497	0,541	0,582	0,620	0,657	0,722	0,785	0,84	0,90	0,95

Werden Wärmeverluste an die Umgebung vernachlässigt, so gilt für die in (93) bzw. (95) einzusetzende Wärmeleistung

$$P_Q = \left(\frac{P_Q}{\Delta t}\right)_H (t'_H - t''_H) = \left(\frac{P_A}{\Delta t}\right)_K (t''_K - t'_K). \tag{98}$$

Für Kreuzstrom, bei dem der wärmeabgebende Massestrom senkrecht zur Richtung des wärmeaufnehmenden fließt, lassen sich Δt_E und Δt_A (vgl. Bild 46) nicht festlegen und damit

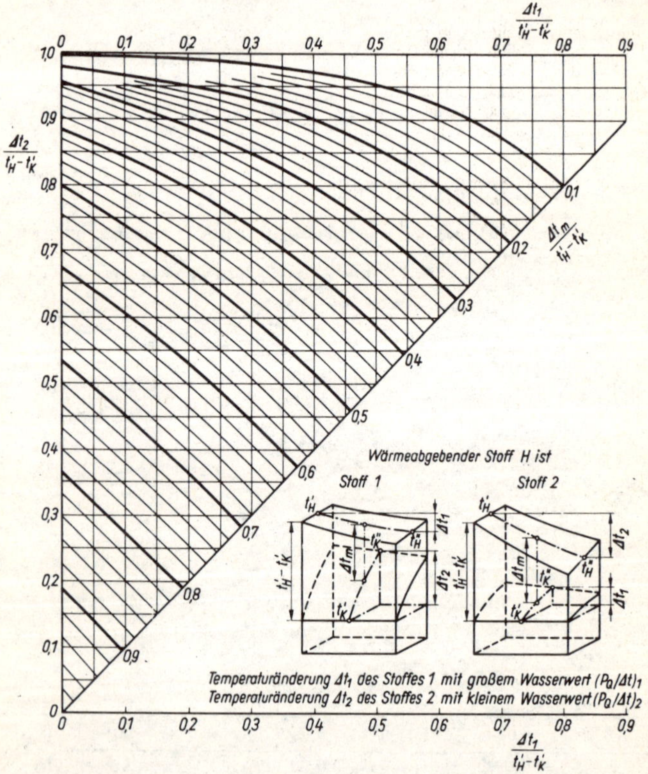

Bild 47. Diagramm zum Bestimmen der mittleren Temperaturdifferenzen bei Kreuzstrom (nach Kühne)

(97) nicht verwenden, weil Ein- und Austrittsflächen der beiden Masseströme in insgesamt 4 Ebenen liegen (vgl. Bild 45). Die exakte Berechnung von Δt_m bei gegebenen mittleren

Temperaturen t'_H, t''_H, t'_K und t'''_K nach Nusselt[1]) ist für die Praxis zu aufwendig. Eine brauchbare graphische Bestimmung der mittleren Temperaturdifferenz Δt_m und der Temperaturänderung Δt_2 des Stoffes 2 mit dem kleineren Wasserwert $\left(\frac{P_Q}{\Delta t}\right)_2$ stammt von Kühne [5a]. In Bild 47 sind nach Kühne auf der Ordinatenachse die dimensionslosen Werte $\Delta t_2/(t'_H - t'_K)$ und auf der Abszissenachse die Werte $\Delta t_1/(t'_H - t'_K)$ angegeben, wobei Δt_1 die Temperaturänderung des Stoffes 1 mit dem größeren Wasserwert $\left(\frac{P_Q}{\Delta t}\right)_1$ ist. Mit Hilfe der Kurven für konstante Werte von $\Delta t_m/(t'_H - t'_K)$ läßt sich die mittlere Temperaturdifferenz

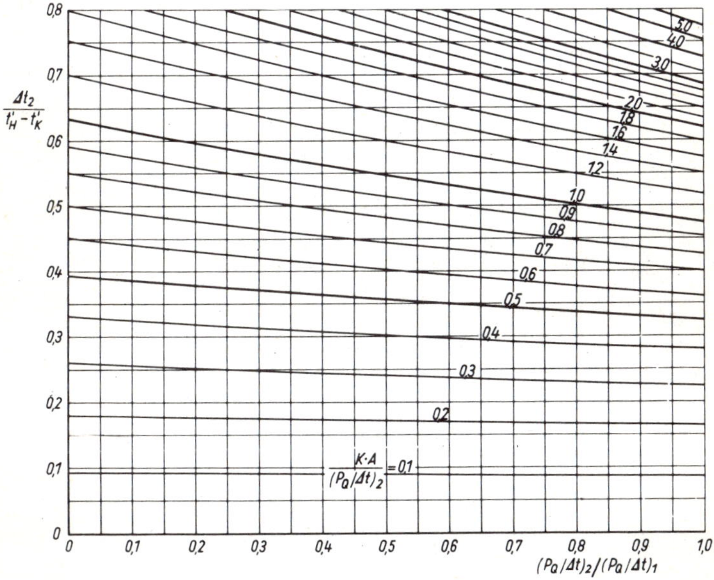

Bild 48. Diagramm zum Bestimmen der Werte (kF) bzw. der Ablauftemperaturen bei Kreuzstrom

Δt_m für (93) bzw. (95) berechnen. Sind der Wärmetauscher und die beiden Masseströme mit ihren Zulauftemperaturen bekannt, so läßt sich aus Bild 48 der Wert $\Delta t_2/(t'_H - t'_K)$ ablesen und mit (98) die Wärmeleistung bzw. die Ablauftemperatur ermitteln. Sind Zu- und Ablauftemperaturen und ein Massestrom vorgegeben, so kann mit (98) der zweite Massestrom und die Wärmeleistung berechnet und mit Bild 48 der Wert (kA) bestimmt werden. Für gleiche Wärmeleistung wird bei Gleichstrom die erforderliche Heizfläche größer als bei Kreuzstrom und bei diesem noch etwas größer als bei Gegenstrom.

[1]) *Nußelt, W.:* Der Wärmeübergang im Kreuzstrom. – Z. VDI, Bd. 55 (1911), S. 2021 ··· 2024 und Eine neue Formel für den Wärmedurchgang im Kreuzstrom. – Techn. Mech. u. Thermodynamik, Bd. 1 (1930), S. 417 ··· 422

Sind Zu- und Ablauftemperaturen und der wärmeabgebende Massestrom vorgegeben, so läßt sich nur durch Probieren die Heizfläche berechnen, da die Wärmedurchgangszahlen k bzw. k_R von den Abmessungen und Strömungsgeschwindigkeiten des Wärmetauschers abhängen. Sind der Wärmetauscher und die beiden Masseströme mit ihren Zulauftemperaturen bekannt, so ergibt sich die Ablauftemperatur des wärmeabgebenden Stromes bei *Gleichstrom*

$$t''_H = t'_H - (t'_H - t'_K)\frac{\left[1 - e^{-\gamma kA/\left(\frac{P_Q}{\Delta t}\right)_H}\right]}{\gamma} \quad \text{mit} \quad \gamma = 1 + \left[\left(\frac{P_Q}{\Delta t}\right)_H \Big/ \left(\frac{P_Q}{\Delta t}\right)_K\right] \tag{99}$$

und bei *Gegenstrom*

$$t''_H = t'_H - (t'_H - t'_K)\frac{\left[1 - e^{-\gamma kA/\left(\frac{P_Q}{\Delta t}\right)_H}\right]}{1 - \left[\left(\frac{P_Q}{\Delta t}\right)_H \Big/ \left(\frac{P_Q}{\Delta t}\right)_K\right] e^{-\gamma kA/\left(\frac{P_Q}{\Delta t}\right)_H}}$$

$$\text{mit} \quad \gamma = 1 - \left[\left(\frac{P_Q}{\Delta t}\right)_H \Big/ \left(\frac{P_Q}{\Delta t}\right)_K\right] \tag{99a}$$

Bei Rohren ist in (99) bzw. (99a) statt kA zu setzen $k_R l$. – Die Ablauftemperatur des wärmeaufnehmenden Massestroms ist nach (98) zu bestimmen.

Beispiel. In einem Gegenstromröhrenkühler, der 350 mm Innendurchmesser hat, sind $z = 184$ Stahlrohre ($\lambda = 40$ kcal/m h grd $= 40 \cdot 1{,}163$ W/m grd $= 46{,}5$ W/m grd) mit 18/13 mm Durchmesser und je 2,8 m Länge angeordnet ($l = 184 \cdot 2{,}8$ m). Durch die Stahlrohre fließt ein trockener Luftstrom $\dot m_H = 0{,}86$ kg/s $= 3096$ kg/h mit 4 at und $t'_H = 160$ °C Eintrittstemperatur. Die Rohre werden von einem Wasserstrom $\dot m_K = 2{,}5$ kg/s $= 9000$ kg/h mit 1,0 at und $t'_K = 27$ °C Eintrittstemperatur umspült. Zu berechnen sind die Ablauftemperaturen t''_H bzw. t''_K des Luft- bzw. Kühlwasserstroms, wenn a) die Innenwand der Stahlrohre rein ist, b) sich in den Rohren ein Schmierölfilm von 0,1 mm Dicke abgeschieden hat (Wärmeleitzahl bei 80 °C $\lambda = 0{,}12$ kcal/m h grd $= 0{,}12 \cdot 1{,}163$ W/m grd $= 0{,}14$ W/m grd). Die Wärmeverluste an die Umgebung sollen vernachlässigbar klein sein.

Um für den Luftstrom den Wasserwert $(P_Q/\Delta t)_H$ zu berechnen, muß man zunächst die mittlere spezifische Wärme $[c_{pH}]_{t''_H}^{t'_H}$ ermitteln, wobei eine Luftaustrittstemperatur von 45 °C angenommen wird. Mit Benutzung der mittleren Molwärmen nach Tabelle 7 wird

$$[c_{pH}]_{t''_H}^{t'_H} = \frac{[c_{p\,\text{mol}}]_0^{t'_H}\, t'_H - [c_{p\,\text{mol}}]_0^{t''_H}\, t''_H}{M(t'_H - t''_H)} = \frac{6{,}99 \cdot 160 - 6{,}95 \cdot 45}{28{,}96\,(160 - 45)} = 0{,}242 \text{ kcal/kg grd}$$

$$= 0{,}242 \cdot 4{,}1868 \cdot 10^3 \text{ J/kg grd} = 1{,}01 \cdot 10^3 \text{ J/kg grd};$$

$$(P_Q/\Delta t)_H = \dot m_H [c_{pH}]_{t''_H}^{t'_H} = 0{,}86 \cdot 1{,}01 \cdot 10^3 \text{ W/grd} = 0{,}871 \cdot 10^3 \text{ W/grd}$$

bzw.

$$(P_Q/\Delta t)_H = 3096 \cdot 0{,}242 \text{ kcal/h grd} = 748{,}9 \text{ kcal/h grd}$$

$$= 748{,}9 \cdot 1{,}163 \text{ W/grd} = 871 \text{ W/grd}.$$

Der Wasserwert für den Wasserstrom ($c_K \approx 4{,}19 \cdot 10^3 \frac{\text{J}}{\text{kg grd}} = 1$ kcal/kg grd) wird $(P_Q/\Delta t)_K = \dot m_K c_K = 2{,}5 \cdot 4{,}19 \cdot 10^3 \frac{\text{W}}{\text{grd}} = 10{,}47 \cdot 10^3$ W/grd bzw. $(P_Q/\Delta t)_K = 9000 \cdot 1$ kcal/h grd $= 10{,}47 \cdot 10^3$ W/grd; somit ist

$$[(P_Q/\Delta t)_H/(P_Q/\Delta t)_K] = \frac{0{,}871 \cdot 10^3}{10{,}47 \cdot 10^3} = 748{,}9/9000 = 0{,}0832.$$

Für Gegenstrom ist $\gamma = 1\,[(P_Q/\Delta t)_H/(P_Q/\Delta t)_K] = 0{,}9168$.

a) *Innenwand der Stahlrohre rein.* Bestimmung der Wärmeübergangszahl α_i auf der Luftseite. Der Druck der Luft ist so niedrig, daß sie als vollkommenes Gas angesehen werden kann, d. h., die dynamische Zähigkeit ist unabhängig vom Druck. Da die Werte für die kinematische Zähigkeit ν in Tabelle 31 für 760 Torr angegeben sind, muß auch das spezifische Volumen v für 760 Torr ($p = 1{,}033 \cdot 10^4$ kp/m²) berechnet werden. Für eine geschätzte mittlere Lufttemperatur von 100 °C wird

$$v = \frac{RT}{p} = \frac{29{,}27 \cdot 373}{1{,}033 \cdot 10^4} = 1{,}0566 \text{ m}^3/\text{kg}.$$

Aus Tabelle 31:

$$\nu_H = 23{,}06 \cdot 10^{-6} \text{ m}^2/\text{s};$$

$$\lambda = 0{,}0270 \text{ kcal/m h grd} = 0{,}0270 \cdot 1{,}163 \text{ W/m grd} = 0{,}0314 \text{ W/m grd};$$

$$Pr = 0{,}704,$$

$$\eta_h = \frac{\nu_H}{v} = \frac{23{,}06 \cdot 10^{-6}}{1{,}0566} = 21{,}82 \cdot 10^{-6} \text{ Ns/m}^2.$$

Nach (75a):

$$Re = \frac{4\dot{m}_H}{\pi z\, d_i \eta_H} = \frac{4 \cdot 0{,}86 \cdot 10^6}{\pi \cdot 184 \cdot 0{,}013 \cdot 21{,}82} = 20979,$$

d. h., die Strömung ist turbulent. Nach (82a):

$$Nu = \alpha d_i/\lambda = 0{,}032\, Pr^{0,30}\, Re^{0,8}\, (d/l)^{0,054} = 0{,}032 \cdot \frac{0{,}704^{0,30} \cdot 20979^{0,80}}{(2{,}8/0{,}013)^{0,054}}$$

$$= \frac{0{,}032 \cdot 0{,}90006 \cdot 2867}{1{,}3366} = 61{,}78;$$

$$\alpha_i = Nu\, \lambda/d_i = \frac{61{,}78 \cdot 0{,}0314}{0{,}013} \frac{\text{W}}{\text{m}^2 \text{ grd}} = 149{,}2 \text{ W/m}^2 \text{ grd}$$

bzw.

$$\alpha_i = \frac{61{,}78 \cdot 0{,}027}{0{,}013} \frac{\text{kcal}}{\text{m}^2 \text{ h grd}} = 128{,}3 \frac{\text{kcal}}{\text{m}^2 \text{ h grd}} = 128{,}3 \cdot 1{,}163 \text{ W/m}^2 \text{ grd}$$

$$= 149{,}2 \text{ W/m}^2 \text{ grd}.$$

Bestimmung der Wärmeübergangszahl α_a auf der Wasserseite. Gesamtquerschnitt für den Wasserstrom:

$$A_K = \frac{\pi}{4} \cdot 35^2 - 184 \cdot \frac{\pi}{4} \cdot 1{,}8^2 = 493{,}9 \text{ cm}^2.$$

Gleichwertiger Kreisrohrdurchmesser:

$$d_{gl} = \frac{4A_K}{U_K} = \frac{4 \cdot 493{,}9}{\pi \cdot 184 \cdot 1{,}8} = 1{,}899 \text{ cm}.$$

Volumenstrom des Wassers bei einer mittleren Wassertemperatur von etwa 32 °C und dem spezifischen Volumen nach Tabelle 20

$$v = 1{,}0050 \text{ dm}^3/\text{kg}: \quad \dot{V}_K = 1{,}0050 \cdot 2{,}5 = 2{,}5125 \text{ dm}^3/\text{s}.$$

Wassergeschwindigkeit:

$$v_{aK} = \frac{\dot{V}_K}{A_K} = \frac{2{,}5125}{4{,}939} \text{ dm/s} = 0{,}0508 \text{ m/s}.$$

Aus Tabelle 31 für 32 °C ergibt sich die kinematische Zähigkeit zu $\nu = 0{,}771 \cdot 10^{-6}$ m²/s. Wärmeleitzahl $\lambda = 0{,}53$ kcal/m h grd $= 0{,}53 \cdot 1{,}163$ W/m grd $= 0{,}616$ W/m grd: Prandtl-Zahl $Pr = 5{,}21$. Nach (75):

$$\text{Reynolds-Zahl } Re = \frac{v_{aK} d_{gl}}{\nu} = \frac{0{,}0508 \cdot 0{,}01899}{0{,}771 \cdot 10^{-6}} = 1251.$$

Bei $Re < 2320$ herrscht erzwungene Laminarströmung.

$$\text{Péclet-Zahl } Pe = Pr\, Re = 5{,}21 \cdot 1251 = 6519;$$

$$Pe \frac{d_{gl}}{l} = \frac{6519 \cdot 0{,}01899}{2{,}8} = 44{,}21 > 7{,}17;$$

es gilt (81a). – Die mittlere Wandtemperatur auf der Flüssigkeitsseite wird mit 45 °C geschätzt. Nach den Tabellen 20 und 31:

$$\eta_F = \frac{\nu}{v} = \frac{0{,}771 \cdot 10^{-6}}{1{,}0050 \cdot 10^{-3}} = 0{,}767 \cdot 10^{-3}\ \mathrm{Ns/m^2};$$

$$\eta_w = \frac{0{,}602 \cdot 10^{-6}}{1{,}010 \cdot 10^{-3}} = 0{,}596 \cdot 10^{-3}\ \mathrm{Ns/m^2};$$

daraus $\eta_F/\eta_w = 1{,}2869$.

$$Nu = 1{,}86(Pe\ d_{gl}/l)^{1/3}\,(\eta_F/\eta_w)^{0{,}14} = 1{,}86 \cdot 44{,}21^{1/3} \cdot 1{,}2869^{0{,}14} = 6{,}813.$$

$$\alpha_a = \frac{\lambda\ Nu}{d_{gl}} = \frac{0{,}616 \cdot 6{,}813}{0{,}01899}\ \frac{\mathrm{W}}{\mathrm{m^2\ grd}} = 221{,}2\ \mathrm{W/m^2\ grd}$$

bzw.

$$\alpha_a = \frac{0{,}53 \cdot 6{,}813}{0{,}01899} \cdot \frac{\mathrm{kcal}}{\mathrm{m^2\ h\ grd}} = 190{,}2\ \frac{\mathrm{kcal}}{\mathrm{m^2\ h\ grd}} = 190{,}2 \cdot 1{,}163\ \frac{\mathrm{W}}{\mathrm{m^2\ grd}}$$

$$= 221{,}2\ \frac{\mathrm{W}}{\mathrm{m^2\ grd}}.$$

Nach (96) für 1 m Rohrlänge:

$$k_R = \pi \Big/ \left(\frac{1}{\alpha_i d_i} + \frac{1}{\alpha_a d_a} + \frac{1}{2\lambda} \ln \frac{d_a}{d_i}\right) = \pi \Big/ \left(\frac{1}{149{,}2 \cdot 0{,}013} + \frac{1}{221{,}2 \cdot 0{,}018}\right.$$

$$\left. + \frac{1}{2 \cdot 46{,}5} \ln \frac{18}{13}\right) = 4{,}08\ \mathrm{W/m\ grd}$$

bzw.

$$k_R = \pi \Big/ \left(\frac{1}{128{,}3 \cdot 0{,}013} + \frac{1}{190{,}2 \cdot 0{,}018} + \frac{1}{2 \cdot 40} \ln \frac{18}{32}\right) = 3{,}507\ \mathrm{kcal/m\ h\ grd}$$

$$= 3{,}507 \cdot 1{,}163\ \mathrm{W/m\ grd} = 4{,}08\ \mathrm{W/m\ grd}.$$

$$lk_R = 184 \cdot 2{,}8 \cdot 3{,}507 = 1807\ \mathrm{kcal/h\ grd}.$$

Bei der näherungsweisen Berechnung nach (93) für ebene Wände ist die mittlere Rohrfläche A_m einzusetzen, weil $\alpha_a \approx \alpha_i$; nach (94) ist

$$k = 1 \Big/ \left(\frac{1}{\alpha_i} + \frac{1}{\alpha_a} + \frac{s}{\lambda}\right) = 1 \Big/ \left(\frac{1}{149{,}2} + \frac{1}{221{,}2} + \frac{0{,}0025}{46{,}5}\right) = 88{,}7\ \mathrm{W/m^2\ grd}$$

bzw.

$$k = 1 \Big/ \left(\frac{1}{128{,}3} + \frac{1}{190{,}2} + \frac{0{,}0025}{40}\right) = 76{,}3\ \mathrm{kcal/m^2\ h\ grd}$$

$$= 76{,}3 \cdot 1{,}163\ \mathrm{W/m^2\ grd} = 88{,}7\ \mathrm{W/m^2\ grd}.$$

$$A_m k = 184\pi \cdot 0{,}0155 \cdot 2{,}8 \cdot 88{,}7\ \mathrm{W/grd} = 2226\ \mathrm{W/grd}$$

bzw.

$$A_m k = 184\pi \cdot 0{,}0155 \cdot 2{,}8 \cdot 76{,}3\ \mathrm{kcal/h\ grd} = 1914\ \mathrm{kcal/h\ grd}$$

$$= 1914 \cdot 1{,}163\ \mathrm{W/grd} = 2226\ \mathrm{W/grd}.$$

Der für die Temperaturberechnung maßgebende Wert wird bei der Näherungsberechnung etwas zu günstig; deshalb wird mit dem genaueren Wert lk_R weitergerechnet. – Die Austrittstemperatur der Luft wird nach (99a)

$$t''_H = 160 - \frac{(160 - 27)\,(1 - e^{-0{,}9168 \cdot 1807/748{,}9})}{1 - 0{,}0832 e^{-0{,}9168 \cdot 1807/748{,}9}} = 40{,}5\ ^\circ\mathrm{C}.$$

Die Austrittstemperatur des Wasserstroms aus (98) wird

$$t''_K = t'_K \left[\left(\frac{P_Q}{\Delta t}\right)_H \Big/ \left(\frac{P_Q}{\Delta t}\right)_K\right] (t'_H - t''_H) = 27 + 0{,}0832(160 - 40{,}5) = 36{,}9\ ^\circ\mathrm{C}.$$

b) *Mit Schmierölfilm von 0,1 mm Dicke.* Auf der Gasseite ändern sich folgende Werte:

$d_i = 0{,}0128$ m;

$Re = 21\,307$;

$Nu = 62{,}50$;

$\alpha_i = 153{,}3$ W/m² grd $= 131{,}8$ kcal/m² h grd;

$k_R = 3{,}832$ W/m grd $= 3{,}295$ kcal/m h grd;

$k = 84{,}7$ W/m² grd $= 72{,}8$ kcal/m² h grd;

$lk_R = 1975$ W/grd $= 1698$ kcal/h grd;

$A_m k = 2124$ W/grd $= 1826$ kcal/h grd.

Auch in diesem Falle ergibt die Näherungsrechnung mit ebener Wand zu günstige Verhältnisse, so daß in (99a) der Wert für lk_R eingesetzt wird:

$t''_H = 42{,}4$ °C; $t''_K = 36{,}8$ °C.

7.8.6. Wärmeübertragung durch Strahlung

7.8.6.1. Strahlungsgesetze

Wechselwirkung zwischen Strahlung und Körper. Auf einen festen oder flüssigen Körper auftreffende Wärmestrahlung (Wellenlänge $\lambda = 0{,}0004 \cdots 0{,}8$ mm; sichtbarer Teil des Spektrums $0{,}0004 \cdots 0{,}0008$ mm) kann an der Oberfläche reflektiert, absorbiert oder vom Körper durchgelassen werden. Der reflektierte Teil der Gesamtstrahlung wird durch die Reflexionszahl R_{St}, der absorbierte Teil durch die Absorptionszahl A_{St} und der durchgelassene Teil durch die Durchlaßzahl D_{St} angegeben

$$R_{St} + A_{St} + D_{St} = 1.$$

Die Oberfläche des „weißen Körpers" reflektiert alle auftreffenden Wärmestrahlen ($R_{St} = 1$) entweder spiegelnd oder matt (diffus). Der „absolut schwarze Körper" absorbiert alle Wärmestrahlen ($A_{St} = 1$). Der „diathermane Körper" läßt alle Wärmestrahlen hindurch ($D_{St} = 1$). Der „farbige Körper" bevorzugt bei der Reflexion bestimmte Wellenlängenbereiche, so daß das Absorptionsvermögen bei den einzelnen Wellenlängen verschieden ist. Der „graue Körper" absorbiert und reflektiert von allen Wellenlängen den gleichen Bruchteil, die Absorptionszahl $A_{St_{gr}}$ ist konstant und kleiner als Eins.

Jeder Körper, der Strahlung absorbiert, sendet auch eigene Strahlung aus. Nach dem *Kirchhoffschen Gesetz* ist

für jede Wellenlänge die Emission proportional der Absorptionszahl,

so daß der „absolut schwarze Körper" die größtmögliche Leistung je Flächeneinheit (Energiestrom) ausstrahlt, die durch seine absolute Temperatur eindeutig festgelegt ist.

Die *schwarze Strahlung* läßt sich durch einen Hohlraum, dessen Wände gleiche Temperaturen haben und der mit einer – im Vergleich zu seinen Abmessungen – kleinen Austrittsöffnung für die Strahlung versehen ist, verwirklichen, dagegen nur unvollkommen durch berußte Oberflächen (vgl. Tab. 40).

Für die schwarze Strahlung ergibt das *Plancksche Strahlungsgesetz* die Intensität $J_{\lambda s}$ für den Raumwinkel 2π (Halbraum) als Funktion der Wellenlänge λ und der absoluten Temperatur T, wobei $k = 0{,}01438$ m grd ist:

$$J_{\lambda s} = 0{,}374 \cdot 10^{-15}\ \mathrm{Wm^2} \cdot \frac{\lambda^{-5}}{e^{k/\lambda T} - 1} = 0{,}321 \cdot 10^{-15}\ \frac{\mathrm{kcal\ m^2}}{\mathrm{h}} \cdot \frac{\lambda^{-5}}{e^{k/\lambda T} - 1}. \quad (100)$$

Tabelle 40. Emissionsverhältnisse ε (der Gesamtstrahlung) und ε_n (der Strahlung in Richtung der Flächennormalen) verschiedener Stoffe bei verschiedenen Temperaturen nach Schmidt 3

a) *Metalle*

Stoff	Temperatur in °C	Emissionsverhältnis ε	ε_n
Aluminium, walzblank	170	0,049	0,039
Blei, grau oxydiert	20	–	0,28
Chrom, poliert	150	0,071	0,058
Eisen, blank geätzt	150	0,158	0,128
Eisen, blank abgeschmirgelt	20	–	0,24
Eisen, angerostet	20	–	0,61
Eisen, stark verrostet	20	–	0,85
Gold, Silber, Kupfer } poliert	20	–	0,02···0,03
Kupfer, geschabt	20	–	0,07
Kupfer, schwarz oxydiert	20	–	0,78
Kupfer, oxydiert	130	0,725	0,76
Nickel, poliert	100	0,053	0,045
Nickel, matt	100	0,046	0,041
Wismut, blank	80	0,366	0,34
Zink, grau oxydiert	20	–	0,23···0,28

b) *Sonstige Stoffe*

Stoff	Temperatur in °C	Emissionsverhältnis ε	ε_n
Dachpappe	20	–	0,93
Eis, glatt	0	0,918	0,966
Emaille, Lacke	20	–	0,85···0,95
Heizkörperlack, Mennigeanstrich }	100	–	0,93
Holz	70	0,91	0,935
Papier	95	0,89	0,92
Porzellan	20	–	0,92···0,94
Ton, gebrannt	70	0,86	0,91
Wasserglasrußanstrich	20	–	0,96
Ziegelstein, Mörtel, Putz	20	–	0,93

Das Emissionsverhältnis ε der Gesamtstrahlung nimmt bei metallischen Oberflächen mit steigender Temperatur zu und bei nichtmetallischen ab. Das Emissionsverhältnis ε_n der Strahlung in Richtung der Flächennormalen (Tab. 40) wird bei blanken Metalloberflächen etwa $0,83\varepsilon$, bei anderen Körpern mit glatter Oberfläche $1,05\varepsilon$ und rauher Oberfläche $1,02\varepsilon$.

Die im Wellenlängenbereich $d\lambda$ bei der absoluten Temperatur T von der Flächeneinheit ausgestrahlte Leistung wird in Bild 49 durch den schraffierten Flächenstreifen dargestellt. Die im gesamten Wellenlängenbereich von der Flächeneinheit bei der Temperatur T in allen Richtungen ausgestrahlte Gesamtleistung des schwarzen Körpers wird nach Stefan-Boltzmann

$$P_{Sts}/A = C_s(T/100)^4 \qquad (101)$$

mit der *Strahlungszahl des absolut schwarzen Körpers*

$$C_s = 5{,}77 \text{W/m}^2\,\text{grd}^4 = 4{,}96\,\text{kcal/m}^2\,\text{h grd}^4$$

In Richtung der Flächennormalen hat die Strahlungsleistung je Flächeneinheit ihren Größtwert

$$\left(\frac{P_{Stsn}}{A}\right) = \left(\frac{P_{Sts}}{A}\right)\Big/\pi .$$

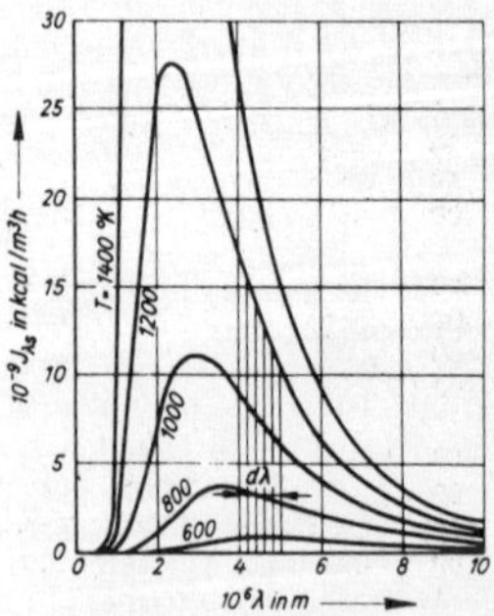

Bild 49. Abhängigkeit der Strahlungsintensität $J_{\lambda s}$ von der Wellenlänge λ für schwarze Strahlung

Nach dem nur für matte Oberflächen angenähert gültigen *Lambertschen Gesetz* wird in der Richtung φ gegen die Flächennormale die Leistung je Flächeneinheit

$$\left(\frac{P_{Sts\varphi}}{A}\right) = \left(\frac{P_{Stsn}}{A}\right)\cos\varphi . \qquad (102)$$

Emissionsverhältnis. Für den grauen Körper ist für alle Wellenlängen die Absorptionszahl A_{Stgr} gleich, und damit wird die Gesamtstrahlung

$$\left(\frac{P_{\mathrm{Stgr}}}{A}\right) = A_{\mathrm{Stgr}}\left(\frac{P_{\mathrm{Sts}}}{A}\right) = A_{\mathrm{Stgr}}C_s(T/100)^4 = C_{\mathrm{gr}}(T/100)^4, \qquad (101\,\mathrm{a})$$

wobei das *Emissionsverhältnis* $\varepsilon_{\mathrm{gr}} = A_{\mathrm{Stgr}} < 1$ und die Strahlungszahl $C_{\mathrm{gr}} = \varepsilon_{\mathrm{gr}}C_s$ ist.

7.8.6.2. Strahlungsaustausch zwischen zwei Flächen

Fläche A_1 mit höherer absoluter Temperatur T_1 und Strahlungszahl C_1; Fläche A_2 mit niedrigerer absoluter Temperatur T_2 und Strahlungszahl C_2.

Parallele gleich große Ebenen. Die durch Strahlung von der Fläche A_1 nach der Fläche A_2 übertragene Wärmeleistung wird für $A_1 = A_2 = A$

$$P_{\mathrm{St}\,1\,2} = C_{1\,2}A[(T_1/100)^4 - (T_2/100)^4] = \alpha_s A(t_1 - t_2) \qquad (103)$$

z. B.

P_{St}	$C_{1\,2}$	A	T	α	t
W	W/m² grd⁴	m²	°K	W/m² grd	°C
oder kcal/h	kcal/m² h grd⁴	m²	°K	kcal/m² h grd	°C

mit der Strahlungsaustauschzahl

$$C_{1\,2} = \frac{1}{1/C_1 + 1/C_2 - 1/C_s} \qquad (104)$$

bzw. analog zur konvektiven Wärmeübertragung mit der Wärmeübergangszahl durch Strahlung

$$\alpha_s = C_{1\,2}\frac{(T_1/100)^4 - (T_2/100)^4}{t_1 - t_2}\psi C_{1\,2}. \qquad (105)$$

Die ψ-Werte sind aus Tabelle 41 zu entnehmen.

Tabelle 41. ψ-Werte der Gl. (105) in Abhängigkeit von t_1 und t_2

t_1 in °C	t_2 in °C: −100	0	20	50	100	200	300	400	500	600	700	800	900
0	0,465	0,814	–	–	–	–	–	–	–	–	–	–	–
20	0,540	0,908	1,008	–	–	–	–	–	–	–	–	–	–
50	0,666	1,060	1,172	1,34	–	–	–	–	–	–	–	–	–
100	0,923	1,380	1,49	1,70	2,08	–	–	–	–	–	–	–	–
200	1,630	2,225	2,36	2,69	3,07	4,23	–	–	–	–	–	–	–
300	2,673	3,408	3,600	3,87	4,42	5,77	7,53	–	–	–	–	–	–
400	4,08	4,99	5,20	5,55	6,19	7,75	9,73	12,19	–	–	–	–	–
500	5,94	7,03	7,29	7,71	8,44	10,23	12,46	15,19	18,48	–	–	–	–
600	8,28	9,59	9,89	10,36	11,30	13,27	15,77	18,70	22,38	26,61		–	–
700	11,19	12,72	13,07	13,62	14,62	16,92	19,71	23,04	26,96	31,55	36,84	–	–
800	14,72	16,50	16,90	17,53	18,66	21,26	24,36	28,01	32,29	37,29	42,93	49,5	–
900	18,92	20,97	21,47	22,20	23,42	26,33	29,76	33,76	38,41	43,75	49,85	56,8	64,6
1000	23,87	26,21	26,75	27,54	28,96	32,20	35,98	40,35	45,38	51,1	57,6	65,0	73,3
1200	36,21	39,2	39,83	40,84	42,62	46,5	52,1	56,3	62,2	68,7	76,2	84,5	93,8
1400	52,2	56,0	56,7	57,9	60,1	64,9	70,2	76,3	83,1	90,8	99,1	108,7	118,8

Wenn Wärmeübertragung durch Konvektion und Strahlung gleichzeitig auftritt, so sind die entsprechenden Wärmeübergangszahlen zu addieren.

Fläche mit höherer Temperatur wird von zweiter Fläche vollständig umhüllt. Die durch Strahlung übertragene Wärmeleistung wird

$$P_{St\,1\,2} = C_{1\,2}A_1[(T_1/100)^4 - (T_2/100)^4] = \varphi C_{1\,2}A_1(t_1 - t_2) \tag{103a}$$

mit der Strahlungsaustauschzahl

$$C_{1\,2} = \frac{1}{1/C_1 + (A_1/A_2)(1/C_2 - 1/C_s)}. \tag{104a}$$

Nur für

$$A_2 \gg A_1 \quad \text{wird} \quad C_{1\,2} = C_1.$$

7.8.6.3. Gasstrahlung

Die Reflexionszahl R_{St} ist bei Gasen stets Null. Alle Elementargase, die aus Atomen gleicher Art aufgebaut sind (Sauerstoff, Stickstoff usw.), sind diatherm ($D_{St} = 1$). Auch viele andere Gase absorbieren Strahlung nur in so schmalen Wellenbereichen, daß die Gesamtstrahlung selbst bei den höchsten technisch vorhandenen Temperaturen vernachlässigbar klein bleibt. Bei Kohlendioxid, Wasserdampf, Ammoniak, Schwefeldioxid, Teerdämpfen und einigen anderen Gasen ist bei Temperaturen über 400 °C die Eigenstrahlung zu berücksichtigen. Ankommende Strahlen im begrenzten Wellenbereich dringen geradlinig in das Gas ein, wobei ihre Intensität allmählich abgebaut wird. Das Absorptionsverhältnis ε' hängt von der Temperatur T und der mittleren Strahlungsweglänge s ab, für die die geometrische Form des Gasraums maßgebend ist.

$$\varepsilon' = 1 - e^{-k's}, \tag{106}$$

wobei k' in 1/m als *Absorptionswert* stark temperaturabhängig ist. Er ist nur für Kohlendioxid und Wasserdampf als den wichtigsten Mischungskomponenten der Feuerungsgase experimentell bei etwa 1 bar Gesamtdruck ermittelt und von SCHACK [6] analytisch ausgewertet worden. Ist in einem Gasgemisch nur Kohlendioxid mit dem Raumteil r_{CO_2} (vgl. 7.4.6.1.) nicht diatherm, so wird die absorbierte Gesamtstrahlung:

$$^*\left(\frac{P_{St\,CO_2}}{A}\right) = 10{,}35(sr_{CO_2})^{0,4}(T/100)^{3,2} \qquad \left|\frac{\left(\frac{P_{St}}{A}\right)}{W/m^2}\right|\frac{r}{-}\left|\frac{s}{m}\right|\frac{T}{°K}\right|. \tag{107}$$

Bei Verwendung der bisher üblichen nichtkohärenten Einheiten des internationalen Einheitensystems wird:

$$^*\left(\frac{P_{St\,CO_2}}{A}\right) = 8{,}9(sr_{CO_2})^{0,4}(T/100)^{3,2} \qquad \left|\frac{\left(\frac{P_{St}}{A}\right)}{kcal/m^2\,h}\right|\frac{r}{-}\left|\frac{s}{m}\right|\frac{T}{°K}\right|. \tag{107a}$$

(107) bzw. (107a) sind anwendbar für $(sr_{CO_2}) = 0{,}003 \cdots 0{,}4$ m und $t = 500 \cdots 1800$ °C. Für Wasserdampf gilt für $(sr) = 0 \cdots 0{,}36$ m und $t = 650 \cdots 1900$ °C:

$$^*\left(\frac{P_{St\,H_2O}}{A}\right) = 1{,}163(40 - 73sr_{H_2O})(sr_{H_2O})^{0,6}(T/100)^{2,32+1,37\sqrt[3]{sr_{H_2O}}} \tag{108}$$

bzw.

$$^*\left(\frac{P_{St\,H_2O}}{A}\right) = (40 - 73sr_{H_2O})(sr_{H_2O})^{0,6}(T/100)^{2,32+1,37\sqrt[3]{sr_{H_2O}}}. \tag{108a}$$

Die Maßeinheiten bei (108) bzw. (108a) sind dieselben wie bei (107) bzw. (107a). Enthält ein Gasgemisch beide nicht diathermen Gase, so liegen die strahlenden Banden teilweise auf den gleichen Wellenlängen und die Gesamtstrahlung ist je nach Höhe der Temperatur um 2 ··· 5% kleiner als die Summe der Einzelstrahlungen.

8. Chemische Wärmelehre

Bearbeitet von Prof. em. Dipl.-Ing. Johannes Boesler, Direktor des Instituts für Verfahrenstechnik an der Technischen Universität Dresden

INHALTSVERZEICHNIS

8.1. Die wichtigsten Formelzeichen

Formelzeichen	Größe	Gebräuchliche Einheit
c	Masseprozente Kohlenstoff (8.3.2.1.)	Ma.-%
H_0	Verbrennungswärme (früher „oberer Heizwert") (8.3.1.)	kcal/kg; kcal/kmol; kcal/m³ [1])
H_u	Heizwert (früher „unterer Heizwert") (8.3.1.)	kcal/kg; kcal/kmol; kcal/m³ [1])
h	Masseprozente Wasserstoff (8.3.2.1.)	Ma.-%
K	Gleichgewichtskonstante (8.2.4.)	–
L	Luftbedarf (8.3.2.)	m³/kg; m³/m³ [1])
L_{min}	Mindest-Luftbedarf	m³/kg; m³/m³ [1])
N	Explosionsgrenze eines Brennstoffgemischs (8.3.3.)	Vol.-%
n	Explosionsgrenze eines reinen Brennstoffgemischs (mit Index des betreffenden Bestandteils) (8.3.3.)	Vol.-%
O_{min}	Mindest-Sauerstoffbedarf für die vollkommene Verbrennung (8.3.2.)	m³/kg [1])
o	Massenprozente Sauerstoff (8.3.2.1.)	Ma.-%
P	Gesamtdruck	at; Torr
p	Partialdruck (mit Index des jeweiligen Stoffes)	at; Torr
Q	Bildungswärme (8.2.2.)	kcal/kmol

[1]) m³ beim Normalzustand (0 °C und 760 Torr)

8.1. Formelzeichen (Fortsetzung)

Formelzeichen	Größe	Gebräuchliche Einheit
S_0	Standard-Entropie (8.2.5.)	kcal/kmol grd
s	Masseprozente Schwefel (8.3.2.1.)	Ma.-%
T	absolute Temperatur (8.2.5.)	°K
	Celsius-Temperatur (8.2.5.)	°C
V	Volumenprozente der einzelnen Bestandteile eines Brennstoffgemischs (mit Index des betreffenden Bestandteils) (8.3.3.)	Vol.-%
W_0	Wärmetönung von Reaktionen (8.2.3.)	kcal/kmol
x	Raumanteil eines Bestandteils bei gasförmigen Brennstoffen (mit Index des betreffenden Bestandteils) (8.3.2.2.)	m^3/m^3 [1]
y	Mengenanteil eines Bestandteils bei festen und flüssigen Brennstoffen (mit Index des betreffenden Bestandteils) (8.3.2.1.)	kg/kg
α	Umsetzungs- oder Dissoziationsgrad (8.2.6.)	–
λ	Proportionalitätsfaktor (8.2.6.)	–
ϱ	Dichte eines Gases (8.3.2.2.)	kg/m^3 [1]
φ	relative Luftfeuchte (8.3.2.2.)	–

[1]) m^3 beim Normzustand (0 °C und 760 Torr)

8.2. Thermische Berechnung chemischer Reaktionen

8.2.2. Wärmetönung oder Bildungswärme

Jede Reaktion verläuft unter Wärmeumsatz, den man als *Wärmetönung* oder *Bildungswärme* Q bezeichnet, ausgedrückt in kcal/kmol (gegebenenfalls auch in kcal/mol; jedoch ist cal/mol äußerst selten). Q wird bei

Wärmeaufnahme, d. h. *endothermer Reaktionswärme*, positiv,
Wärmeabgabe, d. h. *exothermer Reaktionswärme*, negativ

angegeben. Bildungswärmen s. Tabelle 1. (Bei älteren Tabellen ist darauf zu achten, daß die Vorzeichen vielfach umgekehrt geschrieben sind.) Die Vorzeichengebung kann man so erklären: Bei exothermer Reaktionswärme, also frei werdender Wärme, würde die Temperatur des Systems steigen. Da das Temperaturniveau am Anfang und Ende der Reaktion das gleiche sein muß, ist Wärme zu entziehen (–). So beträgt z. B. nach neuer Schreibweise die Wärmetönung für CO: −26400 kcal/kmol.

8.2.1. Rechnungsgrößen und Dimensionen

Die Stoffmenge wird grundsätzlich in mol oder kmol eingesetzt. Nach der Definition des Mols:

1 mol eines Stoffes ist die Masse, die seiner relativen Molekularmasse in g entspricht, 1 kmol die Masse in kg, ergibt sich abgerundet

$$1 \text{ mol } H_2 = 2 \text{ g } H_2 \quad \text{und} \quad 1 \text{ kmol } H_2 = 2 \text{ kg } H_2 .$$

Das Volumen von 1 kmol beträgt 22,4 m^3 (0 °C, 760 Torr).
Wenn grundsätzlich in kmol gerechnet wird, ergeben sich sehr einfache Umrechnungen auf kg oder m^3. Molmassen s. Tabelle 1.

Tabelle 1. Kalorische Daten verschiedener Stoffe bei 298 °K = 25 °C und 1 atm
Bedeutung der Indizes: gr Graphit, ko Koks, am amorpher Kohlenstoff als Ausgangsstoff

Stoff	Molmasse in kg/kmol	Bildungswärme in kcal/kmol	Standard-Entropie S_0 in kcal/kmol grd	Verbrennungswärme H_0 in kcal/kmol	Heizwert H_u in kcal/kmol
H_2	2	–	31,2	68600	57800
H_2O (Dampf)	18	–57800	45,2	–	–
H_2O (Flüssigkeit)		–68600	16,7	–	–
CO_{gr}	28	–26400	47,3	67600	–
CO_{ko}		–29300	–	–	–
CO_{am}		–29700	–	–	–
CO_{2gr}	44	–94000	51,1	–	–
CO_{2ko}		–97000	–	–	–
CO_{2am}		–97400	–	–	–
CH_4	16	–17900	44,5	212800	191200
C_2H_6	30	–20200	54,9	372800	340400
C_3H_8	44	–25390	64,5	530570	487370
n-C_4H_{10}	58	–30570	74,1	687940	633940
C_5H_{12}	72	–35830	83,4	845270	780470
C_2H_4	28	+12500	52,5	335500	313900
C_3H_6	42	+ 4480	63,8	492130	459730
C_4H_8	56	– 480	73,0	649720	606520
C_2H_2	26	+54200	48,0	311650	300850
C_6H_6	78	+19800	–	791400	759000
CH_3OH (Dampf)	32	–48100	56,6	182580	161000
C_2H_5OH (Dampf)	46	–52200	67,3	336780	304380
N_2	28	–	45,8	–	–
O_2	32	–	49,0	–	–

Bei *Kohlenstoff*verbindungen ist darauf zu achten, daß die Bildungswärmen je nach der Modifikation des Kohlenstoffs verschiedene Größen haben. Im allgemeinen wird $C = C_{gr}$ (Graphit) gesetzt. Für $C = C_{am}$ (amorpher Kohlenstoff) ist der Wert um –3300 kcal/kmol größer. Somit betragen die Bildungswärmen für CO

ausgehend von Graphit: –26400 kcal/kmol,
ausgehend von amorphem Kohlenstoff: –29700 kcal/kmol.

Bei der Vergasung von Koks hat die Bildungswärme den Betrag von

–29300 kcal/kmol,

das entspricht also fast dem Wert beim Ausgehen von amorphem Kohlenstoff.
Bei der Verbrennung von *Wasserstoff* ergeben sich zwei im Betrage verschiedene Bildungswärmen, je nachdem das gebildete Wasser H_2O kondensiert wird oder nicht, also

–57800 kcal/kmol für gasförmigen Zustand,

–68600 kcal/kmol für flüssigen Zustand.

Die Differenz entspricht der Kondensationswärme von 1 kmol H_2O. Die Differenz ist bei technischen Rechnungen der Unterschied zwischen Heizwert (H_2O gasförmig) und Verbrennungswärme (H_2O flüssig).

8.2.3. Wärmetönung von Reaktionen

Die Reaktionsgleichung wird grundsätzlich als stöchiometrische Gleichung, geschrieben; z. B. die Wassergas-Reaktion

$$CO + H_2O \rightleftarrows CO_2 + H_2 .$$

Wenn die Reaktion vollständig verläuft, werden 1 kmol CO und 1 kmol H_2O umgesetzt, sie verschwinden, und 1 kmol CO_2 und 1 kmol H_2 entstehen. Man kann sich vorstellen, daß die Ausgangsstoffe CO und H_2O in ihre Elemente C, O_2 und H_2 zerlegt und aus diesen Elementen die neuen Stoffe CO_2 und H_2 gebildet werden. Dazu sind auf der linken Seite der Gleichung die Bildungswärmen für CO und H_2O aufzuwenden. Auf der rechten Seite erhält man die Bildungswärmen von CO_2 und H_2. Die Differenz ist die Wärmetönung der Reaktion. Sie steht stets auf der Seite der Ausgangsprodukte. Wenn die Reaktion vollständig nach rechts verläuft, schreibt man die Reaktionsgleichung in folgender Form:

$$CO + H_2O \rightarrow CO_2 + H_2 ,$$

$$W_0 - 29300 - 57800 \rightarrow -97000 \pm 0 .$$

Es entsteht ein Unterschied der Wärmetönung

$$W_0 = -97000 - (-29300 - 57800) = -9900 \text{ kcal/kmol},$$

der dem System zu entziehen ist.

Die Molmassen sind abgerundet. Bei den Kohlenwasserstoffen C_mH_{2m+2} kann von C_5 ab für jede CH_2-Gruppe mehr die Steigerung von H_0 mit 157000 kcal/kmol gesetzt werden. – Die Zahlenwerte der Molmassen sind die relativen Molekularmassen; die relative Molekularmasse ist gleich Summe der relativen Atommassen.

8.2.4. Reaktionsgleichgewicht

Reaktionen verlaufen nur unter besonderen Bedingungen vollkommen. Maßgebend für den Ablauf sind Druck, Temperatur und Zeit. Werden während des Ablaufs die Bedingungen von Druck und Temperatur geändert, so kann der Ablauf in umgekehrter Richtung erfolgen, d. h. nach den Ausgangsstoffen zurück. Man schreibt daher eine *Reaktionsgleichung* im allgemeinen nicht mit dem Zeichen =, sondern mit $\rightleftarrows$. Bei festgehaltenen Bedingungen von Druck und Temperatur bleibt die Reaktion bei einem bestimmten Verhältnis aller an der Reaktion beteiligten Partner zueinander stehen, man nennt diesen Zustand das *Reaktionsgleichgewicht*. Das Maß hierfür ist die *Gleichgewichtskonstante K* oder das Verhältnis der Partialdrücke *p* der Reaktionsteilnehmer.

Beispiele:

1. $CO + H_2O \rightleftarrows CO_2 + H_2$	*2.* $C + CO_2 \rightleftarrows 2\,CO$	*3.* $CO + {}^1\!/_2\, O_2 \rightleftarrows CO_2$	*4.* $2\,CH_4 \rightleftarrows C_2H_2 + 3\,H_2$
$K = \dfrac{p_{CO_2} \cdot p_{H_2}}{p_{CO} \cdot p_{H_2O}}$	$K = \dfrac{p^2_{CO}}{p_{CO_2}}$	$K = \dfrac{p_{CO_2}}{p_{CO} \cdot p^{1/2}_{O_2}}$	$K = \dfrac{p_{C_2H_2} \cdot p^3_{H_2}}{p^2_{CH_4}}$

Man schreibt die entstehenden Stoffe, also die rechte Seite der Reaktionsgleichung, in den Zähler, die verschwindenden Stoffe in den Nenner. In älteren Tabellen finden sich unterschiedliche Schreibweisen, so daß auch der reziproke Wert für *K* vorliegen kann. Bei Benutzung tabellierter Werte für *K* ist darauf zu achten. Die Molzahl erscheint als Exponent beim Partialdruck. Den *Einfluß des Druckes* kann man aus der Reaktionsgleichung ersehen. Nimmt die Molzahl bei der Reaktion zu (Beispiel 4), so läuft die Reaktion bei vermindertem Druck besser ab. Umgekehrt bei abnehmender Molzahl (Beispiel 3) ist erhöhter Druck für den Ablauf günstiger, bei gleicher Molzahl (Beispiel 1) ist der Druck ohne Einfluß. Feste Bodenkörper (C in Beispiel 2) erscheinen nicht im Verhältnis der Partialdrücke, solange der Dampfdruck dieser Körper zu vernachlässigen ist, was bei den meisten Vorgängen zutrifft. Den *Einfluß der Temperatur* kann man ganz grob aus der Wärmetönung der Reaktion erkennen. Verläuft die gesamte Reaktion exotherm, also unter Wärmeabgabe, so ist steigende Temperatur hinderlich. Der Reaktionsbeginn, das Anspringen, kann aus den theoretischen K-Werten nicht ersehen werden, sondern muß versuchsmäßig bestimmt werden. Ebenso ist die zahlenmäßige Bestimmung von K aus thermodynamischen Werten zunächst nur eine Schätzung, da der Zeitfaktor fehlt. Wenn aber für einen Apparat oder Prozeß ein versuchsmäßig festgestellter Wert für K vorliegt, so läßt sich die praktische K-Funktion aus der theoretischen mit großer Genauigkeit herleiten. Immerhin sind die Fälle zahlreich, in denen außer dem „statischen" Gleichgewicht mit dem „dynamischen" Gleichgewicht gerechnet werden muß, besonders dann, wenn mehrere Reaktionen mit verschiedenen Geschwindigkeiten gleichzeitig verlaufen.

8.2.5. Bestimmung der Gleichgewichtskonstante K

Die exakte Bestimmung führt hier zu weit. Außerdem sind für sehr viele technisch laufende Prozesse die K-Werte rechnerisch bestimmt oder gemessen worden und in der Literatur enthalten, z. B. [16].

Für orientierende Rechnungen genügt die Näherungsgleichung von Ulich [17]; s. auch [16] S. 1986 (dort weitere Literaturhinweise):

$$\lg K = -\frac{W_0}{4{,}57T} + \frac{S_0}{4{,}57}. \qquad (1)$$

W_0 Wärmetönung der Reaktion in kcal (die Stoffe in kmol eingesetzt); S_0 Differenz der Standard-Entropien in EE ≡ kcal/kmol grd; T absolute Temperatur in °K.

Beispiel. Zunächst wird aus der Reaktionsgleichung die Wärmetönung W_0 der Reaktion bestimmt (die Bildungswärmen sind aus Tabelle 1 entnommen):

$$\left.\begin{array}{l} CO + H_2O \rightleftarrows CO_2 + H_2 \\ W_0 - 29300 - 57800 \rightleftarrows -97000 + 0 \end{array}\right\} \text{ergibt } W_0 = -9900 \text{ kcal.}$$

Mit den Standard-Entropien der einzelnen Reaktionsteilnehmer (Tab. 1) wird dann die Differenz S_0 der Standard-Entropien berechnet:

$$\left.\begin{array}{rlrl} S_0 \text{ für } CO: & 47{,}3 \text{ EE} & \text{für } CO_2: & 51{,}1 \text{ EE} \\ H_2O: & \underline{45{,}2 \text{ EE}} & H_2: & \underline{31{,}2 \text{ EE}} \\ & 92{,}5 \text{ EE} & & 82{,}3 \text{ EE} \end{array}\right\} \text{ergibt } S_0 = 82{,}3 - 92{,}5 = -10{,}2 \text{ EE}.$$

Bei $T = 773$ °K oder $t = 500$ °C wird nach (1) $\lg K = \frac{+9900}{4{,}57T} - \frac{10{,}2}{4{,}57}$ und damit $K = 3{,}72$.

Ist der K-Wert für irgendeine Reaktion tabelliert, sind aber die Temperaturintervalle sehr groß, so kann man Zwischenwerte durch *Interpolieren* in folgender Weise finden: Man setzt $\lg K = (a/T) + b$ und bestimmt mit zwei Werten K_1, K_2 bei den Temperaturen T_1, T_2 die Konstanten a und b, womit man jeden beliebigen Zwischenwert für $T_1 > T > T_2$ bestimmen kann. Diese Art der Interpolation ist im allgemeinen vollkommen ausreichend.

8.2.6. Berechnung der Stoffverteilung

a) Wenn im Falle des Beispiels 1 in 8.2.4. von 1 kmol CO α kmol in Reaktion gehen (α *Umsetzungs-* oder *Dissoziationsgrad*), so bleiben $(1 - \alpha)$ kmol bestehen. Dasselbe ist bei H_2O der Fall, während α kmol CO_2 und α kmol H_2 gebildet werden. Man kann die Volumina mit einem Proportionalitätsfaktor λ versehen:

$$p_{CO} = (1 - \alpha)\,\lambda, \quad p_{H_2O} = (1 - \alpha)\,\lambda, \quad p_{CO_2} = \alpha\lambda, \quad p_{H_2} = \alpha\lambda$$

Der Gesamtdruck ist die Summe der Partialdrücke. Der Gesamtdruck ist

$$P = 2\lambda \quad \text{und} \quad K = \frac{\alpha^2 \lambda^2}{(1-\alpha)^2 \lambda^2} = \left(\frac{\alpha}{1-\alpha}\right)^2.$$

Die Reaktion ist druckunabhängig.

b) Für die Reaktion nach Beispiel 3 in 8.2.4. ist

$$p_{CO} = (1-\alpha)\lambda, \quad p_{O_2} = 1/2(1-\alpha)\lambda, \quad p_{CO_2} = \alpha\lambda.$$

$$P = \left[\frac{3}{2}(1-\alpha) + \alpha\right]\lambda, \quad K = \frac{\alpha\lambda}{(1-\alpha)\lambda[1/2(1-\alpha)\lambda]^{1/2}};$$

nach Einsetzen von λ folgt

$$K = \frac{\alpha(3-\alpha)^{1/2}}{(1-\alpha)^{3/2} P^{1/2}} \quad \text{oder auch} \quad K^2 = \frac{\alpha^2(3-\alpha)}{(1-\alpha)^3 P}.$$

K ist also druckabhängig.

In den meisten Fällen läßt sich α nicht explizit darstellen. Man muß graphisch-rechnerisch arbeiten, um den Wert zu ermitteln, der die Gleichung erfüllt.

Wenn die Mischung der reagierenden Stoffe nicht stöchiometrisch vorliegt, so wirkt sich ein inerter Bestandteil nur im Gesamtdruck, ein überschüssiger Bestandteil eines reagierenden Stoffes im Partialdruck aus.

Beispiel. Die Reaktion $CO + {}^1/_2\, O_2 \rightleftarrows CO_2$ werde nicht mit reinem O_2, sondern mit Luft durchgeführt, so daß auf ${}^1/_2\, O_2$ noch $2\, N_2$ entfallen (der Einfachheit wegen so geschrieben). Die Reaktion findet aber nur zwischen CO, O_2 und CO_2 statt. Mithin ist das Gesamtvolumen ${}^1/_2(7-\alpha)$, ferner

$$P = \frac{1}{2}(7-\alpha)\lambda \quad \text{und} \quad K = \frac{\alpha(7-\alpha)^{1/2}}{(1-\alpha)^{3/2} P^{1/2}} \quad \text{oder} \quad K^2 = \frac{\alpha^2(7-\alpha)}{(1-\alpha)^3 P}.$$

Der Inertgasanteil wirkt druckmindernd. Man kann sich an Hand eines Zahlenbeispiels davon überzeugen, daß in bezug auf den CO-Umsatz, also den α-Wert, im letzteren Fall eine Verringerung eintritt.

c) Wenn die gleiche Reaktion betrachtet wird für den Fall, daß ein Reaktionsteilnehmer im Überschuß vorhanden ist, können wesentliche Unterschiede von α auftauchen. Wir haben etwa 1 CO und 1 CO_2 und wollen CO mit O_2 zu CO_2 umsetzen. Die stöchiometrische Gleichung lautet nach wie vor $CO + {}^1/_2\, O_2 \rightleftarrows CO_2$. Die an der Reaktion beteiligten Stoffe haben aber folgende Partialdrücke:

$$p_{CO} = (1-\alpha)\lambda, \quad p_{O_2} = \frac{1}{2}(1-\alpha)\lambda, \quad p_{CO_2} = (1+\alpha)\lambda.$$

$$P = \frac{1}{2}(5-\alpha)\lambda \quad \text{und} \quad K = \frac{(1+\alpha)(5-\alpha)^{1/2}}{(1-\alpha)^{3/2} P^{1/2}} \quad \text{oder} \quad K^2 = \frac{(1+\alpha)^2(5-\alpha)}{(1-\alpha)^3 P}$$

Man kann sich an Hand eines Zahlenbeispiels davon überzeugen, daß hier bei Vorliegen eines Überschusses von CO_2 der Umsatz von CO wesentlich geringer wird, als wenn etwa Inertgasanteile vorhanden sind.

8.2.7. Mehrere gleichzeitig verlaufende Reaktionen

Im allgemeinen wird in einem solchen Falle die Einbeziehung der Reaktionsgeschwindigkeit für die einzelnen Reaktionen erforderlich. Wenn man sie nur vom statischen Gleichgewicht her betrachtet, so kann man für jede Einzelreaktion die Gleichgewichtskonstante bestimmen, muß aber bei den Partialdrücken sämtliche Reaktionen berücksichtigen.

Beispiel. Die thermische Spaltung von C_3H_8 kann nach folgenden Gleichungen vor sich gehen:

(1) $C_3H_8 \rightleftarrows C_3H_6 + H_2$,

(2) $2\,C_3H_8 \rightleftarrows 3\,C_2H_4 + 2\,H_2$,

(3) $C_3H_8 \rightleftarrows C_2H_4 + CH_4$.

Setzt man die Gleichgewichtskonstanten

$$K_1 = \frac{p_{C_3H_6}\; p_{H_2}}{p_{C_3H_8}}, \quad K_2 = \frac{p^3_{C_2H_4} \cdot p^2_{H_2}}{p^2_{C_3H_8}}, \quad K_3 = \frac{p_{C_2H_4} \cdot p_{CH_4}}{p_{C_3H_8}}$$

und geht von 1 kmol C_3H_8 aus, welches mit α kmol nach (1), mit β kmol nach (2), mit γ kmol nach (3) reagiert, so kann man ansetzen

$$p_{C_3H_8} = (1 - \alpha - \beta - \gamma)\,\lambda, \quad p_{C_3H_6} = \alpha\lambda, \quad p_{H_2} = (\alpha + \beta)\,\lambda,$$

$$p_{C_2H_4} = (^3/_2\beta + \gamma)\,\lambda, \quad p_{CH_4} = \gamma\lambda$$

und erhält

$$P = (1 + \alpha + {}^3/_2\beta + \gamma)\,\lambda.$$

In der bereits geschilderten Weise diese Beträge eingesetzt, ergeben sich drei Gleichungen mit drei Unbekannten. Die zahlenmäßige Auswertung ist umständlich.

8.3. Heizwert und Verbrennung

8.3.1. Heizwert und Wärmetönung

In der Verbrennungstechnik ist der Heizwert das Maß für die im Brennstoff gespeicherte Energie. Der Heizwert ist letzten Endes die Wärmetönung der Reaktion von C und H_2 mit O_2. Wenn es sich nicht um einen genau definierten Brennstoff handelt, wie es bei Kohle und Erdöl der Fall ist, kann man aus der Elementaranalyse des Brennstoffs, seiner mengenmäßigen Zusammensetzung aus C und H_2, keine eindeutige rechnerische Bestimmung des Heizwerts vornehmen, da die Bindungen von C und H_2 nicht bekannt sind. Die zweckmäßigste Bestimmung des Heizwerts geschieht mit dem Kalorimeter. Man kann aus der Elementaranalyse Verbrennungswärme H_0 und Heizwert H_u[1]) angenähert berechnen:

$$H_0 = 81{,}3c + 297h_2 + 15n_2 + 45{,}6s - 23{,}5\,o_2 \text{ in kcal/kg},$$

$$H_u = 81{,}3c + 243h_2 + 15n_2 + 45{,}6s - 23{,}5\,o_2 - 6h_2o \text{ in kcal/kg}.$$

c, h_2 usw. in Ma.-%.

Die Gleichungen gelten ganz allgemein für feste und flüssige Brennstoffe.
Bei Gasen kann man eine sehr genaue Rechnung für den Heizwert auf Grund der Gasanalyse durchführen, wenn man die Bildungswärmen der Gase berücksichtigt.

Beispiel. Heizwert von CH_4

C zu CO_2 ergibt	− 94000 kcal/kmol
2 H_2 zu 2 H_2O ergeben	−115600 kcal/kmol
	−209600 kcal/kmol
- Bildungswärme CH_4	+ 17900 kcal/kmol
	−191700 kcal/kmol CH_4 oder 8560 kcal/m³ (0 °C, 760 Torr).

[1]) Verbrennungswärmen H_0 und Heizwerte H_u sind in den Tabellen 1 bis 4 enthalten

8.3.2. Verbrennung der Brennstoffe[1])

Die Verbrennung ist die vollständige Oxydation von Kohlenstoff (C), Wasserstoff (H_2) und Schwefel (S):

$$
\begin{array}{llllll}
C + O_2 = CO_2 & 1\ \mathrm{kmol\ C} & + & 1\ \mathrm{kmol}\ O_2 & = & 1\ \mathrm{kmol}\ CO_2 \\
 & 12\ \mathrm{kg\ C} & + & 22{,}4\ \mathrm{m}^3\ O_2 & = & 22{,}4\ \mathrm{m}^3\ CO_2 \\
H_2 + {}^1/_2\, O_2 = H_2O & 1\ \mathrm{kmol}\ H_2 & + & {}^1/_2\ \mathrm{kmol}\ O_2 & = & 1\ \mathrm{kmol}\ H_2O \\
 & 2\ \mathrm{kg}\ H_2 & + & 11{,}2\ \mathrm{m}^3\ O_2 & = & 22{,}4\ \mathrm{m}^3\ H_2O \\
S + O_2 = SO_2 & 1\ \mathrm{kmol\ S} & + & 1\ \mathrm{kmol}\ O_2 & = & 1\ \mathrm{kmol}\ SO_2 \\
 & 32\ \mathrm{kg\ S} & + & 22{,}4\ \mathrm{m}^3\ O_2 & = & 22{,}4\ \mathrm{m}^3\ SO_2
\end{array}
$$

Es empfiehlt sich, die Rechnung über kmol durchzuführen. Hier sind die abgerundeten Werte für die Molmasse und das Molvolumen eingesetzt, die im allgemeinen vollkommen ausreichen. Wenn man eine sehr genaue Berechnung durchführen will, so sind die Daten der internationalen Tabelle der relativen Atommassen zu verwenden.

8.3.2.1. Feste und flüssige Brennstoffe

Ist bei festen und flüssigen Brennstoffen (hierzu Tabellen 2 und 3) die in 1 kg Brennstoff enthaltene Masse y_C, y_{H_2}, y_S und y_{O_2} in kg, so ist der Mindestbedarf an O_2 für die

Tabelle 2. Durchschnittliche Heizwerte H_u fester Brennstoffe im Verwendungszustand nach [6]

Brennstoff		H_u in kcal/kg
Holz, lufttrocken		3500
Torf, lufttrocken		3260
Steinkohle	Ölsnitz i. E.	3927
	Mittelprodukt, Zwickau	4667
	Zwickau, Ölsnitz:	
	Feinkohle	6198
	Ruhr- und Aachen-Förderkohle:	
	Gas- und Gasflammkohle	7150
	Fettkohle	7420
	Eßkohle	7460
	Magerkohle	7450
	Anthrazit-Stückkohle	7780
	Zechenkoks	7060
	Saar-Förderkohle:	
	Flammkohle	6780
	Fettkohle	7300
	Polnische Kohle (D. Śląsk)	7520
	Polnischer Koks (G. Śląsk)	8300

	Brennstoff	H_u in kcal/kg
Braunkohle	Rheinland, Brikett	4805
	Mitteldeutschland, Brikett	5000
	Lausitz, Brikett	4750
	Oberbayern, Pechkohle	5370
	Braunkohlenschwelkoks	5380
	Böhlen	2297
	Espenhain	2397
	Bitterfeld	2809
	Ruppersdorf	2190
	Nachterstedt	3100
	Geiseltal	2509
	Mücheln	2407
	Merseburg, Tiefschnitt	2756
	Merseburg, Hochschnitt	2667
	Puschwitz/Bautzen	1852
	Plessa	1571

[1]) Die Angaben in m³ gelten für Normzustand (0 °C, 760 Torr). Die Bezeichnung {Nm³} ist nicht mehr zulässig.

Tabelle 3. Dichte, Verbrennungswärme H_0, Heizwert H_u und Zusammensetzung einiger flüssiger Brennstoffe nach Gumz [5] (Durchschnittswerte)

Brennstoff	Dichte	H_0	H_u	Zusammensetzung			
	in kg/l	in kcal/kg		C	H_2	$O_2(+N_2)$	S
Benzin (mit Sprit)	0,763	10800	10040	80,7	14,2	5,1	–
Benzol	0,875	10100	9650	91,7	7,8	–	0,5
Gasöl (Dieselöl)	0,85 ··· 0,89	10680	9990	86,6	12,9	0,2	0,3
Erdöl, roh	0,93		≈9400	84,0	11,0	3,5	1,3
Heizöl, leicht	0,90	10700	10050	85,4	12,3	0,7	1,6
Heizöl, schwer	0,95	10500	9980	85,0	11,7	1,2	2,1
Braunkohlenteeröl	0,925	10200	9610	84,0	11,0	4,3	0,7
Steinkohlenteeröl	1,08	9350	9000	89,5	6,5	3,4	0,6
Dünnteer	1,12	9300	8980	90,4	6,0	3,2	0,4

vollkommene Verbrennung

$$O_{min} = \frac{22,4}{12} y_C + \frac{22,4}{4} y_{H_2} + \frac{22,4}{32} y_s - \frac{22,4}{32} y_{O_2} \quad \text{in m}^3/\text{kg}$$

oder auch

$$O_{min} = 0,7(2,67 y_C + 8 y_{H_2} + y_S - y_{O_2}) \quad \text{in m}^3/\text{kg}.$$

Wenn c, h, s und o die Masseprozente sind, ist

$$O_{min} = 7 \cdot 10^{-3}(2,67c + 8h + s - o) \quad \text{in m}^3/\text{kg}.$$

Die Luft hat 21 Vol.-% O_2, somit ist der Luftbedarf (trocken)

$$L_{min} = 33,33 \cdot 10^{-3}(2,67c + 8h + s - o) \quad \text{in m}^3/\text{kg}.$$

Der oben ausgewiesene Luftbedarf bezieht sich auf trockene Luft. Die Luftfeuchtigkeit ist, wie am Ende von 8.3.2.2. beschrieben, zu berücksichtigen.

8.3.2.2. Gasförmige Brennstoffe

Bei gasförmigen Brennstoffen (hierzu Tab. 4) wird die Elementaranalyse in Vol.-% angegeben.

$$CO + {}^1/_2\, O_2 = CO_2, \qquad H_2 + {}^1/_2\, O_2 = H_2O,$$

$$C_mH_n + (m + n/4)\, O_2 = m\, CO_2 + (n/2)\, H_2O.$$

Sind x_{CO}, x_{H_2}, $x_{C_mH_n}$, x_{O_2} die in 1 m³ enthaltenen Mengen in m³, so ist der Mindest-Sauerstoffbedarf

$$O_{min} = 0,5 x_{CO} + 0,5 x_{H_2} + (m + n/4)\, x_{C_mH_n} - x_{O_2} \quad \text{in m}^3/\text{m}^3.$$

Tabelle 4. Verbrennungswärme H_0, Heizwert H_u und Zusammensetzung gasförmiger Brennstoffe nach Gumz [5] (weitere Werte s. Boie [1]); m³ beim Normzustand

Brennstoff		H_0	H_u	Zusammensetzung in %						
		in kcal/m³		CO	H_2	CH_4	C_6H_6	C_2H_4	CO_2	$O_2 + N_2$
Ent-gasung	Koksofengas	4560	4030	5,4	56,8	23,9	0,4	1,6	2,2	9,7
	Stadtgas (Mischgas)	4140	3710	21,5	51,5	17,0	–	2,0	4,0	4,0
	Stadtgas (entgiftet)	3940	3440	1,0	63,6	17,6	–	1,9	13,2	2,7
Ver-gasung	Wassergas	2760	2520	40,0	50,0	0,3	–	–	5,0	4,7
	Doppelgas (Polen)	3410	3100	37,3	47,8	6,7	–	1,2	3,4	3,6
	Koks-Generatorgas	1240	1180	29,0	11,0	0,3	–	–	5,0	54,7
	Gichtgas	1040	1020	31,0	2,3	0,3	–	–	9,0	57,4

Der Mindest-Luftbedarf wird

$$L_{min} = 4{,}762\, O_{min} \quad \text{in } m^3/m^3.$$

Da das Gas in den allermeisten Fällen feucht ist, muß der Feuchtigkeitsgehalt berücksichtigt werden, der je nach Temperatur und Sättigungsgrad erhebliche Differenzen gegenüber dem als trocken gerechneten Gas ausmacht.
Die Zusammensetzung der Rauchgase sowie deren Dichte rechnet man am einfachsten über die in kmol ausgedrückten Verbrennungserzeugnisse.

Beispiel. Von dem Stadtgas der Zusammensetzung

	H_2	CO	CH_4	C_2H_4	CO_2	N_2	Summe
Vol.-%	51,0	8,0	32,0	4,0	2,0	3,0	100,0

sind Luftbedarf und Rauchgaszusammensetzung zu bestimmen. – Wir rechnen so, als ob die Gasanalyse die Menge in kmol angibt:

$$\begin{array}{rl}
51{,}0\, H_2 + 25{,}5\, O_2 = & 51{,}0\, H_2O \\
8{,}0\, CO + 4{,}0\, O_2 = & 8{,}0\, CO_2 \\
32{,}0\, CH_4 + 64{,}0\, O_2 = & 32{,}0\, CO_2 + 64{,}0\, H_2O \\
4{,}0\, C_2H_4 + 12{,}0\, O_2 = & 8{,}0\, CO_2 + 8{,}0\, H_2O \\
2{,}0\, CO_2 + 0 = & 2{,}0\, CO_2 \\
3{,}0\, N_2 + 0 = & 3{,}0\, N_2 \\
\hline
100{,}0\, \text{Gas} + 105{,}5\, O_2 = & 50{,}0\, CO_2 + 123{,}0\, H_2O + 3{,}0\, N_2
\end{array}$$

In der trockenen Verbrennungsluft sind ≈21 % O_2 und 79 % N_2 enthalten. Also können wir auch schreiben:

$$100{,}0\,\text{Gas} + \underbrace{105{,}5\, O_2 + 397{,}0\, N_2}_{502{,}5\ \text{Luft}} = \underbrace{50{,}0\, CO_2 + 123{,}0\, H_2O + 400{,}0\, N_2}_{573{,}0\ \text{Rauchgas}}.$$

Die Volumenvermehrung beträgt also $\frac{573 - 502{,}5}{502{,}5} = 14{,}0\%$.
Wird mit 20 % *Luftüberschuß* verbrannt, also $L/L_{min} = 1{,}2$, so erhält man

$$100{,}0\,\text{Gas} + 603{,}0\,\text{Luft} = 50{,}0\, CO_2 + 123{,}0\, H_2O + 21{,}1\, O_2 + 479{,}4\, N_2.$$

Da m^3 im Normzustand und kmol nur durch den Proportionalitätsfaktor 1/22,4 verschieden sind, kann man jetzt schreiben:
Für 1 m^3 Stadtgas sind bei Verbrennung mit 20 % Luftüberschuß also 6,03 m^3 Luft erforderlich, und es entstehen 6,735 m^3 Rauchgas. Die Zusammensetzung des Rauchgases müßte, wenn sie im Orsatapparat bestimmt wird, sein

	CO_2	O_2	N_2	Summe
m^3	0,500	0,211	4,794	5,505
Vol.-%	9,1	3,8	87,1	100,0

denn H_2O fällt flüssig aus.
Bei der Berechnung der Dichte der Rauchgase können wir gleich die Verbrennungsprodukte mit ihrer Molmasse multiplizieren:

$$\text{kmol } CO_2 \cdot \frac{\text{kg } CO_2}{\text{kmol } CO_2} = \text{kg } CO_2$$

$$\begin{array}{lrr}
CO_2: & 50{,}0 \cdot 44 = & 2200\ \text{kg} \\
H_2O: & 123{,}0 \cdot 18 = & 2214\ \text{kg} \\
O_2: & 21{,}1 \cdot 32 = & 675\ \text{kg} \\
N_2: & 479{,}4 \cdot 28 = & 13423\ \text{kg} \\
\hline
 & 673{,}5\ \text{kmol} & 18512\ \text{kg}
\end{array}$$

Die scheinbare Molmasse ist somit 18512/673,5 = 27,5 kg/kmol und die Dichte $\varrho = 27{,}5/22{,}4 = 1{,}23$ kg/m^3.
Die *Feuchtigkeit der Verbrennungsluft* verlangt eine Korrektur der Verbrennungsgleichung. Hat z. B. die

Luft eine Temperatur von 30 °C und 70% relative Luftfeuchtigkeit ($\varphi = 0{,}7$) bei einem Barometerstand von $P_L = 750$ Torr, so entfallen auf 1 m³ trockene Luft

$$\frac{v_{H_2O}}{v_{Gemisch}} = \frac{\varphi P_s}{P_L - \varphi P_s} = \frac{0{,}7 \cdot 31{,}8}{750 - 0{,}7 \cdot 31{,}8} = 0{,}031 \frac{m^3\ H_2O}{m^3 \text{ trockene Luft}}.$$

$P_s = 31{,}8$ Torr Siededruck des Dampfes bei der vorliegenden Temperatur $t = 30$ °C (31,8 Torr = 0,0432 at bei 30 °C).

Damit erhalten wir folgende Werte in der Verbrennungsgleichung bei 603,0 m³ trockener Luft und $L/L_{min} = 1{,}2$:

$$100{,}0 \text{ Gas} + 603{,}0 \text{ Luft} + 18{,}7\ H_2O = 50{,}0\ CO_2 + 141{,}7\ H_2O + 21{,}1\ O_2 + 479{,}4\ N_2.$$

8.3.3. Verbrennungsvorgang

Der chemische Vorgang der Verbrennung ist, einmal eingeleitet, eine sehr schnell ablaufende Reaktion, für die mehrere physikalische Faktoren maßgebend sind. Voraussetzung für die Verbrennung ist die Zündung. Dazu muß ein zündfähiges Gemisch, eine Mischung brennbarer Substanz mit Sauerstoff, vorliegen, außerdem muß die Temperatur vorhanden sein, bei der die Zündung erfolgt. Ein an sich zündfähiges Gemisch brennt noch nicht, wenn an keiner Stelle die Temperatur vorhanden ist, welche die Zündung einleitet. Andererseits kann bei Vorliegen eines zündfähigen Gemischs und an einer Stelle auftretender Zündtemperatur die Verbrennung des Gemischs rasant erfolgen (Explosion).

Im allgemeinen ist der Vorgang der rasanten Verbrennung beschränkt auf Gase in Mischung mit Sauerstoff und flüssige Brennstoffe, die in dampfförmigem Zustand mit Sauerstoff gemischt sind. Bei festen Brennstoffen kommt diese Möglichkeit nur vor, wenn sie in feinkörnigem Zustand in dem Sauerstoff fein verteilt schwebend vorliegen (Staubexplosionen). Sind verschiedene Brennstoffe mit verschiedenen Explosionsgrenzen in Mischung vorhanden, so sind die Explosionsgrenzen des Gemischs

$$N = \frac{V_1 + V_2 + V_3 + \cdots}{V_1/n_1 + V_2/n_2 + V_3/n_3 + \cdots}.$$

Hierin bedeuten $V_1, V_2, \ldots$ die Prozentgehalte der einzelnen Brennstoffe im Gemisch, $n_1, n_2, \ldots$ die Explosionsgrenzen der reinen Bestandteile. Dabei ist N obere oder untere Explosionsgrenze des Gemischs, je nachdem, ob für $n_1, n_2, \ldots$ die oberen oder unteren Explosionsgrenzen der einzelnen Brennstoffe (Tab. 5) eingesetzt werden.

Tabelle 5. Zünddaten einiger Brennstoffe

Brennstoff	Explosionsgrenzen n bei Mischung mit Luft		Zündtemperatur innerhalb der Explosionsgrenzen
	untere in Vol.-% Gas	obere in Vol.-% Gas	in °C
H_2	4,0	77,0	450 ··· 540
CO	12,5	75,0	630 ··· 714
CH_4	5,0	15,0	645 ··· 800
C_2H_6	3,1	12,5	560
C_3H_8	1,9	9,5	514
C_2H_4	2,7	28,6	540
C_3H_6	2,0	11,1	–
Benzol	0,8	8,6	690 ··· 770
H_2S	4,3	45,5	290 ··· 487
C_2H_2	2,5	82	335 ··· 500
Treibgas	2	8	–
Äthylalkohol	3,28	18,95	482 ··· 500
Methanol	6,72	36,5	–
Benzin	1	5	535 ··· 565

Literaturverzeichnis

6. MECHANIK DER FLÜSSIGKEITEN UND GASE

[1] Prandtl, L.: Führer durch die Strömungslehre, Vieweg, Braunschweig, 1965
[2] Schiller, L.: Strömung in Rohren, Handbuch der Experimentalphysik, Bd. IV, 4, Akadem. Verlagsgesellschaft, Leipzig, 1930–1932
[3] Prandtl, L., Tietjens, O.: Hydro- und Aerodynamik, nach Vorlesungen von L. Prandtl, 2 Bde., Berlin, Springer-Verlag, 1929 und 1931
[4] Schmarsow, G.: Die Physik des Fliegens, VEB Fachbuchverlag, Leipzig, 1955
[6] Eck, B.: Technische Strömungslehre, Springer-Verlag, Berlin, 1966
[7] Menge, E., Zimmermann, E., Schneider, E.: Mechanik-Aufgaben aus der Maschinentechnik, Bd. III: Dynamik; Mechanik der Flüssigkeiten, VEB Fachbuchverlag, Leipzig, 1966
[8] Prandtl, L., Betz, A.: Ergebnisse der Aerodynamischen Versuchsanstalt zu Göttingen, Oldenbourg-Verlag, München, ab 1921
[9] Bergmann, L., Schaefer, Cl.: Lehrbuch der Experimentalphysik, Bd. I: Mechanik, Akustik, Wärmelehre, Verlag W. de Gruyter, Berlin, 1974
[10] Landolt-Börnstein: Zahlenwerte und Funktionen aus Physik, Chemie, Astronomie, Geophysik, Technik, Bd. IV/1, Springer-Verlag, Berlin, 1955
[11] Schiller, L.: Drei Klassiker der Strömungslehre: Hagen, Poisenille, Hagenbach (Ostwalds Klassiker der exakten Wissenschaften Nr. 237), Akad. Verlagsgesellschaft, Leipzig, 1933
[12] Becker, E.: Technische Strömungslehre, B. G. Teubner, Stuttgart, 1974
[13] Rödel, H.: Hydromechanik, C. Hanser, München, 1974
[14] Gersten, K.: Einführung in die Strömungsmechanik, Bertelsmann-Universitätsverlag, Gütersloh, 1975
[15] Timm, J., Fritz, H. W.: Hydromechanisches Berechnen, B. G. Teubner, Stuttgart, 1970
[16] Wieghardt, K.: Theoretische Strömungslehre, B. G. Teubner, Stuttgart, 1974
[17] W. Bohl, Technische Strömungslehre, Vogel-Verlag, Würzburg, 1971
[18] Tietjens, O.: Strömungslehre, 2 Bde., Springer-Verlag, Berlin, 1960 und 1970
[19] Richter, H.: Rohrhydraulik, Springer-Verlag, Berlin, 1962
[20] Rotta, J. C.: Turbulente Strömungen, B. G. Teubner, Stuttgart, 1962
[21] Popow, S. G.: Strömungstechnisches Meßwesen, VEB Verlag Technik, Berlin, 1960
[22] Wüst, W.: Strömungsmeßtechnik, Vieweg, Braunschweig, 1969

7. TECHNISCHE WÄRMELEHRE

[1] Wukalowitsch, M. P., Elsner, N.: Thermodynamische Eigenschaften des Wassers und des Wasserdampfes, VEB Verlag Technik, Berlin, 1958

[2] Kältemaschinen-Regeln, C. F. Müller, Karlsruhe, 1958
[3] Schmidt, E.: Einführung in die technische Thermodynamik, 2 Bde., Springer Verlag, Berlin, 1975
[4] Gröber, H., Erk, S., Grigull, U.: Die Grundgesetze der Wärmeübertragung, Springer Verlag, Berlin, 1961
[5] Nußelt, W.: Die Oberflächenkondensation des Wasserdampfes, VDJ-Z. Bd. 60 (1916)
[6] Schack, A.: Der industrielle Wärmeübergang, Verlag Stahleisen, Düsseldorf, 1962
[7] Plank, R.: Handbuch der Kältetechnik, Bd. 2, (Thermodynamische Grundlagen), Springer-Verlag, Berlin, 1953
[8] Winter, F. W.: Technische Wärmelehre, Girardet, Essen, 1975
[9] Baehr, H. D.: Thermodynamik, Springer, Berlin, 1973
[10] Dietzel, F.: Technische Wärmelehre, Vogel-Verlag, Würzburg, 1976
[11] Geisler, K. W.: Technische Wärmemechanik, Schiele & Schön Verlag, Berlin, 1963

8. CHEMISCHE WÄRMELEHRE

[1] Boie, W.: Vom Brennstoff zum Rauchgas. 101 S. - Leipzig: B. G. Teubner 1957
[2] Bošnjaković, F.: Technische Thermodynamik Tl. I (Wärmelehre und Wärmewirtschaft in Einzeldarstellungen Bd. 11). 4. Aufl. 530 S. - Dresden: Th. Steinkopff 1965
[3] Bošnjaković, F.: Technische Thermodynamik Tl. II (W. u. W. Bd. 12). 4. Aufl. 500 S. - Dresden: Th. Steinkopff 1965
[4] Faltin, H.: Technische Wärmelehre. 4. Aufl. 587 S. - Berlin: Akademie-Verlag 1961
[5] Gumz, W.: Kurzes Handbuch der Brennstoff- und Feuerungstechnik. 2. Aufl. 583 S. - Berlin: Springer-Verlag 1953
[6] Handbuch für Kesselwärter. Hrsg. v. Autorenkollektiv. Bd. I: Einführung und Grundbegriffe. 2. Aufl. 107 S. - Leipzig: VEB Fachbuchverlag 1958
[7] Handbuch für Kesselwärter. Hrsg. v. Autorenkollektiv. Bd. II: Feuerungs- und Kesselanlagen. 211 S. - Leipzig: VEB Fachbuchverlag 1957
[8] Jante, A.: Leitfaden der technischen Thermodynamik. 3. Aufl. 146 S. - Leipzig: B. G. Teubner 1959
[9] Kassatkin, A. G.: Chemische Verfahrenstechnik Bd. I (Übers. a. d. Russ.). 2. Aufl. 555 S. - Berlin: VEB Verlag Technik 1958
[10] Kassatkin, A. G.: Chemische Verfahrenstechnik Bd. II (Übers. a. d. Russ.). 2. Aufl. 478 S. - Berlin: VEB Verlag Technik 1958
[11] Kießkalt, S.: Verfahrenstechnik, 3. Aufl. 202 S. - München: C. Hanser 1958
[12] Matz, W.: Die Thermodynamik des Wärme- und Stoffaustausches in der Verfahrenstechnik. 355 S. - Frankfurt a. M.: Dr. D. Steinkopff 1949
[13] Ost-Rassow: Lehrbuch der chemischen Technologie. 27. Aufl. 1750 S. - Leipzig: J. A. Barth 1963
[14] Ramm, W. M.: Absorptionsprozesse in der chemischen Technik (Übers. a. d. Russ.). 413 S. - Berlin: VEB Verlag Technik 1952
[15] Schack, A.: Der industrielle Wärmeübergang. 5. Aufl. 434 S. - Düsseldorf: Verlag Stahleisen 1957

[16] Staude, H.: Physikalisch-chemisches Taschenbuch. 2056 S. (2 Bde.). - Leipzig: Akademische Verlagsgesellschaft 1945 und 1949

[17] Ulich, H.: Kurzes Lehrbuch der physikalischen Chemie. 5. Aufl. 341 S. - Dresden: Th. Steinkopff 1948

[18] Ullmanns Encyklopädie der technischen Chemie. 10 Bde. 3. Aufl. - München: Urban & Schwarzenberg 1951 bis 1958

Namen- und Sachregister